科学出版社"十四五"普通高等教育本科规划教材

数字图像处理与分析

主　编　宁纪锋

副主编　胡少军　龙满生

参　编　杨蜀秦　袁爱红　王振华

科学出版社

北　京

内 容 简 介

数字图像处理与分析在现代农业生产中得到了越来越多的应用。本书系统地介绍了数字图像处理与分析的理论、方法和代表性成果及其在农业领域中的应用。

本书介绍了数字图像处理中的数字图像基础、数学基础、图像增强、图像形态学、图像分割、图像特征提取与描述、图像压缩和机器学习基础等内容，突出专业知识和农业生产需求的紧密结合，由浅入深，循序渐进，并通过丰富的应用案例，力求使学生在掌握基本理论和专业知识的同时，具备承担农业领域数字图像处理与分析任务的能力。本书配备了电子课件、课后习题参考答案和大部分章节实验结果的源代码(Python + OpenCV)，供教师授课使用。

本书适合作为智慧农业、智慧牧业科学与工程、智慧林业和智慧水利等涉农类专业"数字图像处理与分析"课程的本科生教材，也可作为数字图像处理、计算机视觉和农业人工智能等领域的科研人员和工程技术人员的参考书。

图书在版编目(CIP)数据

数字图像处理与分析 / 宁纪锋主编. —北京：科学出版社，2023.11
科学出版社"十四五"普通高等教育本科规划教材
ISBN 978-7-03-076954-1

Ⅰ. ①数⋯ Ⅱ. ①宁⋯ Ⅲ. ①数字图像处理－高等学校－教材
Ⅳ. ①TN911.73

中国国家版本馆 CIP 数据核字(2023)第 212457 号

责任编辑：于海云 / 责任校对：王 瑞
责任印制：师艳茹 / 封面设计：迷底书装

科学出版社 出版
北京东黄城根北街 16 号
邮政编码：100717
http://www.sciencep.com

北京科印技术咨询服务有限公司数码印刷分部印刷
科学出版社发行 各地新华书店经销
*
2023 年 11 月第 一 版 开本：787×1092 1/16
2025 年 1 月第三次印刷 印张：16 1/2
字数：408 000

定价：**69.00 元**

前　言

党的二十大报告指出："教育、科技、人才是全面建设社会主义现代化国家的基础性、战略性支撑。"为了支撑我国智慧农业发展战略，培养智慧农业领域专业技术人才，开展智慧农业领域的教材建设非常有必要。

近年来，数字图像处理与分析技术已广泛应用于无人机植保、智能农机装备、农业机器人、精准养殖和智慧农场等众多农业工程领域。因此，亟需培养一批懂农业和数字图像处理与分析的复合型人才。同时，许多高校面向未来农业发展相继开设了智慧农业、智慧牧业、智慧林业和智慧水利等将人工智能技术与传统农业深度融合的交叉类学科专业。"数字图像处理与分析"作为这些专业设置的一门信息处理类课程，其主要任务是为学生从事涉及图像处理与分析任务的相关技术工作打好理论基础，并使他们受到必要的技能训练。然而，根据调研，现有的"数字图像处理与分析"课程使用的教材大多是针对工科类专业学生编写的，国内外面向涉农类专业的有关教材仍属空白。

相对于计算机类和电子信息类等工科专业学生在本课程所需的数学基础、技术背景和程序设计等方面具有较为系统的课程设置，涉农类专业学生在这方面的培养环节相对欠缺。因此，工科专业的数字图像处理类教材并不适合涉农类专业使用。编者结合多年的教学和科研经验，面向涉农类交叉学科专业中数字图像处理与分析的需求，选取兼具基础性、实用性、系统性和先进性的课程内容编写此书，本书可作为新农科专业建设中数字图像处理类课程的教材。

本书共 10 章，内容分别为绪论、数字图像基础、数学基础、图像的空域处理、图像的频域处理、图像形态学、图像分割、图像特征提取与描述、图像压缩和机器学习基础。本书注重理论联系实际和知识更新，通过例程将智慧农业中图像的应用与知识点有机结合，并引入现代图像处理与分析领域的代表性成果来拓宽学生视野。书中图像素材通过无人机遥感、数码相机(手机)、多光谱和热红外等获取，来源于大田作物、果蔬病虫害、智慧养殖、植物工厂和生物医学等多个涉农领域，以满足新农科专业的不同应用场景需求。

本书具有以下特色。

(1)将课程学习中需要具备的数学基础知识单列成章，详细讲述它与图像处理与分析之间的内在关系，学生掌握课程学习所需的数学基础后，更有利于学习相关的图像处理专业知识。这样的编排更符合学生的认知规律，有利于学生对后续图像处理算法思想的理解和掌握，教师在讲授这部分内容时可视学生水平和学时灵活掌握。

(2)引入一些反映学科发展的数字图像处理新技术，如导向滤波、Mean Shift 分割、超像素分割和方向梯度直方图等，加强学生科研引导，培养创新思维。此外，在图像分析部分引入机器学习领域的新理论。例如，介绍卷积神经网络和 Transformer 等科研新进展，为学生将这些新技术应用于解决实际问题提供参考，使其加强对图像处理与分析领域发展趋势的理解和掌握。

(3)采用 Python+OpenCV 降低了数字图像处理与分析程序设计的难度。与 MATLAB 或

C++相比，Python 是当前机器学习开发人员最常用的语言之一，具有简单、易学、可扩展性好、标准库支持丰富等优点，同时也是 PyTorch 和 TensorFlow 等主流深度学习框架的基础语言；另外，OpenCV 是计算机视觉中经典的跨平台、轻量型开源软件库，结合 Python 和 OpenCV 进行图像处理程序设计可以降低编程难度，从而使开发人员更加专注于图像处理与分析的核心算法而非语法结构或界面设计。

(4) 书中所有的案例和习题采用的图像均与农业相关，涉及粮食作物、经济作物、农田、病虫害、畜禽等各类农业图像的空域处理、频域增强、形态学处理、图像分割、图像特征提取与描述，以及基于机器学习的分类、检测与分割等，内容编排兼顾实践性和理论性。因此，本书不仅可作为高等院校新农科专业的教材，也可供其他学习图像处理的工程技术人员阅读参考。

本书编写分工如下：第 1 章、第 2 章和第 7 章由宁纪锋编写，第 3 章和第 4 章由杨蜀秦编写，第 5 章由袁爱红编写，第 6 章和第 8 章由胡少军编写，第 9 章由龙满生编写，第 10 章由王振华编写。全书由宁纪锋统稿，胡少军和龙满生对部分章节进行了审核，庄晨、高小雨、王佳晟、林炅和王佳源等参与了本书的校对和程序编写。

本书的出版得到了科学出版社的大力支持，西北农林科技大学水利与建筑工程学院、农学院、葡萄酒学院、动物科技学院和动物医学院等合作教师提供了大量宝贵的农业图像资源。同时，在编写过程中，编者参阅了大量国内外同行的教材、专著、论文和网络资源，这些文献资料使编者获益匪浅。在此编者对向本书提供帮助的所有人表示衷心的感谢。

由于编者能力有限，且编写本书涉及的专业知识和领域均非常广泛，书中难免存在疏漏之处。若有问题，请不吝指出，以便编者进行改正，不断提高本书质量。

编　者

2023 年 6 月

目　　录

第 1 章 绪 论

数字图像处理与分析是信息科学领域的一个重要分支，已广泛应用于工业、农业、林业、军事、航空航天和医学等领域。近年来，视觉图像处理与分析发展迅速，尤其在农业领域中的大田作物农情监测、畜禽生理生长信息感知分析、果蔬病虫害识别诊断、农产品无损检测、农业自然资源调查与评价、智能农机装备导航、林业和水利资源监测等方面显示出巨大的应用潜力。

本书围绕现代农业发展和应用中常见的数字图像处理与分析基本理论和方法，主要讲授两方面内容：一是图像增强，用于改善图像视觉质量，有利于后续处理；二是图像分割、特征提取及图像压缩，用于图像理解和提高存储效率。掌握数字图像处理与分析的基本理论、方法和技能是后续深入学习图像理解、视频分析、模式识别和立体视觉等内容的基础。本章主要讲述数字图像处理与分析的基本概念、主要内容、基本步骤、系统组成及其在农业领域中的应用。

1.1 什么是数字图像处理与分析

1.1.1 数字图像

人类获取的信息中 80%以上来自视觉，应用计算机处理与分析图像已经渗透到现代社会生活的方方面面，如人脸识别、指纹检测、移动设备扫码、产品缺陷检测、自动驾驶和文字识别等。最早的图像处理技术起源于 20 世纪 20 年代的报业，经过数字压缩后的图像首次通过海底电缆从伦敦传到纽约，该技术将当时一幅图像的传输时间由一星期缩短至 3h。1969年，美国贝尔实验室的威拉德·博伊尔和乔治·史密斯发明的 CCD 成像传感器把光信号变成电信号，为视觉信息的数字化提供了技术依据。CCD 的出现改变了人类用胶片记录影像的历史，其发明者在 2009 年获得诺贝尔物理学奖。当今，数字图像不仅是科学分析的重要工具，也深入到人们的日常生活。

人眼所见的图像可以看成一个二维函数 $f(x, y)$，其自变量 x 和 y 为图像中像素的空间位置，对应的函数值代表该图像在 (x, y) 处的颜色值。根据空域和值域是否为离散值，图像可分成模拟图像和数字图像。早期胶片相机拍摄的图像就是一种典型的模拟图像，其像素位置和颜色值是连续变化的。而数字图像的空域和值域均为有限离散值，这种离散化特性使得计算机等数字设备能够取出图像中的任何像素进行处理和分析。随着数字成像设备性价比和计算机处理能力的不断提升，数字图像已成为图像处理与分析的主要数据形式。

图 1-1 是一幅草莓图像及其局部区域的颜色值。可以看出，数字图像是由离散的像素构成的，每个像素的颜色值都是一个三维向量，由红、绿、蓝(R、G、B)三个通道构成。

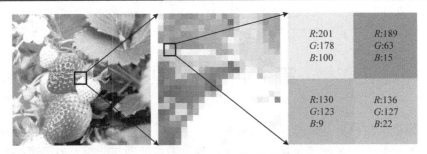

图 1-1　草莓图像及其局部区域的颜色值

1.1.2　主要目的和任务

　　图像作为人类感知客观世界的重要来源，其处理与分析有助于提高图像视觉质量、提取和挖掘图像中包含的有用信息，以便于图像的存储和传输，在工业、农业、军事、医学和测绘等领域的工程实践和科学研究中都有重要的意义。

　　图像处理与分析任务通常分为以下几个方面。

　　(1) 对图像去除噪声或进行滤波。例如，在阴雾或雨雪等天气条件下拍摄的图像颜色普遍偏暗，或者因为成像设备原因而导致图像中存在噪声，这些情况都需要利用去噪或滤波处理来提高图像视觉质量。这类处理输出的图像不改变原始图像的主要内容，如图 1-2 所示，一幅存在椒盐噪声的偏暗昆虫图像经过中值滤波和灰度拉伸后，图像的视觉质量显著提高。

(a) 昆虫图像　　　　　　　　　　(b) 中值滤波　　　　　　　　　　(c) 灰度拉伸

图 1-2　存在椒盐噪声的偏暗昆虫图像及其增强结果

　　(2) 对图像进行分割或提取特定信息。例如，分割出图像中的感兴趣区域，提取图像中的直线、圆等特定特征信息。这类处理输出的仍是图像，但可能是原始图像内容的一个抽象表示。图 1-3 是通过语义分割方法提取冬小麦农田图像中的倒伏区域。

(a) 存在倒伏的冬小麦农田　　　　　　　　　(b) 倒伏区域提取结果

图 1-3　冬小麦农田倒伏区域提取结果

（3）对图像进行有损或无损压缩。例如，当前海量的农业视频图像具有分辨率高和监测周期长等特点，需要占用巨大的存储资源，而经过压缩后，可以大大提高传输或存储效率，降低处理成本。

（4）理解图像内容。其主要是基于从图像中提取的特征，采用机器学习或模式识别等方法，对目标赋予标记。例如，在提取不同农作物的颜色或纹理特征后，利用人工神经网络或支持向量机等方法对其进行分类和识别。图1-4中在提取奶山羊图像特征后，通过模式识别方法理解图像，可以准确识别其站立、进食和躺卧等常见行为。

(a) 站立   (b) 进食   (c) 躺卧

图 1-4 基于图像分析的奶山羊行为识别

1.1.3 与计算机视觉和模式识别的关系

在阅读相关文献时，经常会遇到数字图像处理与分析、计算机视觉、模式识别三个密切相关而又有区别的学科。

数字图像处理与分析是利用计算机对图像进行分析，其处理结果通常仍为图像或者从图像中提取的感兴趣对象的特征，这个领域中有代表性的国际期刊是 *IEEE Transactions on Image Processing*。

计算机视觉是用计算机模拟人的视觉机理，着重从图像中提取信息，并进行分析、识别和理解的过程，广义的计算机视觉也包含图像处理与分析的主要内容，这个领域中有代表性的国际期刊是 *International Journal of Computer Vision*，国际会议是 ICCV（International Conference on Computer Vision）和 ECCV（European Conference on Computer Vision）。

模式识别是指对表征事物或现象的各种形式的数据信息（图像、文字、逻辑关系等）进行处理和分析，以实现对事物或现象进行描述、辨认、分类和解释的过程，是信息科学和人工智能的重要组成部分。视觉任务在模式识别方面最具代表性的国际期刊和会议分别是 *IEEE Transactions on Pattern Analysis and Machine Intelligence* 和 CVPR（Conference on Computer Vision and Pattern Recognition）。

随着学科交融的深入，这些领域研究的界限并不明显。许多计算机视觉任务和模式识别任务都依赖人工智能和机器学习领域的相关科研成果，这进一步促进了数字图像处理与分析学科的发展。

1.2 主 要 内 容

数字图像处理与分析的主要内容包括数字图像基础、数学基础、图像增强、图像形态学、图像分割、图像特征提取与描述、图像压缩、机器学习基础等。

1. 数字图像基础

数字图像基础的内容主要包括数字图像的基础知识及实验平台。首先引入视觉图像应用的基础——视觉感知和颜色空间；其次介绍图像数字化的主要参数、农业图像的常见类型、图像文件格式及像素间的基本关系；最后介绍本书推荐的图像处理与分析实验平台，具体内容见第 2 章。

2. 数学基础

从信息处理和分析的角度看，数字图像实际上是一个二维或三维数组，图像处理与分析方法通常会涉及一些基础和共性的数学知识。例如，图像锐化、边界检测和纹理描述等都会用到梯度的概念；期望和方差等统计理论与图像分割和矩不变量等有着密切的联系；而基于变换域的傅里叶变换则可用于图像去噪和描述目标的形状。因此，为了更好地掌握图像处理与分析的主要内容，建议先学习相关的数学基础，这将对学好本门课程的专业知识非常有益，具体见第 3 章。

3. 图像增强

图像增强包括空域增强、频域增强和图像复原，增强的目的是提高图像视觉质量或满足后续处理与分析的要求。其中，空域增强和频域增强并不考虑图像质量下降的原因，仅对图像在原始的空域或将其变换到频域进行增强，具体内容见第 4 章和第 5 章。而图像复原是指针对污染或畸变的模糊图像，根据图像质量降低的原因建立相应增强模型，从而恢复图像的本来面目，其内容在农业图像处理中的应用相对较少，故本书中不做介绍。

4. 图像形态学

形态学是基本集合论中用于表示和描述形状成分的处理工具，主要内容包括二值图像与灰值图像的膨胀、腐蚀、开运算和闭运算，以及提取目标的轮廓和骨架，常用在目标识别和图像分割的后处理中。例如，当图像分割的结果存在噪点或孔洞时，形态学处理可以在不损失主要信息的情况下将其滤掉，这部分内容将在第 6 章中介绍。

5. 图像分割

图像分割是指将一幅图像划分为多个组成部分或目标，输出仍为图像，且属于同一个目标的像素被赋予相同的标记。现代图像分割通常研究语义分割和实例分割两类问题。前者对图像中的每个像素都划分出对应的类别，实现像素级别的分类，并不限制分割结果的形状。而后者通常先检测一个包围目标的矩形框，并识别其类别，接着在矩形框内部，利用一定的方法分离出前景和背景。例如，图 1-5(a)中某种作物的种植区域识别出来，得到图 1-5(b)，属于语义分割；而图 1-5(c)为植物工厂中的圣女果图像，在自动采摘时，对果实和果梗进行实例分割，得到图 1-5(d)。图像分割将在第 7 章中介绍。

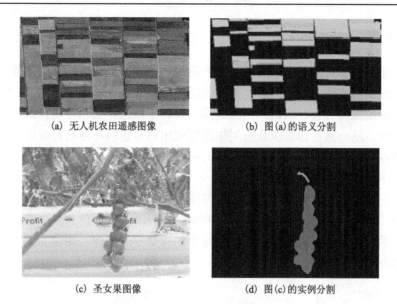

图 1-5 语义分割和实例分割举例

6. 图像特征提取与描述

图像特征通常包括颜色特征、形状特征及纹理特征等，从图像中提取各种各样的特征并进行描述是图像分析中的一个重要环节，直接影响后续图像理解的正确性。例如，叶片形状特征是叶片识别的重要依据，而纹理特征是进行作物图像分类和表型鉴定的重要依据。例如，图 1-6(a) 是 4 个品种的葡萄叶片，可以利用其外形区别，提取它们的几何形状特征作为叶片识别的依据；在图 1-6(b) 的无人机遥感图像中含有葵花的 4 个生育期，显然，不同生育期在纹理分布上具有不同特征，可以将其作为作物表型鉴定的依据。这部分内容将在第 8 章介绍。

图 1-6 农业图像特征提取与描述举例

7. 图像压缩

图像压缩是指在尽可能不影响图像质量的前提下，用更少的空间存储图像数据，图像压缩通常通过图像编码实现。图像编码主要是利用图像信号的统计特性及人类视觉的生理学及心理学特性，对图像信号进行编码，压缩数据，有利于图像存储和传输。数字图像的特点之一是数据量庞大，这一点在智慧农业应用中特别突出。尽管现在存储设备的容量越来越大，但是对图像数据(尤其是视频图像、高分辨率图像)的需求量也大大增加。因此，高效压缩图像是图像处理中的一个重要任务。

图 1-7 是一幅花朵图像按 60% 的品质保留压缩前后的结果对比，压缩前图像占 124KB，压缩后占 8KB，压缩比高达 15.5∶1。可以看出，在光滑区域，信息损失较小，在边界和细节处，有一定的损失。因此，图像压缩以非常少的存储空间保留了图像的主要信息，具体内容将在第 9 章介绍。

(a) 花朵图像　　　　　　　　　　　　　(b) 60%品质保留压缩后的结果

图 1-7　花朵图像压缩前后的结果比较

8. 机器学习基础

机器学习是计算机科学与人工智能的重要分支，目前主流的方式是深度学习。而图像处理是机器学习应用最广泛的领域之一，现代农业中多种多样的图像处理需求为机器学习提供了丰富的应用场景。第 10 章主要介绍了"有监督机器学习"的内容，包括经典的机器学习方法(如线性预测器、逻辑回归)和 BP 神经网络的基本理论。此外，还简要介绍了深度学习中的卷积神经网络和 Transformer 模型及其在农业领域中的应用。

1.3　数字图像处理与分析系统组成

图像处理与分析系统可分为硬件系统和软件系统。硬件系统主要包括用于获取数字图像的传感器、计算机、存储设备和显示设备。软件系统由执行特定任务的各个专用模块构成，软件包为用户提供编写这些专用模块的代码所需的函数或类库。图 1-8 是一个通用的图像处理与分析系统。

1. 图像采集系统

图像采集系统包括图像采集卡和图像处理卡。图像采集卡能够对视觉场景进行采样、量化后将其转换化为数字图像，并进行存储。它需要控制相机拍照，完成图像或视频信号的实时数据采集,并提供与处理器的高速接口。图像处理卡属于专用的图像处理硬件,通常具有图像处理与分析等功能,可以提高图像信号的实时处理能力,降低主控系统在图像处理过程中对资源的要求。当前的智能手机实际上集成了一套嵌入式视觉系统,通过删减一些不必要的接口和电路,提高了视觉系统的集成度和稳定性,同时大幅度降低了生产成本。

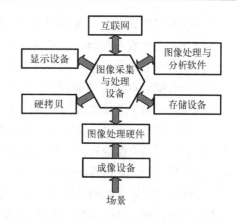

图 1-8　一个通用的图像处理与分析系统

2. 图像采集与处理设备

图像处理与分析系统中的图像采集与处理设备可以是常见的台式计算机、超级计算机,甚至是手机。CPU 的主频、内核架构、核心数和缓存大小对图像处理能力有着重要的影响。当前,由于三维图形图像技术及深度学习的快速发展,支持大规模矩阵处理的图形处理单元(GPU)已经成为专业图像处理与分析的标准配置。

随着手机等移动计算设备的普及,其拍照性能和硬件处理能力日益提升,基于安卓(Android)、iOS 和鸿蒙(Harmony)操作系统的移动平台对图像处理与分析的需求也不断增加。利用移动端作为图像采集或处理设备,而将对算力要求较高的任务交由后台,可以轻松完成许多以往复杂的图像处理与分析任务。

3. 图像存储设备

大容量存储设备已成为大规模图像处理面临的主要瓶颈之一。例如,对于一幅分辨率1024×1024 像素的彩色图像,需要 3MB 存储空间。如果不压缩,按上述图像分辨率和 24fps 的帧率,1min 的视频约需 4GB 存储空间,1h 的视频需要 240GB 存储空间。如果采集某种家畜某段时间的运动视频数据,将会占用巨大的存储资源,这也是智慧农业中需要特别考虑的一个问题。当前,随着大数据和云计算的兴起,将图像数据放到云端处理已经成为一种常见模式。

4. 图像处理与分析开发平台

当前,支持图像处理与分析的软件平台非常多。科学计算软件 MATLAB 提供的图像处理和计算机视觉工具箱实现了许多图像处理和分析算法;OpenCV 开源库包含了经典的图像处理与分析算法和基于深度学习的计算机视觉算法,支持 Windows、Linux 和 Android 等多个平台,提供了 C++、Python 和 Java 语言接口,版本更新周期越来越短。

Pytorch 和 TensorFlow 则是 Python 环境下科研人员进行深度学习算法研究的主流平台,为执行各种各样的图像处理与分析任务提供了支持。百度公司的飞桨(PaddlePaddle)集深度学习核心训练和推理框架、基础模型库、端到端开发套件、丰富的工具组件于一体,是国内自主研发、功能完备、开源开放的产业级深度学习平台。

1.4　农业领域典型应用及特点

智能化和信息化是现代农业的发展趋势,而智慧农业已成为中国农业未来的发展方向。

随着各种数字图像获取设备的普及，图像处理技术已经渗透到现代农业生产过程的各个环节，有效弥补了传统农业在解决相关问题时主要依靠人工测量而面临的工作烦琐、效率低下、劳动强度高和误差大等缺陷。如何更高效、更安全地满足市场对优质粮食、水果蔬菜、畜禽产品和环境智能管理等方面的需求，已成为智慧农业研究的热点方向。

农业中的数字图像处理与分析任务具有以下特点：①图像类型来源广泛。根据不同的研究目的，监控相机、手机、显微镜、各种遥感手段和成像设备等都可作为获取农业图像的来源。除了常见的可见光图像外，近红外光谱图像、热红外图像、多光谱图像、高光谱成像、三维激光扫描图像，甚至 X 射线图像和 CT 图像等不同电磁波波段下的成像方式都被用于农业研究领域。②图像多呈现非结构化特点。与工业生产的标准化不同，受各种因素影响，农业生产的环境更为复杂，每一种样本都存在较多的类内差异，植物类对象大多具备较强的季节性，而动物类对象又难以控制，因此，很多情况下首先需要精心规划能够有效展示研究对象特征的图像获取方法。③多种算法综合使用。实际的农业图像处理任务离不开从图像中提取适当的属性特征，单一的数字图像处理方法能力有限，通常还需要涉及模式识别方法以进行决策。

近年来，随着人工智能的蓬勃兴起，在有些应用领域甚至可以完全依赖深度学习的功能来达到目的，但深度学习严重依赖于数据集的选择与构建，且学习框架目前缺乏严格的数学理论证明。因此，"数字图像处理与分析"课程中所学习的经过严格数学理论证明的相关内容依然在智慧农业中发挥着重要的作用。对于深度学习而言，"数字图像处理与分析"课程也能起到培养思维和奠定基础的重要作用。

当前，数字图像处理与分析几乎渗透到智慧农业的每个领域，全面讨论其应用超出了本书的范围。本节将简要介绍数字图像处理与分析在农业领域的典型应用。

1.4.1 作物生长特征检测与识别

作物生长特征是作物栽培和选育、生理研究和分类管理的主要依据。常用的生长特征指标包括苗、茎、穗等生物量的数量、颜色、位置和大小等信息。而在现代大田作物生长过程管理中，以图像方式获取作物生长表型性状数据，通过数字图像处理与分析实现各种生长特征的自动检测与识别，是实现作物生产信息化的重要途径。现代育种领域采用的高通量植物表型平台技术也离不开图像信息，例如，采用图像处理与分析方法可测量作物的分蘖数、叶片尺寸、叶倾角、株高、体积、枯萎程度、鲜重、花/果实数目等表型信息，它们为农业科技人员提供了实时和准确的研究数据。图 1-9 展示的小麦麦穗和倒伏是两种常见的小麦生长过程管理中的表型鉴定，对于优良品种选育和产量估计具有重要的作用。

(a) 小麦麦穗图像　　　　　　　　　　　　(b) 小麦倒伏图像

图 1-9　大田作物生长特征检测与识别举例

1.4.2 畜禽生理生长信息感知与分析

智慧养殖使得畜禽生产具备数字化、低人工、高产能和低消耗等特点,已成为现代大型养殖业的发展趋势。基于图像和视频等信息能够识别畜禽个体并及时掌握其健康和行为状况,有利于在改善动物福利的同时实现精准养殖管理。

目前,养殖企业已利用图像分割技术实现清点畜禽数量、估算个体体重、鉴定个体体型,并通过脸部识别技术识别每头/只畜禽的身份信息,调取其相关生长档案数据,从而确立个体投喂方案。视频图像数据还是远程畜禽疫情疫病和异常行为诊断的基础。通过分析嘴部、腹部、乳房和腿部等身体特定部位的运动,为快速判断畜禽疾病、情绪、进食、呼吸和发情等生理状况提供依据,以降低养殖风险和损失。图 1-10(a)是京东公司的人工智能识别猪脸,图 1-10(b)是利用热红外成像反映奶牛的温度变化以检测其是否患有乳腺炎疾病。

(a) 京东数字科技的猪脸识别　　　　(b) 热红外成像检测奶牛是否患有乳腺炎

图 1-10　数字图像处理与分析在养殖业中的应用

1.4.3 果蔬病虫害识别诊断

准确诊断早期发生的病虫害类型能够帮助种植户采取更有针对性的防治措施,避免农药滥用,在改善农业环境的同时起到提升作物产量和质量的作用。

果蔬常见病害包括霜霉病、灰霉病、白粉病、锈病、软腐病和炭疽病等,常见虫害有蚜虫、蜗牛、棉铃虫、瓢虫、红蜘蛛、蝇、菜蛾和螟虫等。这些病虫害造成植株叶部或茎部的颜色或形态发生变化,图像处理与分析技术将基于这些变化提取果蔬类植株地上部位的异常特征,再结合植保专业知识和模式识别或人工智能算法实现对病虫害类型的快速诊断。图 1-11 是果瓜类蔬菜常见的叶部白粉病和辣椒茎部蚜虫。

(a) 瓜类叶部白粉病　　　　　　　(b) 辣椒茎部蚜虫

图 1-11　果蔬病虫害图像检测

1.4.4 农产品无损检测

农产品的品质在生产、销售、运输过程中可能会受到影响，因此，在根据品质进行分类分拣和分级销售时，有必要对农产品逐一进行快速无损检测，而图像视觉方式已成为最常见的农产品无损检测技术之一。

根据视觉系统成像传感器的光谱范围不同，无损检测的图像源类型可分为可见光图像和非可见光图像。可见光图像包含的波长范围较窄，常被用于检测农产品的形状、尺寸、颜色、纹理、机械损伤和外部缺陷等较为直观的外观品质。而红外图像、紫外图像、X射线线性扫描成像技术、CT成像、超声成像、核磁共振成像等非可见光现代成像技术近年来也逐步与其他现代检测技术相结合，被用于检测病害、硬度、糖度、成熟度、隐形损伤等农产品内部品质。图1-12(a)是黏连玉米籽粒的自动分割，以准确进行计数，图1-12(b)是苹果高光谱图像的一个近红外波段成像结果，缺陷的反射值与正常部分有明显区分。因此，在农产品无损检测中，近红外波段常用于检测水果缺陷。

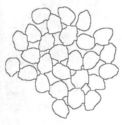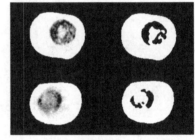

(a) 玉米籽粒分割计数　　　　　　　　　　(b) 近红外波段成像检测苹果缺陷

图1-12　数字图像处理与分析在农产品无损检测中的应用

1.4.5 农业自然资源调查与评价

农业自然资源包含农业生产可以利用的土地、水、气候和生物等资源。农业自然资源调查与评价是开展农业区划的基础工作，有利于农业自然资源的合理利用和特色农业发展，以及提高农业自然资源的总体利用效率。

由于自然资源的分布具备时域变化性和地域广泛性，因此常采用遥感技术进行土地利用现状动态监测、水资源分布调查、农作物估产、生物多样性调查和粮食生产风险评估等工作。按遥感平台的不同，可把遥感分为地面(近地)遥感、航空遥感和航天遥感。地面遥感将传感器搭载在高塔、车、船等平台，是传感器定标、遥感信息模型建立、遥感信息提取的重要技术支撑，手持相机采集影像也属于一种地面遥感方式。航空遥感按飞行高度可分为低空(3000m以下)、中空(3000～10000m)、高空(10000m以上)三级，多采用飞机、气球、飞艇等飞行器采集影像，具有成本相对较低、不受云层影响、成像较为清晰的优势。而航天遥感以地球人造卫星为主体，包括载人飞船、航天飞机和空间站，其特点是实时更新快、覆盖范围广，我国已发射了高分一号、高分二号和资源三号等光学类高分辨率遥感卫星。卫星遥感图像的绿光波段可用于探测地下水、岩石和土壤的特性，红光波段可用于探测植物生长的变化和水污染等，红外波段可用于探测土地、矿产及资源分布等，微波段可用于探测气象云层和海底鱼群变化。

1.4.6 智能农机精准作业

农机作业的准确熟练程度是现代化农业生产的决定性因素。近年来，我国智能农机从拖拉机、联合收割机和植保无人机向插秧机、大型植保机、秸秆捡拾打捆机等拓展，并基于 GPS 和北斗系统进行作业定位、路径规划、作业轨迹等导航控制，在耕整地、作物栽植、田间管理、联合收获、秸秆处理和粮食烘干等农业生产环节全程全面铺开协同精准作业，极大地节约了劳动力和减少了水肥投入。地面智能农机装备安装 CCD 传感器，可用于精准选种、苗情检测、杂草识别、植株定位等任务的田间图像采集。搭载高清摄像头和先进传感器的农业无人机能够绘制精准的地块与土壤分析三维地图，为耕种管收各阶段的精准作业规划提供数据支持。

图 1-13(a)是小麦定苗期的作物种植行检测，可用于农机在田间作业导航；图 1-13(b)显示了受病害影响的小麦，患病部分叶片发黄，水分缺失，与未患病小麦冠层表型有明显的区别。通过绘制小麦病害分布图，可以为植保无人机精准喷药提供施药处方图。

(a) 作物种植行检测　　　　　　　　(b) 病害小麦遥感图像

图 1-13　数字图像处理与分析在农机大田精准作业中的应用

1.4.7 森林资源监测与管理

森林资源监测与管理的对象是林地、林木、林中和林下的野生动植物以及森林环境。图像信息不仅可用于林地面积、树种分布、郁闭度、疏密度、树径、树高等有关林木发育数量与质量指标的测量和估算，还可用于火情报警、采伐消耗、林权确权、造林成效评估、野生动物探寻等监测任务。在图 1-14 中，通过在森林中安装相机，能够实现对珍稀野生动物进行监控，有助于分析濒危动物的生存状况和出行规律，从而有效拯救和发现濒危动物。

图 1-14　基于数字图像处理与分析的森林珍稀野生动物监测

1.4.8　水利资源环境调查与监控

水利是农业生产的命脉。由于水资源分布范围广，人工勘查难度大且存在危险，因此，借助监控相机、无人机和卫星遥感等成像技术，能够为水资源分布调查、水环境质量监测、农田水利基本建设调查、农田旱情和墒情监测评估、汛情和洪涝灾情动态监视和违章违法涉水活动识别等工作提供分析决策和协调调度的可靠信息。通过处理和分析大中型水库、重点流域河道、城市河湖、排水泵站退水口等站点的全貌和重点区域图像，确保水库、河道和供水管网等重大水利灌溉设施平稳运转。

由以上应用可知，数字图像处理与分析和农业的深入融合，提高了农业生产的自动化、智能化和精细化程度，在带动产业升级、推动智慧农业发展方面有着重要的意义。

习　　题

1．列举日常生活中 4 种数字图像处理与分析的应用场景。

2．通过查阅资料，理解 CCD 成像传感器的基本的工作原理。

3．以一个具体的智慧农业场景为例，简述图像处理与分析的主要目的。

4．从图像处理的角度，哪些特征可将苹果、猕猴桃和香蕉正确分类？

5．将一幅图像分别用 BMP 和 JPEG 格式存储，比较其占的存储空间大小，并观察显示结果有无明显的变化。

6．以一个具体的智慧农业场景为例，简述图像压缩存储的必要性。

7．以手机移动设备为例，列举 2 个智慧农业数字图像处理与分析的例子。

8．简述数字图像处理与分析在水利图像领域中的 2 个应用案例。

9．计算机视觉领域的发展为农业数字图像处理与分析提供技术支持，调研计算机视觉领域的 2 个主流国际会议和 2 个专业期刊。

10．调查 2 个智慧农业领域的国内外专业期刊(一中一英)，列出相应网址和收稿领域。

第 2 章 数字图像基础

本章介绍数字图像处理与分析的基础概念和本书采用的实验平台。首先，图像的形成实际上是从物体表面反射的光线进入人眼后的一个视觉感知过程，因此，首先简要介绍人眼成像与视觉感知的基本原理。其次介绍彩色图像显示与处理的基础，包括利用三原色原理模拟人眼成像的过程和五种常见的颜色模型。接着介绍图像的数字化过程、农业图像类型和像素间的基本关系与度量。最后简要介绍 Python-OpenCV 数字图像处理与分析实验平台。

2.1 人眼成像与视觉感知

视觉信息是人类获取信息的主要来源。从物体表面反射的光线进入眼睛，被光感细胞吸收后在视网膜上形成图像，再经过一系列生物电信号的处理传送到大脑的视觉皮层，从而使人类可以感知周围的世界。因此，视觉系统是人类观察事物和认知世界的重要途径。

2.1.1 光与电磁波

电磁波就是"光"的广义概念，其波长从几纳米到几千米，大部分电磁波是不可见的。而通常所说的光是指人眼能看见的可见光，波长范围为 380～780nm，它仅占电磁波的一小部分。图 2-1 是对不同波长电磁波的一个大致分类。波长小于可见光的紫外线、X 射线和γ射线能量更高，可以穿透原子间的缝隙并破坏物质结构，属于电离辐射。而波长大于可见光的电磁波具有更好的衍射能力，可以绕过小于其波长的物体，例如，红外光能够从分子间的缝隙穿过，短波等无线电波甚至可以绕过一个建筑物或山头，这些都属于非电离辐射。因此，同一物质在不同波长的电磁波下会展现出不同的特性。

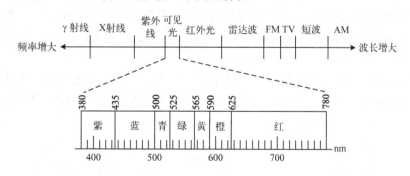

图 2-1 电磁波的基本划分和人眼可见光的波段

人类对色彩的辨认是人眼受到电磁波辐射刺激后引起的一种视觉神经感觉。当前的数字成像设备就是通过模拟人眼对颜色的感知过程，对入射光中的可见光波段进行成像，从而获取场景的图像。研究表明，不同波长的光能够探测物体不同方面的信息。因此，只要借助专用的成像设备获取人眼感受不到的波段的影像，就能得到更丰富的图像类型。例如，利用可见光相机的低成本优势获得高分辨率农田图像，从而获得准确的表型信息；利用多光谱和高光谱相机一次获得场景中多个波段的成像结果，可以更细致地监控作物农情信息；而利用热红外相机获取的温度信息可用于监测农作物的病害和动物的健康状况。

2.1.2 人眼结构

人眼是视觉成像的器官，其形状可近似看成一个直径为 20mm 的球体，它由三层膜包裹，即外层的角膜与巩膜、中层的脉络膜和内层的视网膜。角膜是光滑并且透明的组织，它覆盖人眼的前表面。角膜后面的巩膜是包围眼球其他部分的不透明膜。脉络膜的颜色很深，因此能减少进入人眼的入射光量和眼球内反向散射的光量，脉络膜在最前端分为睫状体和虹膜。睫状体的功能是产生房水和调节眼睛的屈光能力，虹膜的收缩和扩张控制进入人眼的光量。晶状体位于虹膜之后，由同心的纤维细胞层组成，晶状体吸收约 8%的可见光，对短波光长有较高的吸收率。眼睛中最靠内部的膜是视网膜，它布满了整个眼球后部的内壁。眼睛聚焦时，来自物体的光在视网膜上成像。

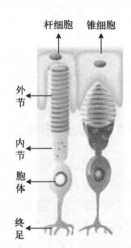

视网膜表面上的光感受器由外节、内节、胞体和终足四部分组成，其形状如图 2-2 所示。根据外节形状，其可分为锥细胞和杆细胞。锥细胞在中央凹分布密集，在视网膜周边区域相对较少，光的感受分辨率高。杆细胞则在中央凹无分布，主要分布在视网膜的周边区域；锥细胞对强光和颜色比较敏感，即白天接受光刺激，主要为明亮光。杆细胞主要感受弱光，例如，在月光下，人眼很难感受到物体的颜色，这时只有杆细胞受到刺激，这种现象称为暗视觉或微光视觉。在数量上，每只眼睛的杆细胞多达 7500 万～15000 万个，而锥细胞相对较少，每只眼睛有 600 万～700 万个的锥细胞。

2.1.3 人眼的成像过程

图 2-2　杆细胞和锥细胞

类似于数码相机，眼睛的晶状体相当于相机的镜头，它前端的瞳孔对应于相机的光圈，控制进入眼睛的光量。眼球内壁的视网膜相当于相机传感器的感光面(CCD)，光线在进入瞳孔后通过晶状体聚焦在视网膜上成像，晶状体聚焦中心到视网膜的距离称为焦距，其可在 14～17mm 进行调节，以适应物体的远近。

图 2-3 是人眼的成像过程示意图。假设正在观察离前方 20m 处的一棵玉米植株，植株高 0.8m，焦距为 15mm，则玉米植株在视网膜上的成像高度为 $h/15 = 0.8/20$，得到 $h = 0.6$mm。

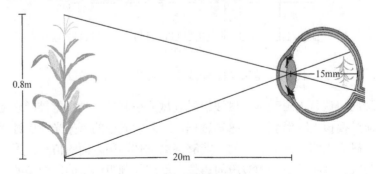

图 2-3　人眼的成像过程示意图

视网膜上的感光细胞受到刺激并产生响应后,将光能量转换为相应的视觉神经信号,这些视觉神经信号按照生理学规律在人体的神经通道内传递,将信息送入大脑;在大脑视觉中枢的处理和加工下,结合心理学规律,人类获得对场景的认知和理解。事实上,以卷积神经网络为代表的深度学习技术的兴起,很大程度受益于人类对生物视觉认知过程的深入研究。

2.2　彩色基础与颜色模型

人对色彩的理解是在感知不同波长光的基础上的一种主观认知。虽然不同的人对颜色的感知可能略有差别,但总的来说,人类在进化中逐渐形成的对入射光波长敏感的三原色原理构成了人眼感知颜色的基础。因此,面向不同的领域建立和选择合适的颜色生成方式,即颜色模型,将其标准化,有助于推动该领域的发展。

2.2.1　视觉三原色原理

在牛顿的光学实验中,一束白光穿过三棱镜后射出的光分解为七个色带,说明白光是复色光,颜色可以合成。如 2.1 节所述,人眼的视网膜表面存在锥细胞,这些锥细胞主要对光线中的红色、绿色和蓝色敏感,分别称为长波 L、中波 M 和短波 S,构成了视觉系统的三原色,称其为 LMS 颜色空间。图 2-4 是人眼的三种锥细胞对不同波长单色光的吸收曲线,可以看出,对蓝色(短波 S)敏感的锥细胞在 450nm 附近的吸收值较大,在 550nm 后基本上没有吸收。而对红色(长波 L)和绿色(中波 M)敏感的锥细胞,它们的吸收曲线具有较大的重合度。当观察某种物体时,这三种锥细胞分别对来自物体的反射光线进行感知,响应值为在可见光波段内吸收曲线(函数)的积分值,这导致了人类产生对各种颜色的感知。例如,红色的苹果和辣椒虽然属于不同的物质,但人的眼睛感受到的颜色是相似的。原因在于三种锥细胞的吸收曲线在可见光波段内的积分值是近似相等的,从而导致人眼对其有近似的视觉颜色感知。

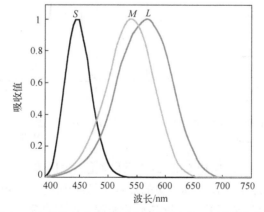

图 2-4　三种锥细胞对不同波长单色光的 LMS 吸收曲线

2.2.2　CIE RGB/XYZ 三色空间

基于 LMS 颜色空间,人们希望构建 3 个标准的基色,以此来量化所有的可见颜色。20 世纪 20 年代,英国帝国理工学院的 W David Wright 和伦敦国家物理实验室的 John Guild 开展了颜色匹配实验，利用波长分别为 625nm(红色)、545nm(绿色)和 435nm(蓝色)的三原色作为基色尽可能量化所有的颜色。

在实验中，观察者通过一个 2° 视场的观测窗口观察投影纯色的屏幕，屏幕被分为两个区域，左侧区域用于投影待测试的单色光，右侧区域用于投影三原色基本光组成的混合光。当观察者通过改变 3 种基本光的强度使其和左侧区域上的单色光颜色一致时，记录右侧区域 3 种基本光的强度。实验发现，对于某些单色光，无法通过调整 3 种基本光的强度使得它们的混合光与待测试的单色光颜色一致。这种情况下，允许观察者在左侧原单色光的基础上再加上 1 种基本光，最终使得两侧区域颜色一致，这个过程相当于给右侧测试光增添了左侧新加基本光的负值。当所有的单色都用这种方式遍历一次后，得到不同波长的三原色组合，组合曲线如图 2-5 所示，它们称为 CIE(国际照明委员会)RGB 颜色空间。显然，这种包含负值单色光的颜色空间无法通过硬件生成。

为了克服 CIE RGB 不能表示所有颜色的缺点，1931 年，CIE 制定了一种标准的颜色空间 CIE XYZ，它实际上是从 CIE RGB 转换而来的，其中 X、Y、Z 是这种颜色空间中的红、绿、蓝三色值：

$$\begin{bmatrix} X \\ Y \\ Z \end{bmatrix} = \begin{bmatrix} 0.4887180 & 0.3106803 & 0.2006017 \\ 0.1762044 & 0.8129847 & 0.0108109 \\ 0.0000000 & 0.0102048 & 0.9897952 \end{bmatrix} \begin{bmatrix} R \\ G \\ B \end{bmatrix} \qquad (2\text{-}1)$$

在 CIE XYZ 颜色空间中，不同波长的单色光的组合曲线如图 2-6 所示。

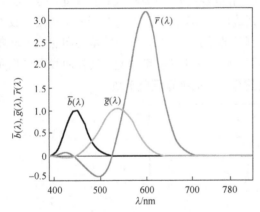
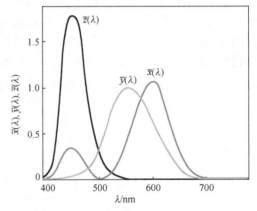

图 2-5　单色光在 CIE RGB 颜色空间中　　　图 2-6　单色光在 CIE XYZ 颜色空间
　　　　　三原色的组合曲线　　　　　　　　　　　　中的组合曲线

比较人眼的 LMS、CIE RGB 和 CIE XYZ 三种颜色空间可知，在 LMS 颜色空间中，所有响应值都位于第一象限(即不存在坐标为负的点)，可感知所有的颜色；而在 CIE RGB 颜色空间中存在坐标为负点，由于实际的显示设备只能表现"正"的颜色，所以 CIE RGB 颜色空间在实际使用过程中只能表现出有限的颜色；在 CIE XYZ 颜色空间中，没有负的函数值，它可以表示全部可见光的颜色，CIE XYZ 是一种与设备无关的颜色空间。

2.2.3　颜色的属性

三原色虽然能合成颜色，但其并不直观。因此，人们通常用亮度、色调和饱和度表示颜色的属性。亮度体现的是发光强度的消色概念。色调是混合光波中与主波长相关的属性，表示被观察者感知的主导颜色。饱和度指的是相对纯度，与颜色中混入的白光量成反比。

色调和饱和度称为色度，因此，颜色可用亮度和色度共同表示。在 CIE XYZ 颜色空间中，X、Y 和 Z 的不同组合可形成任何一种可见光，任何一种色度可由其三色系数来规定，定义如下：

$$x = \frac{X}{X+Y+Z} \tag{2-2}$$

$$y = \frac{Y}{X+Y+Z} \tag{2-3}$$

$$z = \frac{Z}{X+Y+Z} \tag{2-4}$$

基于色度系数，可以得到特定色的色度值 (x, y)。经过转换后，颜色空间从 CIE XYZ 转换为 CIE xyY。其中 Y 表示亮度，它也是 CIE XYZ 中的绿色分量。可见，CIE xyY 实际上由 CIE XYZ 投影到 $X+Y+Z=1$ 平面得到。显然，这两种颜色空间可以相互转换。

2.2.4　CIE 色度图

CIE 制定了一个舌形色度图来表示 CIE xyY 颜色空间，如图 2-7 所示。该图显示了色度构成中红色 (x) 与绿色 (y) 的关系，对于任意的 x 和 y 值，对应的蓝色 (z) 值由 $z=1-x-y$ 决定。例如，一个点的色度成分中绿色和红色分别为 60% 和 30%，则其蓝色为 10%。各个光谱色的位置由舌形色度图给出，在色度图边界上的点表示光谱中的纯色，其完全饱和；在色度图内部的点都表示由纯光谱色组成的混合色，饱和度变低。当一个点远离边界并接近等能量点时，其混入的白光越多，饱和度越低，等能量点处的饱和度为零。

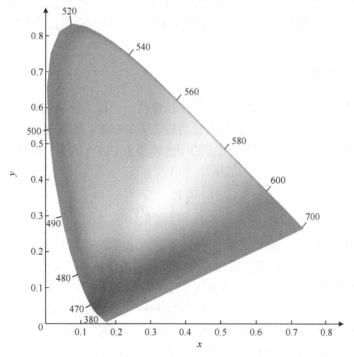

图 2-7　CIE xyY 颜色空间 x 与 y 的关系

色度图的一个重要特点是"感知均匀性"，色度图中任意两点的混合色一定位于这两点构成的线段上，中点是两个点所代表颜色的等比例混合色。

2.2.5　颜色模型

颜色模型规定了颜色的生成方式，由坐标系和坐标系内的子空间构成，模型内的任一颜色都可由子空间中的一个点来表示。颜色模型可分为面向硬件和面向应用两类，彩色显示器和彩色摄像领域的 RGB 颜色模型及彩色打印领域的 CMY 颜色模型均属于面向硬件类，而针对人们描述和解释颜色的 HSI 颜色模型、用于数字视频转换的 YCbCr 颜色模型和基于生理特征的 Lab 颜色模型则属于面向应用类，本节将对这几个颜色模型进行介绍。

1. RGB 颜色模型

RGB 颜色模型的三原色为红色、绿色和蓝色，颜色子空间中的任一点是一个三维向量，表示一种颜色取值。如图 2-8 所示，RGB 颜色模型在三维空间中表示为一个立方体，所有的颜色值归一化为[0, 1]，每幅彩色图像包括 3 个独立的基色平面。可以看出，黄色的三原色组成为(1, 1, 0)，品红的三原色组成为(1, 0, 1)，任何一种颜色均可由三种颜色构成的向量表示。原点(0, 0, 0)表示黑色，而(1, 1, 1)表示白色，原点和白色点连线上的所有点的红、绿和蓝分量相等，灰度从黑色过渡到白色。白色点到黑色点的连线是图 2-8 颜色模型立方体中的主对角线。

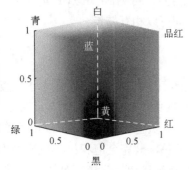

图 2-8　归一化的 RGB 颜色模型立方体

在 RGB 空间中，用于表示每个像素的二进制位数(比特)称为像素深度，在一幅 RGB 图像中，如果像素在每个通道的表示都是 8 比特，则该幅图像的像素深度为 24 位，最多可以表示 2^{24} 种颜色。

2. CMY 颜色模型

CMY 颜色模型的三原色是青色、品红色和黄色。它是一种减色模型，当一束白光照射到物体时，物体吸收一部分光，将其他光反射进入人的眼睛。也就是说，黄色是白光被物体吸收蓝光之后的视觉感知。彩色打印机用的颜色模型是 CMY，它与 RGB 的转换关系如下：

$$\begin{bmatrix} C \\ M \\ Y \end{bmatrix} = \begin{bmatrix} 1 \\ 1 \\ 1 \end{bmatrix} - \begin{bmatrix} R \\ G \\ B \end{bmatrix} \tag{2-5}$$

例如，一个点的 RGB 三通道分量分别为(0.24, 0.38, 0.54)，则其对应的 CMY 颜色分量为(0.76 0.62 0.46)。式(2-5)为颜色值归一化计算的公式，如果三通道的每种分量都是用 0～255 的灰度级整数值表示的，那么应该将这个范围归一化为 0～1。

根据颜色模型可知，等量的 CMY 三原色混合应产生黑色。但实际中，CMY 的油墨中含有杂质，组合印刷黑色时，会产生模糊的棕色。因此，为了产生真正的黑色，通常需要加入黑色作为第 4 种颜色，这就是 CMYK 颜色模型。也就是说，添加合适比例的黑色可产生纯黑色。

3. HSI 颜色模型

虽然 RGB 和 CMY 非常适用于图像显示和打印输出领域,而且 RGB 系统与人眼对红色、绿色和蓝色的感知非常匹配,但是,它们难以描述人类对颜色的直观感受,例如,人类在解释某种颜色时,难以确定其红、绿和蓝三原色值。

HSI 颜色模型是美国色彩学家孟塞尔于 1915 年提出的,它以色调、饱和度和亮度三种基本特征感知颜色,非常符合人们观察彩色物体时对颜色的感知。其中,色调 H 与光波的波长有关,它表示人的感官对不同颜色的感受,如红色、绿色和蓝色。饱和度 S 表示颜色的纯度,纯光谱色是完全饱和的,加入白光会稀释饱和度。饱和度越大,颜色看起来就会越鲜艳,反之亦然。亮度 I 对应成像亮度和图像灰度,是颜色的明亮程度。

HSI 与 RGB 颜色模型有着密切的联系,若将 RGB 单位立方体上的某个点沿主对角线投影,则该点到投影点的距离反映该点颜色的饱和度,即该点颜色的纯度;以立方体上的红色点与其投影到主对角线上的点的连线为坐标轴,指定为 0 色调,色调逆时针增大,表示颜色从红、黄、绿、青蓝到品红过渡;原点到通过该点与主对角线垂直的平面的距离反映该点颜色的亮度。显然,如果过红色点 $(1, 0, 0)$ 作颜色模型立方体主对角线的垂线段,该线段上所有点具有相同的色调 H。在图 2-8 中,垂直于主对角线的平面从上往下运动,其与 RGB 颜色模型立方体相交的区域称为 HSI 平面,其通常为三角形或者六边形。如图 2-9 所示,HSI 平面上的点具有相同的亮度 I,范围为[0, 1];其到中心点的连线与红色坐标轴的夹角是色调,范围为[0°,360°],而到平面中心点距离相等的点的颜色饱和度 S 相同,其范围为[0, 1]。HSI 平面的六边形和三角形也可以变换成圆形,图 2-10 是圆形 HSI 平面的 HSI 颜色模型,其更加清楚地反映了色调、饱和度和亮度之间的关系。

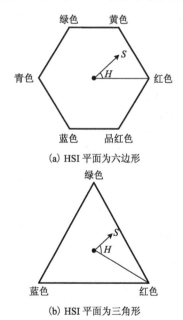

(a) HSI 平面为六边形

(b) HSI 平面为三角形

图 2-9 HSI 颜色模型中的色调和
饱和度构成的平面

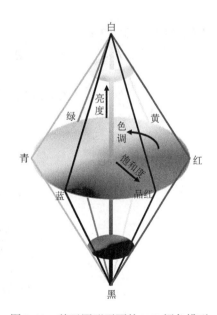
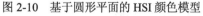

图 2-10 基于圆形平面的 HSI 颜色模型

(1) 从 RGB 到 HSI 的颜色变换。

$$I = \frac{1}{3}(R + G + B) \tag{2-6}$$

$$S = 1 - \frac{3}{R + G + B} \min(R, G, B) \tag{2-7}$$

$$H = \begin{cases} \theta, & B \leqslant G \\ 360 - \theta, & B > G \end{cases} \tag{2-8}$$

式中，

$$\theta = \arccos\left[\frac{((R-G) + (R-B))/2}{((R-G)^2 + (R-B)(G-B))^{1/2}}\right] \tag{2-9}$$

式中，RGB 值被归一化到区间[0, 1]，因此，S 和 I 值也在[0, 1]，色调范围为[0°, 360°]，同样可以归一化为[0, 1]。

(2) 从 HSI 到 RGB 的颜色变换。

若设 S、I 的值在[0, 1]中，R、G、B 的值也在[0, 1]中，则从 HSI 到 RGB 的转换公式(分成 3 段以利用对称性)如下。

若 H 在[0°, 120°)中：

$$B = I(1 - S) \tag{2-10}$$

$$R = I\left(1 + \frac{S\cos H}{\cos(60° - H)}\right) \tag{2-11}$$

$$G = 3I - (B + R)$$

若 H 在[120°, 240°)中：

$$R = I(1 - S) \tag{2-12}$$

$$G = I\left(1 + \frac{S\cos(H - 120°)}{\cos(180° - H)}\right) \tag{2-13}$$

$$B = 3I - (R + G) \tag{2-14}$$

若 H 在[240°, 360°]中：

$$G = I(1 - S) \tag{2-15}$$

$$B = I\left(1 + \frac{S\cos(H - 240°)}{\cos(300° - H)}\right) \tag{2-16}$$

$$R = 3I - (G + B) \tag{2-17}$$

4. YCbCr 颜色模型

YCbCr 是为数字视频转换而设计的颜色模型，主要用于优化彩色视频信号的传输，在

JPEG(图像压缩标准)、MPEG(视频压缩标准)和数字摄像系统中均使用这一颜色模型。Y 表示亮度，Cb 和 Cr 表示色度，RGB 转换成 YCbCr 的公式为

$$\begin{bmatrix} Y \\ Cb \\ Cr \end{bmatrix} = \begin{bmatrix} 0.257 & 0.564 & 0.098 \\ -0.148 & -0.291 & 0.439 \\ 0.439 & -0.368 & -0.071 \end{bmatrix} \begin{bmatrix} R \\ G \\ B \end{bmatrix} + \begin{bmatrix} 16 \\ 128 \\ 128 \end{bmatrix} \tag{2-18}$$

从式(2-18)可以看出，Y 通道由 RGB 输入信号的特定部分叠加得到，Cb 反映 RGB 中蓝色部分与 Y 亮度的差异，Cr 反映 RGB 中红色部分与 Y 亮度的差异。

YCbCr 转换成 RGB 的公式为

$$\begin{bmatrix} R \\ G \\ B \end{bmatrix} = \begin{bmatrix} 1.164 & 0 & 1.596 \\ 1.164 & -0.392 & -0.813 \\ 1.164 & 2.017 & 0 \end{bmatrix} \begin{bmatrix} Y-16 \\ Cb-128 \\ Cr-128 \end{bmatrix} \tag{2-19}$$

因为人眼对视频的 Y 分量比色度分量更加敏感，所以在对色度分量进行采样后，虽然减少了数据量，但人的眼睛难以察觉图像质量的下降，这使得 YCbCr 在图像压缩领域非常有用。

5. Lab 颜色模型

在 RGB 和 CMYK 颜色空间中，通过三维向量描述颜色，但表示不同颜色的向量之间的距离难以描述人们感知颜色的差别，也就是说，这些颜色空间是不均匀或非线性的。Lab 颜色模型是国际照明委员会在 1976 年制定的一种颜色模型，也是 CIE 1976(L^*, a^*, b^*)颜色空间的非正式缩写，它弥补了 RGB 和 CMYK 两种颜色模型的不足，是一种设备无关的颜色模型。

Lab 是一种基于生理特征的颜色模型，色差与人眼感知的差异接近一致，它由 L、a 和 b 三个通道分量组成。L 通道是亮度，取值范围为[0, 100]，从黑到白过渡；a 和 b 通道取值范围均为[−128, 127]，其中，a 通道的颜色从深绿色(低值)到灰色(中间值)再到亮粉红色(高值)过渡，b 通道则从亮蓝色(低值)到灰度(中间值)再到黄色(高值)过渡。

2.3　图像的数字化与图像类型

自然场景在空间和颜色上均是连续的，通过图像数字化过程，将其处理为计算机能够处理的离散值形式，才可以进行后续的图像处理与分析。图像的数字化过程主要包括图像的采样和量化。其中，将连续的空间坐标转换为离散坐标的过程称为采样，将连续的颜色值数字化的过程称为量化。

2.3.1　采样和量化

采样是将现实世界连续的三维空间投到二维平面并进行离散化的过程。显然，采样过程丢失了场景的深度信息，仅包含空间两个维度的信息。图像的采样精度与光传感器阵列中光感受单元的尺寸和排列密切相关。因为图像是二维的，采样通常包含行方向和列方向的数字化。在对一幅图像进行连续空间采样后得到一组空间坐标为离散值的二维阵列，每个点称为像素(Pixel)。若采样空间分辨率为 $M×N$，则一幅图像数字化后每行包含 M 像素，每列包括 N 像素。

量化是将连续变化的颜色值用有限种颜色值表示的过程，为了便于存储，颜色值量化的等级数通常为 2 的整数幂次方。用于表示量化级别的二进制位数称为颜色分辨率，通常用字节（Byte，简记 B）或位（bit）做单位，1 字节 = 8 位。例如，在 RGB 图像中，每个波段通道的颜色取值如果用 1 字节的二进制表示，即量化为 2^8（256）个灰度级，则其灰度值（简称灰值）是 0～255 的任意一个整数，而 0 表示全黑，255 表示纯白。采样与量化的过程如图 2-11 所示。对于热红外图像，为了更详细地表示温度信息，量化结果用 12 位表示，因此，最多可以表示 2^{12}（4096）个等级。

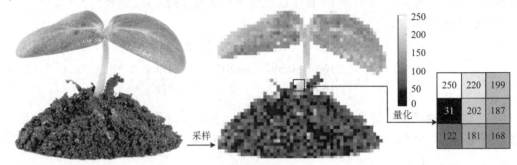

图 2-11　图像的采样与量化

采样与量化参数直接影响图像数字化质量和数据量。对于一幅彩色图像，如果空间分辨率为 1024×1024，其颜色分辨率为 3 字节，则需要占用 3×1024×1024 字节的存储空间，即 3MB。如果空间分辨率提升 1 倍，变为 2048×2048，颜色分辨率保持不变，虽然数字化质量明显提升，但占用的存储空间将达到 12MB。

2.3.2　图像的数字化表示

数字图像的坐标系与标准的笛卡儿坐标系不同，只有一个象限，原点位于图像的左上角，水平方向向右，垂直方向向下，如图 2-12 所示。

(a) 笛卡儿坐标系　　　　　　　　　　(b) 图像坐标系

图 2-12　直角坐标系

当仅考虑单波段通道时，数字图像可以看作一个二维函数，像素灰度值是函数值，称图像为灰值图像，在计算机中用一个 $M×N$ 的二维数组 $f(x, y)$ 表示：

$$f(x,y) = \begin{bmatrix} f(0,0) & f(0,1) & \cdots & f(0,N-1) \\ f(1,0) & f(1,1) & \cdots & f(1,N-1) \\ \vdots & \vdots & & \vdots \\ f(M-1,0) & f(M-1,1) & \cdots & f(M-1,N-1) \end{bmatrix} \tag{2-20}$$

灰值图像有时也表示为 $f(y, x)$，即 y 方向作为第一维，x 方向作为第二维。如果将像素灰度值作为函数值，可将灰值图像以二维曲面的形式显示。图 2-13 分别以灰度值和地形高度显示了一幅数字图像。当处理对象为彩色图像或多光谱图像时，每像素所对应的颜色值是一个向量，具体细节在下面将进行介绍。

(a)灰值图像

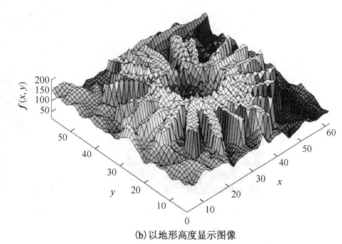

(b)以地形高度显示图像

图 2-13　灰值图像及其二维曲面图像

2.3.3　农业数字图像类型

图像经过数字化后，根据其量化的颜色和成像的波段数，可分成不同的类型。如果仅包含亮度信息或在单个波段成像，则得到的结果是标量图像。如果传感器同时在多个波段对场景成像，则获得的数字图像为多波段图像，也称为向量图像。

1. 二值图像

如果量化的颜色用 1 个二进制位表示，则每个像素仅表示黑或白两种颜色，现实世界中这样的图像类型几乎没有。在图像分割中，分割结果通常用二值图像作为掩模，分别表示目标和背景，实现感兴趣区域的提取。图 2-14 是一个米粒图像的二值分割结果，白色为目标，黑色为背景。

2. 灰值图像

灰值图像只有亮度信息，没有颜色信息。每个像素的亮度用 1 字节的灰度值表示，其取值范围为 0～255 的整数离散值。图像运算时也常把灰度值映射到[0, 1]。早期的老照片和黑白电影实际上就是灰值图像的一种形式。彩色图像或多波段图像的每个通道的数据单独取出来也可以看成一幅灰值图像。与彩色图像相比，灰值图像具有存储空间小的特点，本书讲解时以灰值图像作为处理对象。

3. 热红外图像

热红外成像仪采集被测场景所发出的 3～5μm 的中波红外辐射和 8～14μm 的长波红外辐

射，并将其转变为人眼可见的单波段图像，该图像就是热红外图像，其能够直观显示物体表面的温度差，具有不受光线影响的优势。在农业中，热红外图像已被用于畜禽动物的非接触快速测温和研究农作物温度与蒸腾作用的关系。图 2-15 是一幅拔节期的玉米冠层无人机热红外遥感图像，可以看出，由于叶片存在光合作用，其温度远低于土壤的温度。

图 2-14　二值图像　　　　　　　　图 2-15　玉米拔节期热红外遥感图像

4. 多光谱图像

多光谱图像和后面要介绍的真彩色图像及高光谱图像均为矢量图像，通常用一个多维数组表示，对应的函数表示形式为 $f(x, y, \lambda)$，如图 2-16 所示，其中 (x, y) 表示像素的位置，λ 表示波段组合，多光谱图像的波段数通常为 3～10，波段范围多集中在可见光和红外光区间。例如，某多光谱相机的成像波段数共有 6 个，包括红、绿、蓝三个可见光波段和 720nm、800nm、900nm 三个近红外波段，那么它将获得同一物体在这 6 个波段通道下的成像结果，据此可以分析该物体在不同波段下呈现出来的特性。

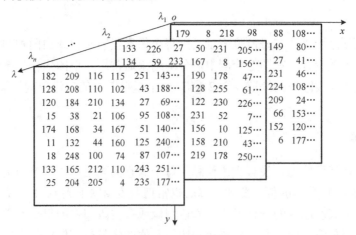

图 2-16　多光谱图像举例

5. 真彩色图像

真彩色图像也属于一种特殊的多光谱图像，其成像波段 $\lambda = \{680nm, 550nm, 490nm\}$，即在可见光的红色、绿色和蓝色三个波段构成的颜色空间中进行成像。也就是说，真彩色图像中每个像素值都是由 R、G、B 三个基色分量组成的，每个基色分量的强度等级为 $2^8 =$ 256 种，图像可容纳 $2^{24} = 16777216$ 种色彩，因此 24 位色也称为真彩色，它可以达到人眼分辨的极限。

6. 深度图像

深度图像反映了物体与成像设备镜头的距离信息，这一点对于智慧农业中的自动定位非常有用。例如，机器人采摘或授粉作业时，获取果实或花蕊等作业对象到相机的距离，可以引导机械臂准确地到达目标位置。如图 2-17 所示，图 2-17(a) 和图 2-17(b) 分别是一幅植物工厂中圣女果的可见光图像及其深度图像，在深度图像中，一般默认颜色越亮，表示其离镜头越近。

(a) 可见光图像　　　　　　　　　　　　　(b) 深度图像

图 2-17　圣女果可见光图像及深度图像

7. 视频图像

视频图像是指连续时间的静态图像序列，通常用 $f(x, y, t)$ 表示。每幅图像称为一帧，当每秒拍摄的视频序列大于 24 帧时，人的视觉系统可以感受到流畅的画面。在智慧养殖领域，利用视频图像处理可以进行家畜目标的跟踪、行为分析；在大田作物领域，利用监控视频可以动态分析作物长势和表型变化。图 2-18 是一个奶山羊视频的 8 帧序列，可以看出序列中奶山羊的位置和姿态均发生了明显的变化。

图 2-18　奶山羊视频图像序列

8. 高光谱图像

与多光谱图像相比，高光谱图像的波段间隔更窄，通常在 10nm 以内，更高的光谱分辨率意味着更多层次的光谱细节，一幅高光谱图像可以看成一个数据立方体，包含着被测区域在数百乃至上千个可见光和近红外、中红外等不可见光波段的影像数据。例如，在 400～1000nm 内，如果光谱分辨率为 2nm，则大致可以获取 300 个波段上丰富的影像数据。通过不同类型的高光谱成像仪可以获取近距离目标的高光谱图像或者地面遥感卫星高光谱图像。高光谱图像具有数据量大的特点，因此通常需要做数据降维的预处理，以去除其中的冗余信息。

2.3.4　图像文件格式

图像文件格式是组织和存储图像数据的一种标准。数字图像以二维像素网格的形式存储图像数据，每个像素用若干位二进制数表示颜色。图像文件类型可分为矢量（Vector）图像和光栅（Raster）图像。矢量图像是由二维点定义的，而不是像素，这些点连接起来组成具有一定几何形状的图形元素，每个图形元素都是一个自成一体的实体，它具有颜色、形状、轮廓、大小和位置等属性。常见的矢量图像文件格式包括 SVG（Scalable Vector Graphics）、EPS（Encapsulated Postscript）和 PDF（Portable Document Format）。

光栅图像是由像素数据组成的数字图像，用于表示颜色，最常见的形式就是数码照片。一些光栅图像可以压缩，以减小图像文件大小。本书的处理对象为光栅图像，下面简要介绍常见的光栅图像文件格式。

1. BMP

BMP 是用于存储位图数字图像的格式，它不依赖于具体设备，这种与设备无关性使其可以在 Windows 和 Mac 等操作系统中跨平台使用。BMP 格式支持以原始数据保存或以 Huffman（霍夫曼）或 RLE 编码方式无损压缩，因此，这种格式的图像文件所占空间较大。

2. GIF

GIF 是一种高度压缩的文件格式，使用 LZW 压缩算法，不会降低图像质量。对于每幅图像，GIF 通常最多允许 256 种颜色，适用于颜色较少的图像，如卡通造型、公司标志等。在互联网刚刚出现的时候，因为 GIF 需要较低的带宽，并且与占用固定颜色区域的图形兼容，所以被广泛使用。另外，GIF 格式可以将许多图像或帧组合成一个文件，并按顺序显示，以生成动画剪辑或短视频。

3. PNG

PNG 是作为 GIF 的替代品而创建的，没有版权限制，但是它不支持动画。PNG 文件格式支持无损图像压缩，压缩比高，生成文件体积小，这使得它在用户中很受欢迎。PNG 图像有 8 位、24 位、32 位三种形式，其中 8 位 PNG 支持索引透明和 Alpha 透明两种透明形式，24 位 PNG 不支持透明，32 位 PNG 在 24 位的基础上增加了 8 位透明通道，因此可展现 256 级透明程度。

4. JPEG

JPEG 图像文件格式是由联合摄影专家组制定的。JPEG 使用有损压缩方法保存图像，在压缩比很大的同时，能够保持良好的图像质量。用户可以调整压缩比来实现不同的质量，以减少存储空间。压缩比越高，图像质量下降越严重。JPEG 格式相关标准详见 9.4 节。

5. TIFF/TIF

TIFF/TIF 能够描述二值、灰值、调色板和全彩色图像数据，支持有损压缩和无损压缩方案，以便为使用该格式的应用程序在空间和时间之间进行选择。该格式不依赖于机器，并且不受处理器、操作系统或文件系统等限制。多光谱和高光谱图像通常以 TIFF 格式保存。

2.4　像素间的基本关系

2.4.1　像素的邻域像素

如图 2-19(a)所示，一个坐标为 (x_i, y_i) 的像素 p 在水平方向上有两个相邻像素，其坐标分别为 (x_{i-1}, y_i) 和 (x_{i+1}, y_i)，在垂直方向有两个相邻像素 (x_i, y_{i-1}) 和 (x_i, y_{i+1})，这组像素称为 p 的 4 邻域，用 $N_4(p)$ 表示。同时，像素 p 在 4 个对角上的相邻像素的坐标为 (x_{i-1}, y_{i-1})、(x_{i-1}, y_{i+1})、(x_{i+1}, y_{i-1}) 和 (x_{i+1}, y_{i+1})，用 $N_D(p)$ 表示(图 2-19(b))。$N_4(p)$ 和 $N_D(p)$ 的并集构成了 p 的 8 邻域(图 2-19(c))。p 的相邻像素集称为 p 的邻域，如果该邻域包含 p，称该邻域为闭邻域，否则为开邻域。

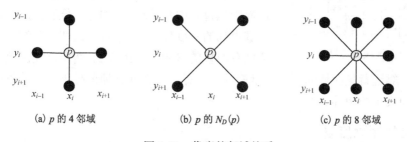

(a) p 的 4 邻域　　　　(b) p 的 $N_D(p)$　　　　(c) p 的 8 邻域

图 2-19　像素的邻域关系

2.4.2　邻接、连通、区域

1. 邻接

对于一个由像素构成的集合 S，集合中的像素存在三种类型的邻接。

(1) 4 邻接。q 在集合 $N_4(p)$ 中时，称像素 p 和 q 是 4 邻接的。

(2) 8 邻接。q 在集合 $N_8(p)$ 中时，称像素 p 和 q 是 8 邻接的。

(3) m 邻接(也称为混合邻接)。如果 q 在 $N_4(p)$ 中，或 q 在 $N_D(p)$ 中，且集合 $N_4(p) \cap N_4(q) = \varnothing$，那么像素 p 和 q 是 m 邻接的。

图 2-20(a)是一幅 3×3 的图像，图 2-20(b)显示了 4 邻接组成的边界，图 2-20(c)显示了 8 邻接组成的边界，显然中心点(p)和右上角(q)两个像素存在 2 条连接路径，出现歧义，而利用 m 邻接，p 和 q 只有一条连接路径，解决了 8 邻接存在的歧义问题。

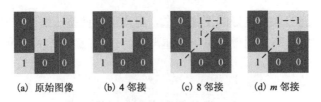

| (a) 原始图像 | (b) 4 邻接 | (c) 8 邻接 | (d) m 邻接 |

图 2-20　像素的邻接关系

2. 连通

在集合 S 中，如果任意两个像素 p 和 q 都存在一条路径，该路径上的所有像素都在集合 S 中，则称该集合是连通的。根据该集合上任意两个像素的连接关系，可将其分为 4 连通集和 8 连通集。

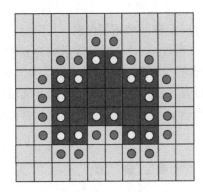

图 2-21　区域和边界

3. 区域

图像中一个连通的子集构成了一个区域 R。两个区域 R_i 和 R_j 联合形成一个连通集时，称 R_i 和 R_j 为邻接区域。区域 R 的边界(也称为轮廓)由 R 和 R 的补集中的相邻像素组成。也就是说，一个区域的边界像素必然与背景像素相邻，由区域的边界像素构成的边界称为内边界，外边界则是背景中与区域 R 相邻的像素构成的边界。通常区域内部的灰度值具有相似性，而两个区域相邻处的灰度值则有明显的差异。如图 2-21 所示，在深色像素构成的前景区域中，靠近背景区域的内部像素构成内边界，而在 4 连通前提下与该前景区域相邻的背景像素则构成了外边界。

2.4.3　像素的距离度量

在图像处理中，经常会度量两个像素的距离。对于坐标分别为 (x_1, y_1)、(x_2, y_2) 和 (x_3, y_3) 的三个像素 q_1、q_2 和 q_3，如果一个距离函数 D 满足：

(1)非负性，$D(q_1, q_2) \geqslant 0$，当且仅当 $q_1 = q_2$ 时，$D(q_1, q_2) = 0$；

(2)对称性，$D(q_1, q_2) = D(q_2, q_1)$；

(3)三角不等式，$D(q_1, q_3) \leqslant D(q_1, q_2) + D(q_2, q_3)$。

则称 D 是一个距离测度，满足该条件的通用距离函数定义为

$$D = \left(|x_1 - x_2|^p + |y_1 - y_2|^p \right)^{1/p} \tag{2-21}$$

当 $p = 2$ 时，D 为欧几里得距离(简称欧氏距离)。此时，其他像素到参考像素的所有等距点构成一个圆；当 $p = 1$ 时，D 为街区距离，对应的所有等距点构成菱形；当 $p = \infty$ 时，D 为棋盘距离，式(2-21)可写为

$$D = \max(|x_1 - x_2|, |y_1 - y_2|) \tag{2-22}$$

此时，对应的等高线变为正方形。一幅 5×5 的图像以中心点作为参考点，邻域点到该参考点的欧氏、街区和棋盘距离度量的示意图见图 2-22。

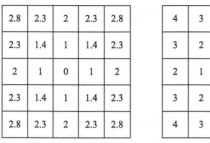
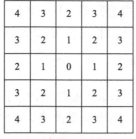
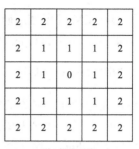

　　　　(a) 欧氏距离　　　　　　　　　(b) 街区距离　　　　　　　　　(c) 棋盘距离

图 2-22　欧氏、街区和棋盘距离度量示意图

2.5　数字图像处理与分析实验平台

2.5.1　Python 图像处理与分析库

　　Pillow、Scikit-image 和 OpenCV 是三个开源的 Python 图像处理库。Pillow 的早期版本是 Python Imaging Library（PIL），Python 2.7 以后不再支持。Pillow 是 PIL 模块 fork 的一个派生分支，现在已经发展成为比 PIL 本身更具活力的图像处理库，Image 类是 Pillow 的核心类，用于图像的基本操作。Scikit-image 是纯 Python 语言实现的开源图像处理库，具有易用性强的图像算法库 API，满足工业级应用开发需求。OpenCV 是一个开源的跨平台计算机视觉库，提供了许多功能丰富且强大的图像处理和模式识别函数，已经成为计算机视觉领域最有影响力的开源平台。Scikit-image 和 OpenCV 将图像读取为 NumPy 数组，所有操作均基于图像所对应的 NumPy 数组。

　　三种开源库都可用于图像处理与分析实验，鉴于 OpenCV 能跨平台且具有良好的可移植性，本书采用 OpenCV 作为实验平台。

2.5.2　OpenCV 发展历史

　　OpenCV 由一系列 C 函数和 C++函数类构成，实现了图像处理和计算机视觉方面的很多通用算法。

　　1999 年，为给计算机视觉和机器学习领域的从业者提供一个稳定的架构，美国英特尔公司的 Gary Bradski 启动了 OpenCV 项目。2000 年 6 月，第一个开源的版本 OpenCV alpha 3 发布；12 月，支持 Linux 平台的第一个开源版本 OpenCV beta 1 发布。2006 年，支持 macOS 的 OpenCV v1.0 发布。2009 年 10 月，OpenCV v2.0 发布，由于增加了完备的 C++接口，极大地扩大了 OpenCV 的用户群体。2015 年，OpenCV v3.0 正式发布，除了架构的调整，增加了更多的算法，性能也进一步优化，API 更为简洁，并加强了对 GPU 和深度学习的支持。

　　OpenCV 的特点是内建模块功能强大，且灵活多样。这些模块能够解决计算机视觉系统中的大多数问题，可以满足人机互动、物体识别、图像分割、人脸识别、动作识别、运动跟踪、机器人视觉、运动分析、机器视觉和结构分析等各种应用领域的需求。当前，OpenCV 支持 Windows、Linux、OS X、Android 和 iOS 等不同平台，并提供了 C++、Python 和 Java 等语言接口，支持基于 CUDA 和 OpenCL 的高性能 GPU 操作。现在许多研究机构和商业公司都基于 OpenCV 开展应用研究和项目落地。目前其最新版本是 2022 年 6 月 10 日发布的 OpenCV v4.6.0。相关的 OpenCV 官方文档可参考 https://opencv.org。

2.5.3 Python-OpenCV 实验平台

Python 是一种面向对象的解释型计算机程序设计语言，由荷兰 Guido Van Rossum 于 1989 年设计，1991 年第一个公开版发行。Python 是纯粹的自由软件，语言简洁，可扩展性强，源代码和解释器 CPython 遵循 GPL（GNU General Public License）协议。2022 年，IEEE Spectrum 发布了第五届顶级编程语言排行榜，Python 高居首位。

对于经典的数字图像处理与应用，Python-OpenCV 提供了丰富的函数和算法支持。因此，本书选用其作为实验平台，另外，主流的深度学习框架 PyTorch 和 Tensor Flow 均基于 Python 实现。因此，掌握 Python-OpenCV 对理解数字图像处理与分析算法和后续的基于深度学习的视觉应用都非常重要。

2.5.4 NumPy 包简介

图像在计算机中表示为二维数组（如灰值图像）或三维数组（如彩色图像、多光谱和高光谱图像）。因此，图像处理与分析实际上是以向量和数组为核心，开发面向不同应用领域的算法。OpenCV 的 C++版提供了多个类以支持图像的表示，而在 Python 版中，图像数据的表示主要通过 NumPy 包支持，它提供大量的数学函数库，支持高维数组与矩阵运算。因此，为了方便进行数字图像处理与分析实验，有必要了解 NumPy，详细的 NumPy 文档可参见 https://www.numpy.org。

NumPy 中定义的最重要的对象称为 ndarray 的 N 维数组类型，它是一系列同类型数据的集合，可以使用基于零的索引访问集合中的元素，其函数定义如下：

```
numpy.array(object, dtype = None, copy = True, order = None, subok = False,
ndmin = 0)
```

其中，object 表示数组或嵌套的数列，dtype 表示数组元素的数据类型，copy 表示对象是否需要复制，order 表示创建数组的样式，subok 表示默认返回一个与基类类型一致的数组，ndmin 表示指定生成数组的最小维度。

ndarray 类的实例对象可以通过调用该包的不同函数创建，下面是几个创建 ndarray 实例数组和图像对象的例子。为了简化，在调用函数前，通过 import numpy as np 语句将 numpy 重命名为 np。

【例 2-1】 数组对象。

（1）创建一个 1×3 的向量，输出元素和其形状大小：

```
a = np.array([1 2 3])
print(a)
print(a.shape)
```

输出结果为：

```
[1 2 3]
(1,3)
```

(2) 创建一个 1×3 的复数向量:

```
np.array([1+2i,3+4i,5+6i])
```

(3) 创建一个 2×3 的二维数组,输出元素和其形状大小:

```
a = np.array([[1,2,3],[4,5,6]])
print(a)
print(a.shape)
b = a.reshape(3,2)
print(b)
print(b.shape)
```

输出结果为:

```
[[1,2,3],
 [4,5,6]]
(2,3)
 [[1  2]
  [3  4]
  [5  6]
(3,2)
```

(4) 从现有数据创建数组:

```
x = [1,3,5]
a = np.asarray(x,dtype = int)
```

(5) 创建指定范围的数组:

```
x = np.arange(10,30,5)
print(x)
```

输出结果为:

```
[10 15 20 25]
```

【例 2-2】　矩阵对象。

numpy 包可以方便地创建新的矩阵。

创建一个 2×2 的单位阵:

```
a = np.eye(2,2)
print(a)
```

输出结果为:

```
[[1. 0.]
 [0. 1.]]
```

【例 2-3】　numpy 线性代数运算。

(1) 数组的点积:

```
a = np.array([[1,2],[3,4]])
b = np.array([[3,4],[5,6]])
```

```
print (np.dot(a,b))
```

输出结果为:

```
[[13 16]
 [29 36]]
```

(2)一维数组的向量内积:

```
print (np.inner(np.array([0.8,0.5,0.4]),np.array([0.3,0.2,0.6])))
```

输出结果为:

```
0.58
```

(3)矩阵乘积:

```
a = [[1,0],[0,-2]]
b = [[3,1],[3,-1]]
print(np.matmul(a,b))
```

输出结果为:

```
[[ 3  1]
 [-6  2]]
```

(4)矩阵的行列式:

```
a = np.array([[1,2],[3,4]])
print(np.linalg.det(a))
```

输出结果为:

```
-2
```

【例 2-4】 创建图像。

(1)创建一幅分辨率为 256×256, 数据类型为无符号 8 位整型的黑色图像:

```
Im = np.zeros((256,256),dtype = np.uint8)
```

(2)创建一幅分辨率为 256×256×3, 数据类型为无符号 8 位整型, 所有像素颜色值为(128, 128, 128)的图像:

```
Im = np.full(shape = (256,256,3),fill_value = 128,dtype = np.uint8)
```

2.5.5　Python-OpenCV 图像处理应用举例

下面以奶山羊图像为对象, 列举 5 个常见的基本图像处理应用代码, 包括读取图像、图像均衡化、图像滤波、图像分割和边界检测, 具体对应的算法原理将在后面章节介绍。

【例 2-5】 读取图像。

本例是利用 OpenCV 函数读取并显示一幅奶山羊图像, 结果如图 2-23 所示。

图 2-23　图像读取举例

```
import cv2                    #cv2 是 OpenCV 的计算机视觉库
import numpy as np
if __name__ = = '__main__':
    # 以灰值图像形式读入
    src = cv2.imread('..\images\dairyGoat.png',0)
    cv2.imshow('dairyGoat',src)
```

【例 2-6】　图像均衡化。

本例是利用图像直方图均衡化算法改善奶山羊图像的视觉质量，结果如图 2-24 所示。

(a) 偏暗图像　　　　　　　　　　　　　　(b) 图像均衡化结果

图 2-24　图像均衡化举例

```
import cv2
import numpy as np
if __name__ = = '__main__':
    # 以灰值图像形式读入
    src = cv2.imread('..\images\dairyGoat2.png',0)
    # 均衡化前
    cv2.imshow('goat_Before',src)
    dst = cv2.equalizeHist(src)
    # 均衡化后
    cv2.imshow('goat_After',dst)
    cv2.waitKey(0)
```

【例 2-7】　图像滤波。

本例是利用均值滤波和中值滤波对存在椒盐噪声的奶山羊图像进行去噪比较，结果如图 2-25 所示。

(a) 噪声图像　　　　　　　　(b) 均值滤波　　　　　　　　(c) 中值滤波

图 2-25　图像滤波举例

```
import cv2
```

```
import numpy as np

def saltPepper(image,salt,pepper):
h,w = image.shape[0],image.shape[1]
saltpertotal = salt + pepper
nosieImage = image.copy()
nosieNum = int(saltpertotal * h * w)
for i in range(nosieNum):
    rows = np.random.randint(0,h-1)
    cols = np.random.randint(0,w-1)
    saltRatio = salt/(salt+pepper)
 if np.random.randint(0,100) <saltRatio * 100 :
    nosieImage[rows,cols] = 255
 else:
    nosieImage[rows,cols] = 0
    return nosieImage
if __name__ == '__main__':
    # 以灰值图像形式读入
    src = cv2.imread('..\images\dairyGoat.png',0)
    # 加入椒盐噪声
    noise = saltPepper(src,0.025,0.025)
    cv2.imshow('Cattle',noise)
    # 均值滤波
    imageAvg = cv2.blur(noise,(3,3))
      cv2.imshow('Cattle_blur',imageAvg)
    # 中值滤波
    imageMedian = cv2.medianBlur(noise,3)
    cv2.imshow('Cattle_medianBlur',imageMedian)
    cv2.waitKey(0)
```

【例 2-8】 图像分割。

本例是利用 Otsu 阈值法对图 2-24(a)进行分割，结果如图 2-26 所示。

图 2-26　图 2-24(a)的 Otsu 阈值分割

```
import cv2
import numpy as np

if __name__ == '__main__':
    # 以灰值图像形式读入
    src = cv2.imread('..\images\dairyGoat2.png',0)
    cv2.imshow('Leaf',src)
    ret,dst = cv2.threshold(src,0,255,cv2.THRESH_BINARY + cv2.THRESH_
            OTSU)
    cv2.imshow('Result',dst)
    cv2.waitKey(0)
```

【例 2-9】 边界检测。

本例是利用边界检测算子检测图 2-23 所示奶山羊图像的边界，结果如图 2-27 所示。

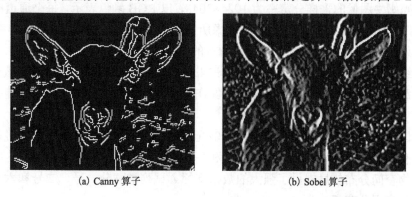

(a) Canny 算子　　　　　　　　　(b) Sobel 算子

图 2-27　图 2-23 的 Canny 算子和 Sobel 算子边界检测结果

```
import cv2
import numpy as np
if __name__ == '__main__':
    # 以灰值图像形式读入
    src = cv2.imread('..\images\dairyGoat1.png',0)
    cv2.imshow('dairyGoat',src)
    # Canny 算子
    dst_canny = cv2.Canny(src,150,200)
    cv2.imshow('Canny_Result',dst_canny)
    # Sobel 算子
    dst_sobel = cv2.Sobel(src,-1,1,0,ksize = 3)
    cv2.imshow('Sobel_Result',dst_sobel)
    cv2.waitKey(0)
```

习　　题

1. 人眼能感受到的光的波长范围是多少？试列举几个利用可见光进行成像的智慧农业应用场景。

2．无人机多光谱成像在农情监测中有着重要的应用，列举一款无人机机载多光谱成像仪的成像波段及其在大田表型鉴定中的作用。

3．人眼前方 30m 处有一棵高度为 1m 的小麦植株，设人眼的焦距为 15mm，计算小麦植株在人眼视网膜上的成像高度。

4．解释颜色的亮度、色调和饱和度三个基本属性。

5．什么是颜色模型？除了本书介绍的颜色模型外，请查阅文献，举例说明其他两种颜色模型。

6．喷墨打印机所使用的颜色模型是什么？说明选择 K 颜色的原因。

7．简述颜色模型中的加色和减色模型的区别。

8．解释 HSI 颜色模型相对 RGB 颜色模型的优点。

9．解释采样和量化的基本概念，并简述二者对图像数字化的质量有何影响。

10．一幅奶牛图像的采样分辨率为 1024×2048，以 RGB 颜色表示，每个通道的量化位数为 8bit，计算用无压缩格式保存该幅奶牛图像所需的字节数。如果以这个分辨率按每秒 24 帧的速度对奶牛拍摄 1min，计算该段视频所占的内存空间。

11．热红外是被动探测场景所发出的 8～14μm 热红外波段辐射，其对温度敏感，已被广泛应用于智慧农业中，试列举两个热红外成像在家畜养殖和大田作物长势监测等领域中应用的例子。

12．我国高分系列卫星覆盖了从全色、多光谱到高光谱，从光学到雷达等多种类型，构成了一个具有高空间分辨率、高时间分辨率和高光谱分辨率的对地观测系统，这些系统为精确提取农作物空间分布信息提供了强大的数据支撑。试列举高分一号、二号和六号遥感卫星的成像波段和空间分辨率。

13．什么是连通？举例说明像素的 4 邻接和 8 邻接的区别。

14．试列举像素的常见距离度量方式，并说明它们的区别。

15．熟悉 Python 的 NumPy 和 Matplotlib 包，掌握数组的创建和主要的运算函数、常见的图形绘制函数。

16．对题 16 图所示的大田害虫图像调用 OpenCV 中的图像处理函数，对其实现图像文件的读取、滤波和边界检测等基本功能。

题 16 图　大田害虫图像

第3章 数 学 基 础

从数学的角度，数字图像可以看作一个定义域和值域均为离散值的函数，在计算机中通常用一个数组或矩阵表示。图像处理和分析是从图像数组或矩阵中提取有用信息的过程。因此，许多用于处理一维或二维数组的数学方法都可以在图像处理与分析中发挥作用。本章主要介绍图像处理与分析中一些常用的数学基础，帮助读者更好地理解和掌握后面章节的内容。主要内容包括向量和矩阵运算、直接作用于图像平面的空域运算、几何变换、反映图像灰度值变化的梯度、基于变换域的图像处理和图像的统计性质。

3.1 图像的向量和矩阵运算

图像处理与分析常用到向量和矩阵运算。例如，在目标识别等应用中常采用图像逐行或逐列相连的方式，首先需要将一幅二维图像变成一个列向量，然后才进行后续的处理；另外，在图像增强中用到的颜色直方图实际也是一个一维向量；还有图像的傅里叶变换过程，也是通过一个二维矩阵乘积来表示的。

3.1.1 向量

向量指同时具有大小和方向的量，向量的元素个数称为向量的维度。本书中若无特殊说明，向量均采用列向量的形式。例如，彩色图像中像素的颜色可用一个表示红色、绿色和蓝色成分的三维向量表示：

$$\boldsymbol{x} = \begin{bmatrix} R \\ G \\ B \end{bmatrix} \tag{3-1}$$

假设一幅数字图像的 3×4 图像区域 $\boldsymbol{f}$ 取值如下：

$$\boldsymbol{f} = \begin{bmatrix} 3 & 5 & 8 & 2 \\ 1 & 6 & 7 & 3 \\ 4 & 3 & 8 & 5 \end{bmatrix} \tag{3-2}$$

若采用逐行相连的方式，可将 $\boldsymbol{f}$ 表示为维度为 12 的一维向量，如下：

$$\boldsymbol{f}_{\text{row}} = [3 \quad 5 \quad 8 \quad 2 \quad 1 \quad 6 \quad 7 \quad 3 \quad 4 \quad 3 \quad 8 \quad 5]^{\text{T}} \tag{3-3}$$

若采用逐列相连，则 $\boldsymbol{f}$ 可表示为

$$\boldsymbol{f}_{\text{col}} = [3 \quad 1 \quad 4 \quad 5 \quad 6 \quad 3 \quad 8 \quad 7 \quad 8 \quad 2 \quad 3 \quad 5]^{\text{T}} \tag{3-4}$$

3.1.2　内积和外积

1. 内积

两个向量在满足维度相同的前提下，其内积是标量，值是它们对应元素的乘积之和：

$$(x, y) = x^T y = \sum_{i=1}^{d} x_i y_i \tag{3-5}$$

一个向量的模值定义为 $|x| = \sqrt{x^T x}$，模值为 1 的向量称为单位向量，一个向量的单位化表示为 $x/|x|$。当非零向量 x 和 y 内积为零时，称二者正交。

利用两个向量夹角的余弦值可以度量目标的相似性，简称余弦相似度。例如，从两幅奶牛的脸部区域图像分别提取一个五维的特征向量，记为 $\mathbf{cow}_1 = [0.9\ 0.7\ 0.15\ 0.2\ 0.1]^T$，$\mathbf{cow}_2 = [0.3\ 0.18\ 0.12\ 0.55\ 0.72]^T$，则它们余弦相似度为

$$\frac{\mathbf{cow}_1^T \mathbf{cow}_2}{|\mathbf{cow}_1||\mathbf{cow}_2|} = 0.4534 \tag{3-6}$$

显然，余弦相似度越小，二者属于同一头牛的可能性越小，反之亦然。

2. 外积

两个向量的外积定义为 $x \otimes y = xy^T$，结果为矩阵，其每个元素可定义为 $(xy^T)_{ij} = x_i y_j$，外积结果矩阵的行数等于 x 的维度，列数等于 y 的维度。例如，一个二维向量 x 和一个三维向量 y 的外积结果为

$$x \otimes y = \begin{bmatrix} x_1 \\ x_2 \end{bmatrix} [y_1 \quad y_2 \quad y_3] = \begin{bmatrix} x_1 y_1 & x_1 y_2 & x_1 y_3 \\ x_2 y_1 & x_2 y_2 & x_2 y_3 \end{bmatrix} \tag{3-7}$$

3.1.3　矩阵运算

在一些情况下，从图像中提取的特征以矩阵或二维数组形式出现。因此，需了解一些常见的矩阵运算。设有两幅大小相同的图像，其高度(即行分辨率)和宽度(即列分辨率)分别为 M 个像素和 N 个像素，像素取值分别用 a_{ij} 和 b_{ij} 表示，两幅图像对应的矩阵分别用 A 和 B 表示：

$$A = \begin{bmatrix} a_{11} & a_{12} & \cdots & a_{1N} \\ a_{21} & a_{22} & \cdots & a_{2N} \\ \vdots & \vdots & & \vdots \\ a_{M1} & a_{M2} & \cdots & a_{MN} \end{bmatrix}, \quad B = \begin{bmatrix} b_{11} & b_{12} & \cdots & b_{1N} \\ b_{21} & b_{22} & \cdots & b_{2N} \\ \vdots & \vdots & & \vdots \\ b_{M1} & b_{M2} & \cdots & b_{MN} \end{bmatrix} \tag{3-8}$$

图像的矩阵运算是将图像的像素看作矩阵中的基本元素，与普通矩阵运算的区别是图像矩阵运算结果中元素的取值范围受图像颜色分辨率的限制，例如，对于 8 位的图像来说，其像素取值为[0, 255]的整数，因此图像中运算结果小于 0 和大于 255 的元素值分别取 0 和 255，而对于归一化表示的图像，其元素取值应该在[0, 1]内。

1. 线性运算

A 和 B 的线性运算包括加减和数乘，设 α 和 β 是两个常数，线性运算结果 C 定义如下：

$$C = \alpha A \pm \beta B = \begin{bmatrix} \alpha a_{11} \pm \beta b_{11} & \alpha a_{12} \pm \beta b_{12} & \cdots & \alpha a_{1N} \pm \beta b_{1N} \\ \alpha a_{21} \pm \beta b_{21} & \alpha a_{22} \pm \beta b_{22} & \cdots & \alpha a_{2N} \pm \beta b_{2N} \\ \vdots & \vdots & & \vdots \\ \alpha a_{M1} \pm \beta b_{M1} & \alpha a_{M2} \pm \beta b_{M2} & \cdots & \alpha a_{MN} \pm \beta b_{MN} \end{bmatrix} \tag{3-9}$$

线性运算可用于抑制噪声时对若干幅图像求取平均值和求梯度时对图像做差分运算等操作。

2. 矩阵的哈达玛积

A 和 B 的哈达玛积 C 中的元素为 A、B 中对应元素之积，即

$$C = A \oplus B = \begin{bmatrix} a_{11}b_{11} & a_{12}b_{12} & \cdots & a_{1N}b_{1N} \\ a_{21}b_{21} & a_{22}b_{22} & \cdots & a_{2N}b_{2N} \\ \vdots & \vdots & & \vdots \\ a_{M1}b_{M1} & a_{M2}b_{M2} & \cdots & a_{MN}b_{MN} \end{bmatrix} \tag{3-10}$$

观测对象和噪声在成像结果上的关系，如果是乘性关系，则此关系可用哈达玛积表示。

3. 矩阵相乘

若矩阵 A 为 $M \times N$ 阶，B 为 $N \times L$ 阶，则矩阵 $C = AB$ 为 $M \times L$ 阶，C 中第 i 行第 j 列的元素 c_{ij} 定义为

$$c_{ij} = \sum_{k=1}^{N} a_{ik}b_{kj} \tag{3-11}$$

对图像做傅里叶变换时就需要用到矩阵的乘法。

3.2 空域运算中的数学方法

空域运算直接作用于图像的像素，它是数字图像处理中一个重要的基础内容。利用图像的空域运算可以抑制噪声、改善图像的视觉效果和突出边界信息等。这些相关的数学方法在第 4 章的灰度变换、图像滤波和图像锐化中均有应用。

3.2.1 线性变换与非线性变换

对于一幅图像 $f(x, y)$，经过变换 T 得到图像 $g(x, y)$，其可表示为

$$g(x, y) = T(f(x, y)) \tag{3-12}$$

对于两幅图像 $f_1(x, y)$ 和 $f_2(x, y)$，如果对任意常数 α 和 β，变换 T 满足：

$$T(\alpha f_1(x, y) + \beta f_2(x, y)) = \alpha T(f_1(x, y)) + \beta T(f_2(x, y)) \tag{3-13}$$

则称 T 是线性变换，否则 T 为非线性变换。

3.2.2　点处理

在式 (3-12) 中，如果变换 T 仅针对变换点的灰度，不涉及邻域像素，则将这种变换称为点处理。例如，对图像 $f(x, y)$ 的点处理可定义为

$$g(x, y) = af(x, y) + b \qquad (3\text{-}14)$$

式中，a、b 为常数。当 $a>1$ 时，图像灰度被拉伸；当 $a<1$ 时，图像灰度被压缩；而当 $a = 1$ 时，仅发生灰度平移。

图 3-1 以一幅奶山羊图像为例进行灰度拉伸 ($a = 1.25$，$b = 0$)、灰度压缩 ($a = 0.5$，$b = 0$)、灰度平移 ($a = 1$，$b = 30$)。可以看出，经过灰度拉伸后，灰度值变大，奶山羊图像较亮部分的灰度值超出 255，使得这部分区域变成了白色，丢失了细节特征；经过灰度压缩后，图像灰度值均变小，奶山羊图像变暗；经过灰度平移后，所有灰度值增加 30，图像整体变亮，但对比度未发生变化。

(a) 原始图像　　　　　　　　　　　　　　(b) 灰度拉伸

(c) 灰度压缩　　　　　　　　　　　　　　(d) 灰度平移

图 3-1　一幅奶山羊图像的点处理

3.2.3　区处理

如果像素的处理与其邻域有关，则这种处理称为区处理或邻域运算。以下是一个区处理的例子：

$$g(x, y) = \sum_{m=-a}^{a} \sum_{n=-b}^{b} w_{m,n} f(x+m, y+n) \qquad (3\text{-}15)$$

式中，$w_{m,n}$ 为权重系数或模板系数。当 $a = b = 2$ 时，邻域尺寸为 5×5。邻域平滑和图像锐化等图像处理任务是区处理的典型应用场景。

图 3-2 是对一幅朱鹮图像进行邻域平滑和图像锐化的结果，可以看出，邻域平滑会导致边界模糊，而图像锐化会突出边界信息，光滑区域被抑制。

(a) 朱鹮图像 (b) 邻域平滑 (c) 图像锐化

图 3-2 邻域平滑和图像锐化区处理的结果

3.3 图像的几何变换

几何变换是指通过改变图像中像素的空间位置来改变图像形状，这个过程通常称为图像变形(Image Warping)。对图像施加不同的几何变换可得到感兴趣对象的不同姿态，这一操作已成为深度学习领域预处理步骤中图像扩充(Image Augmentation)的主要方式。另外，在许多实际问题中，采集的图像存在一定的畸变，需设计相应的几何变换函数对其进行校正，以改善视觉效果。

3.3.1 齐次坐标

齐次坐标是将一个 n 维向量用一个 $n+1$ 维向量表示。对于一幅二维数字图像 $f(x,y)$，其像素的坐标为二维向量 $[x\ y]^{\mathrm{T}}$，用齐次坐标可表示为 $[hx\ hy\ h]^{\mathrm{T}}$。当 $h=0$ 时，其表示无穷远处的一个点；当 $h=1$ 时，$[x\ y\ 1]^{\mathrm{T}}$ 称为规范化的齐次坐标。举例来说，齐次坐标下的 $[1\ 2\ 1]^{\mathrm{T}}$ 和 $[2\ 4\ 2]^{\mathrm{T}}$ 都表示直角坐标系下的点 $(1,2)$。

在三维直角空间中，(x,y,z) 既可以表示一个点，又可以表示一个从坐标原点到该点的向量，而在齐次坐标下用 $[x\ y\ z\ 1]^{\mathrm{T}}$ 表示一个点，$[x\ y\ z\ 0]^{\mathrm{T}}$ 则表示一个向量。因此，采用齐次坐标能够明确区分向量和点，使得图像旋转、平移，缩放、透视、投影等基本几何变换可表示为图像矩阵与向量相乘的形式，从而使得变换更易进行。

3.3.2 仿射变换

图像的几何变换是指对图像坐标系统的空间变换。在几何变换中，图像中的一个点 (x,y) 通过变换函数被映射到一个新的坐标系统，从而使其几何形状发生一定的改变。图像的几何变换需要解决两个问题：一是坐标的空间变换；二是变换后的像素灰度赋值。在几何变换中，最常见的变换是仿射变换，仿射变换后仍然保持图像中的共线和距离变比关系，换句话说，位于一条直线上的点在变换后仍然共线，并且线段的中点在变换后仍是中点。

仿射变换包括平移变换、缩放变换(也称为比例变换)、旋转变换、镜像变换和剪切变换等，它们以齐次坐标表示为基础，通过一个 3×3 阶矩阵的不同系数实现。图像仿射变换矩阵如下：

$$\boldsymbol{T} = \begin{bmatrix} a & b & e \\ c & d & f \\ g & h & l \end{bmatrix} \tag{3-16}$$

空间坐标$[x\,y]^T$的仿射变换结果为

$$
\begin{bmatrix} x' \\ y' \\ 1 \end{bmatrix} =
\begin{bmatrix} a & b & e \\ c & d & f \\ g & h & l \end{bmatrix}
\begin{bmatrix} x \\ y \\ 1 \end{bmatrix}
\tag{3-17}
$$

式中，$\begin{bmatrix} a & b \\ c & d \end{bmatrix}$实现比例变换、旋转变换、镜像变换和剪切变换；$\begin{bmatrix} e \\ f \end{bmatrix}$实现图像的平移变换；系数 l 实现图像的全比例变换；系数$[g\,h]$用于实现透视变换，通常为$[0\,0]$。

表 3-1 列出了具体仿射变换的变换矩阵和坐标公式，并以一幅蛾子图像为对象，给出了其经过各种仿射变换后的结果。

表 3-1　图像仿射变换示意图

变换名称	仿射变换矩阵	坐标公式	示例
恒等	$\begin{bmatrix} 1 & 0 & 0 \\ 0 & 1 & 0 \\ 0 & 0 & 1 \end{bmatrix}$	$x' = x$ $y' = y$	
平移	$\begin{bmatrix} 1 & 0 & w \\ 0 & 1 & h \\ 0 & 0 & 1 \end{bmatrix}$	$x' = x + w$ $y' = y + h$	
缩放	$\begin{bmatrix} s_x & 0 & 0 \\ 0 & s_y & 0 \\ 0 & 0 & 1 \end{bmatrix}$	$x' = s_x x$ $y' = s_y y$	
旋转	$\begin{bmatrix} \cos\theta & -\sin\theta & 0 \\ \sin\theta & \cos\theta & 0 \\ 0 & 0 & 1 \end{bmatrix}$	$x' = x\cos\theta - y\sin\theta$ $y' = x\sin\theta + y\cos\theta$	
水平镜像	$\begin{bmatrix} -1 & 0 & w \\ 0 & 1 & 0 \\ 0 & 0 & 1 \end{bmatrix}$	$x' = -x + w$ $y' = y$	
垂直镜像	$\begin{bmatrix} 1 & 0 & 0 \\ 0 & -1 & h \\ 0 & 0 & 1 \end{bmatrix}$	$x' = x$ $y' = -y + h$	
水平剪切	$\begin{bmatrix} 1 & s_h & 0 \\ 0 & 1 & 0 \\ 0 & 0 & 1 \end{bmatrix}$	$x' = x + s_h y$ $y' = y$	
垂直剪切	$\begin{bmatrix} 1 & 0 & 0 \\ s_h & 1 & 0 \\ 0 & 0 & 1 \end{bmatrix}$	$x' = x$ $y' = s_h x + y$	

3.3.3　组合变换

组合变换是对一幅图像连续进行一系列基本仿射变换的结果，其过程可以用变换矩阵连乘的形式实现。例如，对一幅图像 A 的某个像素坐标 $\boldsymbol{p}_A$，先旋转变换 $\boldsymbol{T}_1$，后缩放变换 $\boldsymbol{T}_2$，变换后在图像 B 中对应的像素坐标 $\boldsymbol{p}_B$ 为

$$\boldsymbol{p}_B = \boldsymbol{T}_2 \cdot \boldsymbol{T}_1 \cdot \boldsymbol{p}_A \tag{3-18}$$

一般情况下，由于矩阵乘法不满足交换律，因此，交换变换顺序会导致不同的几何变换结果。

例如，若仿射变换的具体参数分别为

$$\boldsymbol{T}_1 = \begin{bmatrix} \cos(\pi/6) & -\sin(\pi/6) & 0 \\ \sin(\pi/6) & \cos(\pi/6) & 0 \\ 0 & 0 & 1 \end{bmatrix}, \quad \boldsymbol{T}_2 = \begin{bmatrix} 0.5 & 0 & 0 \\ 0 & 0.5 & 0 \\ 0 & 0 & 1 \end{bmatrix}$$

则先旋转再缩放后的变换矩阵 $\boldsymbol{T}$ 为

$$\boldsymbol{T} = \begin{bmatrix} \sqrt{3}/4 & -1/4 & 0 \\ 1/4 & \sqrt{3}/4 & 0 \\ 0 & 0 & 1 \end{bmatrix}$$

得到变换矩阵 $\boldsymbol{T}$ 后，采用式 (3-18) 对待变换点进行组合变换处理。变换 $\boldsymbol{T}_1$ 首先将图像逆时针旋转 30°，变换 $\boldsymbol{T}_2$ 再将旋转后的图像缩小一半。图 3-3 是对一幅飞蛾图像进行上述组合变换后的结果。

(a) 飞蛾图像　　　　　　　(b) 经过组合变换后的结果

图 3-3　飞蛾图像的组合变换

3.3.4　图像配准

图像配准用于对齐从不同角度拍摄的同一场景的两幅或多幅图像，在图像拼接和全景成像中有着重要的应用。在图像配准中，给定一幅参考图像和一幅输入图像，要求对输入图像做几何变换，使其与参考图像对齐。通常的做法是在两幅图像中找到一组对应点作为约束点，这些约束点在参考图像和输入图像中的精确位置已知，分别为 $\{p_0, p_1, \cdots, p_{n-1}\}$ 和 $\{q_0, q_1, \cdots, q_{n-1}\}$，其中点 p_i 和 q_i 的坐标分别为 (x_i, y_i) 和 (u_i, v_i)，则这些约束点集用齐次坐标表示如下：

$$\boldsymbol{P} = \begin{bmatrix} x_0 & x_1 & \cdots & x_{n-1} \\ y_0 & y_1 & \cdots & y_{n-1} \\ 1 & 1 & \cdots & 1 \end{bmatrix}, \quad \boldsymbol{Q} = \begin{bmatrix} u_0 & u_1 & \cdots & u_{n-1} \\ v_0 & v_1 & \cdots & v_{n-1} \\ 1 & 1 & \cdots & 1 \end{bmatrix} \tag{3-19}$$

设输入图像由参考图像经过仿射变换矩阵 $\boldsymbol{H}$ 得到，表示如下：

$$\boldsymbol{Q} = \boldsymbol{HP} \tag{3-20}$$

通常采用最小均方误差求解仿射变换矩阵 $\boldsymbol{H}$：

$$\boldsymbol{H} = \boldsymbol{Q}\boldsymbol{P}^{\mathrm{T}}(\boldsymbol{P}\boldsymbol{P}^{\mathrm{T}})^{-1} \tag{3-21}$$

图 3-4 是一幅简单图像配准的例子，图 3-4(a)是两幅农田无人机遥感图像，它们是上下平移的关系，图 3-4(b)是两幅图像中相同特征点的对应关系，通过对应点，估算它们的几何变换矩阵，然后进行拼接，得到图 3-4(c)。

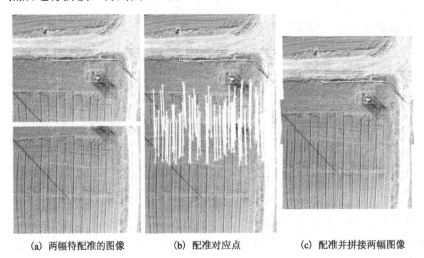

(a) 两幅待配准的图像　　　　(b) 配准对应点　　　　(c) 配准并拼接两幅图像

图 3-4　图像配准举例

3.4　图像的梯度及差分近似

梯度在图像处理中是一个非常重要的概念，它反映了图像的灰度值变化，包含着大量丰富的细节信息，被广泛地应用在边界检测、特征提取、纹理分析、角点检测和不变特征分析等领域中。

3.4.1　梯度

图像中的光滑部分灰度值变化不大，而当图像内容急剧变化时，灰度值会发生明显的变化，这一现象可通过图像的梯度刻画。图像的梯度定义为

$$\boldsymbol{G}(x,y) = [G_x \ \ G_y]^{\mathrm{T}} = \left[\frac{\partial f}{\partial x} \ \ \frac{\partial f}{\partial y}\right]^{\mathrm{T}} \tag{3-22}$$

梯度指向函数值变化最快的方向，它的幅值和方向分别定义为

$$M(x,y) = (G_x^2 + G_y^2)^{1/2} \tag{3-23}$$

$$\varphi(x,y) = \arctan(G_y/G_x) \tag{3-24}$$

为了减少梯度幅值的运算量，也可以用 2.4 节中的街区距离估计：

$$M(x,y) = |G_x| + |G_y| \tag{3-25}$$

图 3-5 显示了一幅 7×7 的数字图像中 4 个边界像素的梯度方向与边界方向，边界方向与梯度方向垂直。

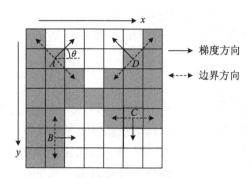

图 3-5　图像的梯度方向与边界方向

3.4.2　泰勒级数

数字图像 f 可看作一个自变量和函数值均为离散值的二维函数，已知空间某点 (x,y) 的像素值，可用泰勒级数展开来逼近邻近点 $(x+\Delta x,\ y+\Delta y)$ 的像素值。关于单变量的泰勒级数展开公式分别为

$$f(x+\Delta x,y) = f(x,y) + \Delta x \frac{\partial f(x,y)}{\partial x} + \frac{(\Delta x)^2}{2!}\frac{\partial f^2(x,y)}{\partial x^2} + \cdots = \sum_{n=0}^{+\infty} \frac{(\Delta x)^n}{n!}\frac{\partial f^n(x,y)}{\partial x^n} \tag{3-26}$$

$$f(x,y+\Delta y) = f(x,y) + \Delta y \frac{\partial f(x,y)}{\partial y} + \frac{(\Delta y)^2}{2!}\frac{\partial f^2(x,y)}{\partial y^2} + \cdots = \sum_{n=0}^{+\infty} \frac{(\Delta y)^n}{n!}\frac{\partial f^n(x,y)}{\partial y^n} \tag{3-27}$$

式中，$\dfrac{\partial f(x,y)}{\partial x}$ 和 $\dfrac{\partial f^2(x,y)}{\partial x^2}$ 也可写为 $f_x'(x,y)$ 和 $f_x''(x_i,y_i)$。

下面将利用泰勒级数公式估计数字图像的一阶导数和二阶导数。

3.4.3　一阶差分近似一阶导数

数字图像的空间坐标是离散的变量，因此，可用差分近似求导运算来获取图像的梯度。对于一幅数字图像 f，在仅考虑一阶泰勒级数展开的情况下，利用式(3-26)可得 $f(x_{i+1},y_i)$ 在点 (x_i,y_i) 处关于 x_i 的一阶差分近似为 $f(x_{i+1},y_i) \approx f(x_i,y_i) + f_x'(x_i,y_i)(x_{i+1}-x_i)$，而在图像空间中 $x_{i+1}-x_i = 1$，因此有

$$f_x'(x_i,y_i) = f(x_{i+1},y_i) - f(x_i,y_i) \tag{3-28}$$

类似地，由 $f(x_{i-1},y_i) \approx f(x_i,y_i) + f_x'(x_i,y_i)(x_{i-1}-x_i)$，且 $x_{i-1}-x_i = -1$，得

$$f_x'(x_i,y_i) = f(x_i,y_i) - f(x_{i-1},y_i) \tag{3-29}$$

结合式(3-28)和式(3-29)，可得到 $f(x_i,y_i)$ 关于 x 方向的一阶中心差分为

$$f_x'(x_i,y_i) = \frac{1}{2}(f(x_{i+1},y_i) - f(x_{i-1},y_i)) \tag{3-30}$$

式(3-30)也可以通过极限公式直接导出：

$$f_x'(x_i, y_i) = \lim_{\Delta x \to 0} \frac{f(x_i + \Delta x, y_i) - f(x_i - \Delta x, y_i)}{2\Delta x} \tag{3-31}$$

在图像空间中，$\Delta x = 1$，也可以直接推导出式(3-30)。

类似地，根据式(3-27)得到图像沿 y 方向的一阶中心差分：

$$f_y'(x_i, y_i) = \frac{1}{2}(f(x_i, y_{i+1}) - f(x_i, y_{i-1})) \tag{3-32}$$

(a) 水平方向　　　(b) 垂直方向

图 3-6　一阶中心差分模板

的变化具有较强的响应。

用一阶中心差分求图像梯度时，可将图 3-6 所示的模板分别作用于图像水平和垂直方向。

图 3-7 是一幅农田地块图像的水平方向和垂直方向的梯度图像。可以看出，水平方向的梯度幅值对垂直边界具有较强的响应，而垂直方向的梯度幅值对水平方向灰度值的变化具有较强的响应。

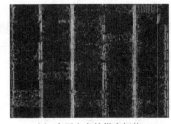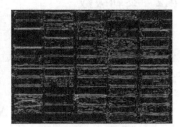

(a) 原始图像　　　　　(b) 水平方向的梯度幅值　　　　　(c) 垂直方向的梯度幅值

图 3-7　农田地块图像的水平方向和垂直方向一阶梯度幅值响应

图 3-8 是一幅奶牛图像及其梯度幅值，梯度幅值可由式(3-25)计算得到。从图中可以看出，奶牛躯体黑白纹理邻接区域的灰度值变化较大，因此梯度幅值响应较强。而草地和远处的树木的灰度值变化较小，因此梯度幅值响应较弱。

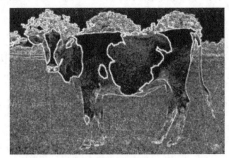

(a) 奶牛图像　　　　　　　(b) 图像梯度幅值

图 3-8　奶牛图像及其梯度幅值

图 3-9(a)是图 3-8(a)的一个局部区域，图 3-9(b)是图 3-9(a)的梯度幅值，而图 3-9(c)是图 3-9(a)中每个像素的梯度方向，由其水平方向和垂直方向的一阶导数表示，它表示了灰度值增加的方向。需要指出的是，为了抑制噪声的干扰，首先对图 3-9(a)进行了邻域平滑，再

计算其水平和垂直方向的导数。另外，在图3-9(c)中，为便于观察，忽略梯度幅值过小的像素的梯度方向。

(a) 图 3-8(a) 的局部区域

(b) 梯度幅值

(c) 梯度方向

图 3-9　奶牛图像局部区域及其梯度幅值和梯度方向

3.4.4　二阶差分近似二阶导数

图像的许多性质还与其二阶导数相关。在图像中，二阶导数是用二阶差分近似计算的。利用式 (3-26)，$f(x_{i+1}, y_i)$ 在点 (x_i, y_i) 处关于 x_i 进行二阶泰勒级数展开，由 $f(x_{i+1}, y_i) \approx f(x_i, y_i) + f'_x(x_i, y_i)(x_{i+1} - x_i) + \frac{1}{2} f''_x(x_i, y_i)(x_{i+1} - x_i)^2$，可得到

$$\frac{1}{2} f''_x(x_i, y_i) = f(x_{i+1}, y_i) - f(x_i, y_i) - f'_x(x_i, y_i) \tag{3-33}$$

由 $f(x_{i-1}, y_i) \approx f(x_i, y_i) + f'_x(x_i, y_i)(x_{i-1} - x_i) + \frac{1}{2} f''_x(x_i, y_i)(x_{i-1} - x_i)^2$，可得到

$$\frac{1}{2} f''_x(x_i, y_i) = f(x_{i-1}, y_i) - f(x_i, y_i) + f'_x(x_i, y_i) \tag{3-34}$$

结合式 (3-33) 和式 (3-34) 得到图像沿 x 方向的二阶差分：

$$f''_x(x_i, y_i) = f(x_{i+1}, y_i) - 2f(x_i, y_i) + f(x_{i-1}, y_i) \tag{3-35}$$

类似地，可得到图像沿 y 方向的二阶差分为

$$f''_y(x_i, y_i) = f(x_i, y_{i+1}) - 2f(x_i, y_i) + f(x_i, y_{i-1}) \tag{3-36}$$

3.4.5　拉普拉斯算子

图像的拉普拉斯算子 (∇^2) 定义为图像沿 x 方向和 y 方向的二阶差分之和，即

$$\begin{aligned}
\nabla^2 f(x, y) &= f''_x(x, y) + f''_y(x, y) \\
&= f(x-1, y) + f(x+1, y) - 4f(x, y) \\
&\quad + f(x, y-1) + f(x, y+1)
\end{aligned} \tag{3-37}$$

其模板见图 3-10。

0	1	0
1	−4	1
0	1	0

图 3-10　二阶差分模板

在数字图像处理中，不论一阶导数还是二阶导数，均可通过差分模板以卷积形式进行求取，差分模板的系数之和为 0，卷积运算

的具体操作将在 4.4 节中介绍。图 3-11 是对一幅巨嘴鸟图像运用拉普拉斯算子进行计算的结果。可以看出，在光滑区域，二阶导数值非常小，颜色较暗；在灰度值快速变化处，二阶导数值较大，颜色较亮。

(a) 巨嘴鸟图像　　　　　　　　　　(b) 拉普拉斯算子二阶导数结果

图 3-11　巨嘴鸟图像及其拉普拉斯算子二阶导数结果

3.4.6　边界的微分性质

前面讲述的基于一阶差分的梯度算子和基于二阶差分的拉普拉斯算子都属于反映图像边界性质的微分运算，而边界是图像处理中的重要特征，在图像锐化(第 4 章)和边界检测(第 7 章)中均用到这个概念。为了准确描述图像边界，需分析典型边界的灰度值分布特征。

常见边界可分为阶跃型、斜坡型、线状型和屋顶型等四种类型，如图 3-12 所示。在阶跃型边界中，图像在 1 像素距离上的灰度值发生跳跃变化。但是，在数字化过程中，阶跃型边界被建模为一个更接近斜坡型的边界(图 3-12(b))，在垂直于边界的方向，灰度值逐渐变化。在图 3-12(c)中，边界呈现为线特征，灰度值急剧上升后急剧下降。在实际中，线状型边界被数字化为图 3-12(d)所示的屋顶型边界，灰度值先逐渐上升，到达屋顶后，再逐渐下降。可以看出，图像边界主要体现为灰度值的不连续，它们的梯度幅值有着较强的响应。

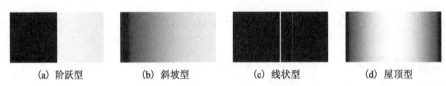

(a) 阶跃型　　　　　(b) 斜坡型　　　　　(c) 线状型　　　　　(d) 屋顶型

图 3-12　常见边界的四种类型

这里对常见的斜坡型和屋顶型边界的微分性质进行分析。图 3-13 是图 3-12 斜坡型和屋顶型边界的一阶导数和二阶导数。图 3-13(a)所示为上升型斜坡型剖面，整个灰度值斜坡阶段的一阶导数不为零，因而对应的边界更宽；而二阶导数除在开始处和结束处不为零外，在斜坡阶段恒为零，因此它有着更细的边界。另外，二阶导数在进入边界和离开边界时的符号相反，这种双边界效应除可用来定位边界外，还可用于分析斜坡型边界的过渡是从暗到亮(上升型斜坡)还是从亮到暗(下降型斜坡)。

对于屋顶型边界，如图 3-13(b)所示，可看作上升型和下降型两种斜坡型边界的组合。在上升型斜坡阶段，一阶导数首先为正，到达屋顶后变为零，在下降型斜坡阶段，随着灰度值减小，一阶导数变为负数。因此，其存在正负两种边界类型。二阶导数在正边界和负边界处分别为零，在屋顶处不为零，故屋顶型边界的二阶导数仅在斜坡型边界的开始处、屋顶处和结束处 3 个地方不为零，也呈现出细边界特点。

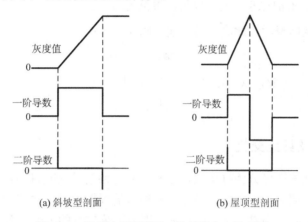

(a) 斜坡型剖面　　　　　　　　　　(b) 屋顶型剖面

图 3-13　常见边界类型的一阶导数和二阶导数

总的来说，边界的微分具有如下性质：①一阶导数产生更宽的边界；②二阶导数对细线、孤立点和噪声具有更强的响应；③二阶导数在一些情况下会产生双边界效应，如斜坡型过渡处，而对于屋顶型，则产生三条边界；④二阶导数的符号可用于确定边界类型，例如，对于灰度从暗到亮的边界(图 3-13(a))，二阶导数先为正，然后变为零，最后为负。但如果灰度从亮到暗变化(图 3-13(b)的灰度值下降部分)，则二阶导数的符号顺序与图 3-13(a)正好相反。

3.5　图像的变换域处理

在空域变换中，直接对像素进行处理容易理解，但在一些情况下，将图像变换到另一个空间中，可以很容易地发现它的一些其他性质。在变换的空间中对图像进行相应的处理后，再通过逆变换，恢复到原始的图像空间，往往能取得更好的结果。频域变换是图像处理与分析中最常见的一种变换域方法。

本节首先介绍连续函数的傅里叶级数和傅里叶变换的基本推导，其次介绍一维信号和二维图像变换域处理的通用公式。

3.5.1　复数基本概念

形如 $c = a+jb$ (a 和 b 均为实数)的数称为复数。其中，a 为实部，b 为虚部，$j = \sqrt{-1}$ 表示虚数单位，$-j = 1/j$。当 $b = 0$ 时，c 为实数；当 $a = 0$，$b \neq 0$ 时，c 为纯虚数。复数 c 的共轭记为 c^* = $a-jb$。如图 3-14 所示，复数 c 可以表示为复平面中的一个坐标为 (a, b) 的点，其在横轴上的投影 a 表示实部，在纵轴上投影 b 表示虚部。

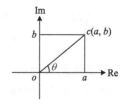

图 3-14　复平面

在傅里叶变换中，需要研究信号的幅频特性，因此也常采用幅值和幅角的形式表示复数，即

$$c = |c|(\cos\theta + \mathrm{j}\sin\theta) \tag{3-38}$$

式中，$|c|$ 是复数 c 的模，也称为幅值，表示复平面上坐标原点 $(0, 0)$ 到点 (a, b) 的距离，即 $|c| = \sqrt{a^2 + b^2}$；$\theta = \arctan(b/a)$，表示幅角，单位为弧度。

复数也可用极坐标表示，此时，需要使用欧拉公式：

$$\mathrm{e}^{\pm\mathrm{j}\theta} = \cos\theta \pm \mathrm{j}\sin\theta \tag{3-39}$$

式中，e 为自然常数。因此，式 (3-38) 可改写为极坐标形式：

$$c = |c|\mathrm{e}^{\mathrm{j}\theta} \tag{3-40}$$

3.5.2 三角级数及其正交性

信号根据其变化规律可分为确定性信号和非确定性信号(随机信号)，而确定性信号又可分为周期信号和非周期信号。正弦函数是一种简单的周期信号，也称为简谐信号，其时域表达式为 $y = A\sin(\omega t + \varphi)$。其中，$A$、$\omega$ 和 φ 分别为正弦信号的振幅、角频率和初相位，确定这三个参数便可得到信号 y 在给定时间 t 上的正弦函数值，且正弦函数的周期 $T = 2\pi / \omega$。根据三角恒等式，可得

$$y = A\sin(\omega t + \varphi) = A\sin\varphi\cos(\omega t) + A\cos\varphi\sin(\omega t)$$

较为复杂的非正弦周期运动通常可描述为一个常数和若干个正弦信号合成叠加的结果：

$$y = A_0 + \sum_{n=1}^{+\infty} A_n \sin(n\omega t + \varphi_n)$$
$$= A_0 + \sum_{n=1}^{+\infty} (A_n \sin\varphi_n \cos(n\omega t) + A_n \cos\varphi_n \sin(n\omega t))$$

式中，A_0 称为 y 的直流分量，其余每一项正弦项的角频率都是 ω 的整数倍，这些正弦项称为 n 次谐波。

令 $a_0 = 2A_0$，$a_n = A_n \sin\varphi_n$，$b_n = A_n \cos\varphi_n$，$x = \omega t$，可得信号的函数项级数，也就是信号的三角级数：

$$y = \frac{a_0}{2} + \sum_{n=1}^{+\infty} (a_n \cos(nx) + b_n \sin(nx))$$

可见，三角级数是无穷多个简单的三角函数(正弦函数和余弦函数)数列的线性组合，这些三角函数数列为

$$\{1, \cos x, \sin x, \cos(2x), \sin(2x), \cdots, \cos(kx), \sin(kx), \cdots\}$$

三角函数数列具有正交性：任何两个不同的函数相乘，在 $[-\pi, \pi]$ 上做定积分的结果为 0；除 1 以外，其他任何函数跟自己相乘，在 $[-\pi, \pi]$ 上做定积分的结果为 π，即

$$\int_{-\pi}^{\pi} 1 \times \cos(nx)\mathrm{d}x = 0, \quad n = 1, 2, \cdots$$

$$\int_{-\pi}^{\pi} 1 \times \sin(nx)\mathrm{d}x = 0, \quad n = 1, 2, \cdots$$

$$\int_{-\pi}^{\pi} \sin(kx)\cos(nx)\mathrm{d}x = 0, \quad k, n = 1, 2, \cdots$$

$$\int_{-\pi}^{\pi} \sin(kx)\sin(nx)\mathrm{d}x = \begin{cases} 0, & k \neq n \\ \pi, & k = n \end{cases}$$

$$\int_{-\pi}^{\pi} \cos(kx)\cos(nx)\mathrm{d}x = \begin{cases} 0, & k \neq n \\ \pi, & k = n \end{cases}$$

3.5.3 傅里叶级数的三角函数形式

傅里叶级数属于一种三角级数。对于任意一个满足狄利克雷条件的非正弦周期连续信号 $f(t)$，都可以用傅里叶级数将其分解为一个直流分量和不同频率正弦量的叠加。

设 $f(t)$ 的周期为 T，在满足狄利克雷条件的情况下，根据三角级数，$f(t)$ 可以写成傅里叶级数形式：

$$f(t) = A_0 + \sum_{n=1}^{+\infty} A_n \sin(n\omega_0 t + \varphi_n) \tag{3-41}$$

式中，除直流分量 A_0 外，其余所有正弦项具有不同振幅、不同初相位，且频率之间呈整数倍关系。$A_1\sin(\omega_0 t + \varphi_1)$ 称为一次谐波或基波，ω_0 为基波频率，简称基频；$A_2\sin(2\omega_0 t + \varphi_2)$ 称为二次谐波，其角频率为基波的 2 倍；其余谐波以此类推。除直流分量和基波外，其余各项统称为高次谐波。

根据正弦和角公式，式(3-41)可改写为

$$\begin{aligned} f(t) &= A_0 + \sum_{n=1}^{+\infty} A_n[\sin\varphi_n \cos(n\omega_0 t) + \cos\varphi_n \sin(n\omega_0 t)] \\ &= \frac{a_0}{2} + \sum_{n=1}^{+\infty}[a_n \cos(n\omega_0 t) + b_n \sin(n\omega_0 t)] \end{aligned} \tag{3-42}$$

式中，直流分量 $a_0/2 = A_0$；余弦分量幅值 $a_n = A_n\sin\varphi_n$；正弦分量幅值 $b_n = A_n\cos\varphi_n$。

根据三角级数的正交性，对式(3-42)两边在$[-T/2, T/2]$上做积分，得到 a_0：

$$a_0 = \frac{2}{T}\int_{-\frac{T}{2}}^{\frac{T}{2}} f(t)\mathrm{d}t \tag{3-43}$$

同理，借助正交性，可以求出 $n \geq 1$ 时 a_n 和 b_n 分别为

$$a_n = \frac{2}{T}\int_{-\frac{T}{2}}^{\frac{T}{2}} f(t)\cos(n\omega_0 t)\mathrm{d}t, \quad n = 1, 2, \cdots \tag{3-44}$$

$$b_n = \frac{2}{T}\int_{-\frac{T}{2}}^{\frac{T}{2}} f(t)\sin(n\omega_0 t)\mathrm{d}t, \quad n = 1, 2, \cdots \tag{3-45}$$

而且可以得到

$$A_n = \sqrt{a_n^2 + b_n^2}$$

$$\tan \varphi_n = \frac{a_n}{b_n}$$

对于 $f(t)$ 的傅里叶级数，以频率 ω 为横坐标，以 n 次谐波振幅 A_n 或初相位 φ_n 为纵坐标作图，可分别得到 $f(t)$ 的幅值谱和相位谱，即 $f(t)$ 的频谱。由于各次谐波频率 $n\omega_0$ 都是基频的正整数倍，此时的频谱为单边谱（ω 取值为 $(0, +\infty)$），相邻频率间隔 $\Delta\omega = \omega_0 = 2\pi/T$，也就是说，非正弦周期信号 $f(t)$ 的幅值谱和相位谱对应的谱线都是离散的。

3.5.4　傅里叶级数的复数形式

傅里叶级数也可以写成复数形式。根据欧拉公式 (3-39) 可得

$$\cos(\omega t) = \frac{1}{2}(e^{j\omega t} + e^{-j\omega t})$$
$$\sin(\omega t) = -\frac{1}{2}j(e^{j\omega t} - e^{-j\omega t})$$

(3-46)

因此，式 (3-42) 可以改写为

$$\begin{aligned}
f(t) &= \frac{a_0}{2} + \sum_{n=1}^{+\infty}[a_n\cos(n\omega_0 t) + b_n\sin(n\omega_0 t)] \\
&= \frac{a_0}{2} + \sum_{n=1}^{+\infty}\left[\frac{a_n - jb_n}{2}e^{jn\omega_0 t} + \frac{a_n + jb_n}{2}e^{-jn\omega_0 t}\right]
\end{aligned}$$

(3-47)

令

$$\begin{cases}
c_0 = \dfrac{a_0}{2} \\[2mm]
c_n = \dfrac{a_n - jb_n}{2} \\[2mm]
c_{-n} = \dfrac{a_n + jb_n}{2}
\end{cases}$$

(3-48)

则式 (3-47) 中的 $f(t)$ 按傅里叶级数展开的复数形式为

$$f(t) = c_0 + \sum_{n=1}^{+\infty}c_n e^{jn\omega_0 t} + \sum_{n=1}^{+\infty}c_{-n}e^{-jn\omega_0 t}$$

(3-49)

或

$$f(t) = \sum_{n=-\infty}^{+\infty}c_n e^{jn\omega_0 t}, \quad n = 0, \pm1, \pm2, \cdots$$

(3-50)

由式 (3-41) 和式 (3-49) 可知原始傅里叶级数中的每一项正弦量 $A_n\sin(n\omega_0 t + \varphi_n)$ 被分解为两个正负频率的波：$c_n e^{jn\omega_0 t} + c_{-n}e^{-jn\omega_0 t}$。

将式(3-44)和式(3-45)代入式(3-48)，并令 $n = 0, \pm1, \pm2, \cdots$，可得系数 c_n 的统一形式：

$$c_n = \frac{1}{T} \int_{-\frac{T}{2}}^{\frac{T}{2}} f(t) \mathrm{e}^{-\mathrm{j}n\omega_0 t} \mathrm{d}t \tag{3-51}$$

c_n 在一般情况下是复数，也可以得到其对应的幅值谱和相位谱，但由于此时频率 $n\omega_0$ 取值在 $(-\infty, +\infty)$，因此其频谱为双边谱。

3.5.5　傅里叶变换

常见的大多数周期信号是满足狄利克雷条件的，可以展开为傅里叶级数形式。而实际应用中，非周期信号更为常见，它的频率特性就可以通过傅里叶变换分析。

当周期信号 $f(t)$ 的周期 $T \to +\infty$ 时，$f(t)$ 就成了非周期信号，此时频率间隔 $\Delta\omega = \omega_0 = 2\pi/T \to 0$，离散变量 $n\omega_0$ 就变成了连续变量，离散谱线的顶点也无限靠近变成了一条连续曲线，所以非周期信号的频谱是连续的。

对于周期信号 $f(t)$，将式(3-51)代入式(3-50)中，并整理得

$$f(t) = \sum_{n=-\infty}^{+\infty} \left(\frac{1}{T} \int_{-\frac{T}{2}}^{\frac{T}{2}} f(z) \mathrm{e}^{-\mathrm{j}n\omega_0 t} \mathrm{d}t \right) \mathrm{e}^{\mathrm{j}n\omega_0 t} \tag{3-52}$$

当 $f(t)$ 为非周期函数时，将其看成周期 $T \to +\infty$ 时的情况，此时频率间隔 $\Delta\omega \to \mathrm{d}\omega$，$n\omega_0$ 变成了连续变量 ω，离散频谱变成了连续频谱，求和运算转换成了积分运算，即得到傅里叶积分：

$$
\begin{aligned}
f(t) &= \int_{-\infty}^{+\infty} \frac{\mathrm{d}\omega}{2\pi} \left(\int_{-\infty}^{+\infty} f(t) \mathrm{e}^{-\mathrm{j}\omega t} \mathrm{d}t \right) \mathrm{e}^{\mathrm{j}\omega t} \\
&= \int_{-\infty}^{+\infty} \left(\frac{1}{2\pi} \int_{-\infty}^{+\infty} f(t) \mathrm{e}^{-\mathrm{j}\omega t} \mathrm{d}t \right) \mathrm{e}^{\mathrm{j}\omega t} \mathrm{d}\omega
\end{aligned} \tag{3-53}
$$

在式(3-53)中，圆括号里的积分结果是关于 ω 的复数函数，称为傅里叶变换，记作 $F(\mathrm{j}\omega)$：

$$F(\mathrm{j}\omega) = \frac{1}{2\pi} \int_{-\infty}^{+\infty} f(t) \mathrm{e}^{-\mathrm{j}\omega t} \mathrm{d}t \tag{3-54}$$

$F(\mathrm{j}\omega)$ 也称为 $f(t)$ 的频谱密度函数，简称频谱函数，其幅值和相位分别对应着 $f(t)$ 的幅值谱和相位谱。

而基于 $F(\mathrm{j}\omega)$ 求 $f(t)$ 的过程称为傅里叶逆变换，将式(3-54)代入式(3-53)得

$$f(t) = \int_{-\infty}^{+\infty} F(\mathrm{j}\omega) \mathrm{e}^{\mathrm{j}\omega t} \mathrm{d}\omega \tag{3-55}$$

傅里叶变换和傅里叶逆变换能将信号在连续时域和连续频率域之间变换。连续信号和离散信号傅里叶变换将在第 5 章中详细介绍。

3.5.6　一维信号变换

将图像的某一行或某一列取出，形成一个一维信号，设其维度为 N，该信号可用列向量表示为

$$\boldsymbol{f} = [f(0) \quad f(1) \quad \cdots \quad f(N-1)]^{\mathrm{T}} \tag{3-56}$$

针对该一维信号 $\boldsymbol{f}$ 进行变换，表达式如下：

$$t(u) = \sum_{x=0}^{N-1} r(u,x) f(x) \tag{3-57}$$

式中，x 为自变量；$t(u)$ 是利用变换核 $r(u,x)$ 对 $f(x)$ 的变换结果；整数 u 是变换域变量，其值域为 $0, 1, 2, \cdots, N-1$。

在式 (3-57) 中，将变换核 $r(x,u)$ 写成一个 $N{\times}N$ 的方阵，可表示为

$$\boldsymbol{R} = \begin{bmatrix} r(0,0) & r(0,1) & \cdots & r(0,N-1) \\ r(1,0) & r(1,1) & \cdots & r(1,N-1) \\ \vdots & \vdots & & \vdots \\ r(N-1,0) & r(N-1,1) & \cdots & r(N-1,N-1) \end{bmatrix} \tag{3-58}$$

则可将式 (3-57) 重写为矩阵相乘的过程：

$$\boldsymbol{t} = \boldsymbol{R}\boldsymbol{f} \tag{3-59}$$

$\boldsymbol{t}$ 到 $\boldsymbol{f}$ 的逆变换是

$$f(x) = \sum_{u=0}^{N-1} s(x,u) t(u) \tag{3-60}$$

式中，$s(x,u)$ 是逆变换核。类似地，逆变换也可写为一个矩阵相乘的表达式。

例如，设有一维信号 $\boldsymbol{f} = [1 \quad 3 \quad 2 \quad 4]^{\mathrm{T}}$，变换核对应的矩阵 $\boldsymbol{R}$ 为

$$\boldsymbol{R} = \frac{1}{2} \begin{bmatrix} 1 & 1 & 1 & 1 \\ 1 & 1 & -1 & -1 \\ -1 & 1 & 1 & -1 \\ -1 & -1 & 1 & 1 \end{bmatrix} \tag{3-61}$$

利用变换公式 (3-59)，直接计算 $\boldsymbol{f}$ 的变换结果为

$$\boldsymbol{t} = \boldsymbol{R}\boldsymbol{f} = \frac{1}{2} \begin{bmatrix} 1 & 1 & 1 & 1 \\ 1 & 1 & -1 & -1 \\ -1 & 1 & 1 & -1 \\ -1 & -1 & 1 & 1 \end{bmatrix} \begin{bmatrix} 1 \\ 3 \\ 2 \\ 4 \end{bmatrix} = \begin{bmatrix} 5 \\ -1 \\ 0 \\ 1 \end{bmatrix}$$

3.5.7 二维图像变换

对于一幅分辨率为 $M{\times}N$ 的数字图像 $f(x,y)$，x 和 y 为空间变量，对 f 的变换可表示为

$$t(u,v) = \sum_{x=0}^{M-1} \sum_{y=0}^{N-1} f(x,y) r(x,y,u,v) \tag{3-62}$$

式中，$r(x,y,u,v)$ 称为变换核，u 和 v 称为变换变量；$t(u,v)$ 称为 $f(x,y)$ 的正变换。

在逆变换前，对式 (3-62) 的变换结果 $t(u,v)$ 进行抑制高频、带通滤波等变换域处理，得到 $t'(u,v)$，再对其进行逆变换，即可实现相应的频域图像增强。利用逆变换核 $s(u,v,x,y)$ 得到处理后的 $f'(x,y)$：

$$f'(x,y) = \sum_{u=0}^{M-1} \sum_{v=0}^{N-1} t'(u,v)s(u,v,x,y) \tag{3-63}$$

图 3-15 显示了在变换域进行处理图像的基本步骤，具体内容见第 5 章。

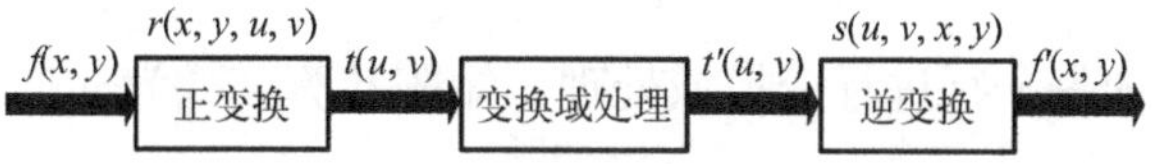

图 3-15　变换域处理的一般步骤

3.5.8　可分离对称变换核

如果正变换核 $r(x,y,u,v)$ 和逆变换核 $s(u,v,x,y)$ 满足：

$$r(x,y,u,v) = r_1(x,u)r_2(y,v), \quad s(u,v,x,y) = s_1(u,x)s_2(v,y) \tag{3-64}$$

则称变换核 $r(x,y,u,v)$ 和 $s(u,v,x,y)$ 为可分离变换核。同时，如果 $r_1(x,u)$ 和 $r_2(y,v)$ 的形式相同，则称变换核 $r(x,y,u,v)$ 是对称的。例如，在频域变换中常用的傅里叶正变换核和逆变换核分别为

$$r(x,y,u,v) = \mathrm{e}^{-\mathrm{j}2\pi(xu)/M}\mathrm{e}^{-\mathrm{j}2\pi(yv)/N}$$
$$s(u,v,x,y) = \frac{1}{MN}\mathrm{e}^{\mathrm{j}2\pi(xu)/M}\mathrm{e}^{\mathrm{j}2\pi(yv)/N} \tag{3-65}$$

式中，$r_1(x,u) = \mathrm{e}^{-\mathrm{j}2\pi(xu)/M}$，$r_2(y,v) = \mathrm{e}^{-\mathrm{j}2\pi(yv)/N}$，$s_1(u,x) = \mathrm{e}^{\mathrm{j}2\pi(xu)/M}$，$s_2(v,y) = \mathrm{e}^{\mathrm{j}2\pi(yv)/N}$。

当变换核为可分离对称变换核时，图像的变换域处理可写为一个矩阵相乘的过程。这个过程可看作对图像连做两次一维变换域处理。首先，对图像的每一个行向量进行一维变换域处理；其次，对变换结果的每一个列向量进行一维变换域处理。

将图像 $f(x,y)$ 表示为矩阵形式，用 A 表示：

$$A = \begin{bmatrix} a(0,0) & a(0,1) & \cdots & a(0,N-1) \\ a(1,0) & a(1,1) & \cdots & a(1,N-1) \\ \vdots & \vdots & & \vdots \\ a(M-1,0) & a(M-1,1) & \cdots & a(M-1,N-1) \end{bmatrix} \tag{3-66}$$

式中，$a(i,j) = f(i,j)$。

变换核 $r(x,y,u,v)$ 的两个核函数 $r_1(u,x)$ 和 $r_2(v,y)$ 对应的变换矩阵 R_1 和 R_2 分别为

$$R_1 = \begin{bmatrix} r_1(0,0) & r_1(0,1) & \cdots & r_1(0,M-1) \\ r_1(1,0) & r_1(1,1) & \cdots & r_1(1,M-1) \\ \vdots & \vdots & & \vdots \\ r_1(M-1,0) & r_1(M-1,1) & \cdots & r_1(M-1,M-1) \end{bmatrix} \tag{3-67}$$

$$R_2 = \begin{bmatrix} r_2(0,0) & r_2(0,1) & \cdots & r_2(0,N-1) \\ r_2(1,0) & r_2(1,1) & \cdots & r_2(1,N-1) \\ \vdots & \vdots & & \vdots \\ r_2(N-1,0) & r_2(N-1,1) & \cdots & r_2(N-1,N-1) \end{bmatrix} \tag{3-68}$$

从式(3-67)和式(3-68)可以看出，变换矩阵 $\boldsymbol{R}_1$ 和 $\boldsymbol{R}_2$ 均为方阵。在变换域中，$\boldsymbol{R}_1$ 和 $\boldsymbol{R}_2$ 通常均为正交矩阵。特别地，当 $\boldsymbol{R}_1$ 和 $\boldsymbol{R}_2$ 为酉矩阵时，$\boldsymbol{R}_1(\boldsymbol{R}_1^{\mathrm{T}})^* = \boldsymbol{I}$ 和 $\boldsymbol{R}_2(\boldsymbol{R}_2^{\mathrm{T}})^* = \boldsymbol{I}$，其中*为矩阵的共轭。首先，对 $\boldsymbol{A}$ 的每一列进行变换域处理，矩阵计算公式为

$$\boldsymbol{T}_1 = \boldsymbol{R}_1 \boldsymbol{A} \tag{3-69}$$

其次，对变换结果 $\boldsymbol{T}_1$ 的每一行进行变换域处理，矩阵计算公式为

$$\boldsymbol{T} = \boldsymbol{T}_1 \boldsymbol{R}_2 \tag{3-70}$$

因此，总的变换矩阵为

$$\boldsymbol{T} = \boldsymbol{R}_1 \boldsymbol{A} \boldsymbol{R}_2 \tag{3-71}$$

举一个二维可分离变换的例子，设二维变换矩阵为 $\boldsymbol{A} = \begin{bmatrix} 1 & 3 & 0 & 2 \\ 0 & 2 & 5 & 4 \end{bmatrix}$，变换矩阵为哈达玛矩阵 $\boldsymbol{R}_1 = \dfrac{1}{\sqrt{2}}\begin{bmatrix} 1 & 1 \\ 1 & -1 \end{bmatrix}$ 和 $\boldsymbol{R}_2 = \dfrac{1}{2}\begin{bmatrix} 1 & 1 & 1 & 1 \\ 1 & -1 & 1 & -1 \\ 1 & 1 & -1 & -1 \\ 1 & -1 & -1 & 1 \end{bmatrix}$，计算其变换结果。

根据式(3-71)得到其变换矩阵为

$$\boldsymbol{T} = \boldsymbol{R}_1 \boldsymbol{A} \boldsymbol{R}_2 = \left(\dfrac{1}{\sqrt{2}}\begin{bmatrix} 1 & 1 \\ 1 & -1 \end{bmatrix}\right)\begin{bmatrix} 1 & 3 & 0 & 2 \\ 0 & 2 & 5 & 4 \end{bmatrix}\left(\dfrac{1}{2}\begin{bmatrix} 1 & 1 & 1 & 1 \\ 1 & -1 & 1 & -1 \\ 1 & 1 & -1 & -1 \\ 1 & -1 & -1 & 1 \end{bmatrix}\right) = \begin{bmatrix} 6 & -1.8 & -1.8 & -1.1 \\ -1.8 & -1.1 & 3.2 & 1.1 \end{bmatrix}$$

3.6　图像的统计性质

从信号处理的角度来看，图像的空间坐标和颜色值可以看成随机变量，经过规范化的灰度值个数可以看成相应的概率密度。因此，可以借助数理统计方法来处理与分析图像。

3.6.1　灰度值为随机变量的概率密度函数

对于一幅高度和宽度为 $M \times N$ 的数字图像 f，图像的灰度值范围为 $0 \sim L-1$，总计有 L 个灰度值，灰度值 r_i 出现的次数为 n_i。因此，每个灰度值 r_i 出现的概率 $p(r_i)$ 为

$$p(r_i) = \dfrac{n_i}{M \times N} \tag{3-72}$$

图 3-16 给出一幅朱鹮图像及其直方图，从图 3-16(a)可以看出，朱鹮的灰度值明显高于背景的灰度值，因此，其灰度直方图呈现明显的双峰分布。

根据概率密度函数 $p(r_i)$，图像 f 的灰度均值和方差可表示为

$$\mu = \sum_{i=0}^{L-1} p(r_i) r_i \tag{3-73}$$

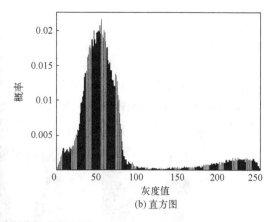

(a) 朱鹮图像　　　　　　　　　　　(b) 直方图

图 3-16　朱鹮图像及其直方图

$$\sigma^2 = \sum_{i=0}^{L-1}(r_i - \mu)^2 p(r_i) \tag{3-74}$$

在图像处理中，将图像的灰度值概率密度函数对应的曲线称为直方图，这时用 $h(r)$ 代替 $p(r)$。基于直方图，可以进行直方图均衡化增强，还可以利用其估计最优的阈值，用于图像分割，相关内容将分别在 4.2 节和 7.3 节介绍。

3.6.2　空间坐标为随机变量的图像矩

将图像看成一个二维密度函数，图像分析中常用矩描述数字图像的特征信息。基于一幅数字图像，它的 $j+k$ 阶矩 M_{jk} 定义为

$$M_{jk} = \sum_{x=1}^{N}\sum_{y=1}^{M} x^j y^k f(x,y) \tag{3-75}$$

当 $f(x,y)$ 为二值图像时，M_{jk} 统计的是目标区域(像素值为 1)的矩性质。当 j 和 k 均为零时，M_{jk} 为零阶矩，其为图像的灰度值之和。进一步，图像的 M_{10} 矩和 M_{01} 矩分别为

$$M_{10} = \sum_{x=1}^{N}\sum_{y=1}^{M} x f(x,y) \tag{3-76}$$

$$M_{01} = \sum_{x=1}^{N}\sum_{y=1}^{M} y f(x,y) \tag{3-77}$$

结合 M_{00} 矩，可计算图像的质心 $(\bar{x}, \bar{y})$ 为

$$\bar{x} = \frac{M_{10}}{M_{00}}, \quad \bar{y} = \frac{M_{01}}{M_{00}} \tag{3-78}$$

进一步，可计算图像 $f(x,y)$ 的 $j+k$ 阶中心矩：

$$M'_{jk} = \sum_{x=1}^{N}\sum_{y=1}^{M} (x-\bar{x})^j (y-\bar{y})^k f(x,y) \tag{3-79}$$

基于中心矩，可以得到矩不变量，后者是进行目标识别的基础，将在 8.2 节详细介绍。

习　题

1. 题 1 图中有 3 幅家畜图像，以题 1 图(a)奶牛脸图像为参考，计算题 1 图(b)奶牛脸图像和题 1 图(c)奶山羊脸图像与题 1 图(a)的余弦相似度。在编程实现时，将图像缩放至分辨率为 16×16，用一维向量进行表示，比较同类对象和非同类对象的相似度。

(a) 奶牛脸1　　　　　　(b) 奶牛脸2　　　　　　(c) 奶山羊脸

题 1 图　家畜脸部图像

2. 一个固定角度的摄像机对农田连续拍摄 10min，每分钟取 1 幅图像，对采样的 10 幅图像求平均值，对结果进行说明。

3. 对一幅光线不足的奶牛图像设计一种线性变换方法，调整其亮度以改善其视觉效果。

4. 对一幅大田无人机遥感图像设计一个点处理方法，使得每个像素颜色变换为其补色。

5. 如题 5 图所示大熊猫图像，求对其先进行比例变换再进行平移变换的结果。其中，

比例变换 T_1 和平移变换 T_2 分别为 $\begin{bmatrix} 1.2 & 0 & 0 \\ 0 & 0.7 & 0 \\ 0 & 0 & 1 \end{bmatrix}$ 和 $\begin{bmatrix} 1 & 0 & 30 \\ 0 & 1 & 50 \\ 0 & 0 & 1 \end{bmatrix}$。

6. 利用表 3-1 将题 6 图所示的蝴蝶图像逆时针旋转 30°，并显示结果。

题 5 图　大熊猫图像　　　　　　　　　题 6 图　蝴蝶图像

7. 利用表 3-1 将题 6 图所示的图像进行错切变换，变换公式如下：

$$\begin{cases} x' = x \\ y' = 2x + y \end{cases}$$

8. 试用泰勒级数展开公式估算一维信号的三阶导数。

9. 采用中心差分法，求题 9 图所示的农田图像关于水平和垂直方向的梯度图像，并绘制出每个像素的梯度方向图，对结果进行分析。

题 9 图 农田图像

10. 计算题 10 图所示的草莓图像的拉普拉斯算子二阶导数结果。

11. 设一个一维信号序列 $f = \{1, 3, 0, 2\}$，变换公式为式(3-61)，计算其变换结果。

12. 题 12 图是一幅奶牛图像，将其分成 4 个子块，计算每个子块的灰度均值和方差。

题 10 图 草莓图像　　　　　题 12 图 奶牛图像

第 4 章　图像的空域处理

图像的空域处理是以像素作为直接处理对象的，主要包括点处理和区处理两类。点处理是指对像素的处理结果仅与自身相关，与邻域像素无关，常用方法有灰度变换和直方图增强。区处理是空域处理的主要内容，指对像素的处理在其邻域进行，主要内容包括经典的图像平滑和现代的自适应滤波方法。另外，图像的几何插值是通过对像素坐标的几何变换来改变像素的空间排列，也可看成空域处理的一种形式。

4.1　灰　度　变　换

灰度变换是最典型的点处理运算，它的基本变换原理见 3.2 节。利用灰度变换，可以改善图像的视觉效果，本节介绍几种常用的灰度变换方法。

4.1.1　灰度反转

灰度反转是指对图像的灰度值进行反转，亮的变暗，暗的变亮。对于 8 位灰值图像 $f(x,y)$，其灰度级 $L = 256$，对应的图像反转公式为

$$g(x,y) = L - 1 - f(x,y) \tag{4-1}$$

图 4-1 是对一幅大熊猫图像进行反转的例子。反转后，像素的灰度值在原始图像和变换后的图像上互为补色。可以看出，图像中大熊猫身体的黑色部分变成白色，而白色部分变成黑色，身体颜色出现了反转。

(a) 大熊猫图像　　　　　　　　　　　(b) 灰度反转结果

图 4-1　一幅大熊猫图像及其灰度反转结果

4.1.2　对比度拉伸/压缩

对于一幅图像，设感兴趣的灰度值位于 $[a,b]$，如果将该区间扩大，则能看到该区间的更多细节，这个过程称为对比度拉伸。反之，如果将该区间缩小，则该区间的信息将被抑制，称为对比度压缩。以三段式对比度拉伸/压缩为例，变换公式如下：

$$g(x,y)=\begin{cases}\dfrac{c}{a}f(x,y), & 0\le f(x,y)<a \\[2mm] \dfrac{d-c}{b-a}(f(x,y)-a)+c, & a\le f(x,y)<b \\[2mm] \dfrac{L-1-d}{L-1-b}(f(x,y)-b)+d, & b\le f(x,y)<L\end{cases} \tag{4-2}$$

在式(4-2)中，$[0,a]$的灰度值变换为$[0,c]$，$[a,b]$的灰度值变换为$[c,d]$，$[b,255]$的灰度值变换为$[d,255]$。一幅灰值图像的对比度拉伸/压缩实际上是分段线性变换。如果线性变换的斜率大于1，则所对应区间被拉伸；如果等于1，则所对应区间保持不变；如果小于1，则所对应的区间被压缩。

图4-2是一幅偏暗麦穗图像的分段线性变换举例。图4-2(a)是原始图像，图4-2(b)是变换曲线，可以看出，原始图像总体灰度偏暗，$[0,64]$的灰度被拉伸后，图4-2(c)中视觉效果明显改善。

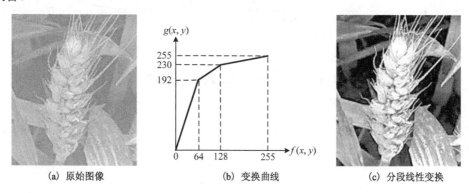

(a) 原始图像　　(b) 变换曲线　　(c) 分段线性变换

图 4-2　麦穗图像的分段线性变换举例

4.1.3　非线性变换

通常，传感器对输入图像的响应大部分为线性的，人眼对输入光的响应也是线性的。但是，人的感觉是非线性的，例如，人对暗光会更加敏感。因此，在很多显示设备中，经常采用非线性变换以模拟人的感觉。与分段线性变换不同，非线性变换的变换函数为曲线，它能够动态实现灰度的非线性压缩和拉伸，拉伸某个区间的灰度而压缩其他区间的灰度，从而实现对图像的校正，增强图像的视觉效果。

常见的非线性变换有对数变换和幂律(伽马)变换，它们的对应曲线如图4-3所示。

1. 对数变换

对数变换公式为

$$s=c\log_a(1+r) \tag{4-3}$$

式中，c是一个规范化常数，使得变换结果的最大值为图像的最大灰度值；$r=f(x,y)$。图4-3(a)显示了变换函数为$s=c\log_{10}(1+r)$的对数变换结果，可以看出，其扩展了低灰度值范围而压缩了高灰度值范围，符合人眼对低亮度分辨率比高亮度分辨率更加敏感的情况，从而改善图像的视觉效果。特别地，当像素值具有大动态范围时，对数变换具有更好的效果。例如，如图 4-3(a)所示，设傅里叶变换中的频谱系数范围为 $0 \sim 10^4$，将底数设置为 10，在 $c = 40$ 时，对数变换可将频谱系数范围大幅压缩到 $[0, 160]$，从而更清楚地展示高频信息。

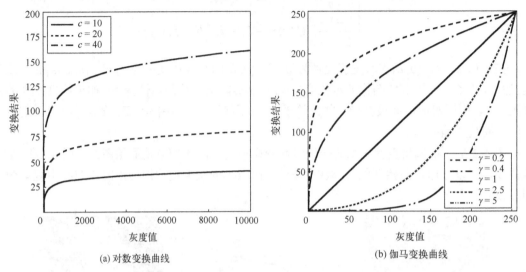

(a) 对数变换曲线　　　　　　　　　　　　　(b) 伽马变换曲线

图 4-3　图像灰度的非线性变换曲线

2. 幂律(伽马)变换

幂律变换的公式为

$$s = cr^{\gamma} \tag{4-4}$$

式中，r 取值范围为 $[0, 1]$；γ 是正常数，当 $\gamma > 1$ 时，幂律曲线在 $y = x$ 的下方，对图像先压缩后拉伸，当 $\gamma < 1$ 时，与 $\gamma > 1$ 正好相反，当 $\gamma = 1$ 时，为恒等变换；c 为规范化常数，作用类似于对数函数中的常数。图像获取、打印和显示等设备的输入和输出通常服从幂律分布。在不同的应用中，为了得到合理的输出结果，需对幂律变换的结果进行校正，这个过程称为 γ 校正。图 4-3(b)为不同参数下的伽马变换曲线。

图 4-4 是两个图像灰度的非线性变换的例子。在图 4-4(a)～图 4-4(c)中，对数变换压缩了该图像的动态范围，对比度下降，视觉效果变差。在图 4-4(d)～图 4-4(f)中，原始图像偏暗，伽马变换系数 γ 大于 1 时，进一步压缩低灰度值范围，图像变得更暗；伽马变换系数小于 1 时，则会通过适当拉伸暗区间改善图像视觉效果。

(a) 原始图像 1　　　　　　　(b) 对数变换($c = 20$)　　　　　　　(c) 对数变换($c = 40$)

(d) 原始图像 2　　　　　　　　(e) 伽马变换 ($\gamma = 5$)　　　　　　　(f) 伽马变换 ($\gamma = 0.2$)

图 4-4　图像灰度的非线性变换

4.2　直方图增强

灰度直方图反映了图像的灰度统计分布信息，能够从某种程度反映图像的视觉质量。直方图均衡化通过增强图像的全局对比度提高视觉质量，而直方图规定化使图像变换成具有规定形状的直方图，增强特定灰度值范围内的视觉质量。

4.2.1　灰度直方图

直方图是对图像像素的某种属性(如灰度、颜色和梯度等信息)分布进行统计分析的重要手段。灰度直方图和梯度直方图是最常见的两种形式，灰度直方图是统计图像中每个灰度值出现的频次，而梯度直方图则是对图像中不同梯度方向分布的统计，本节只介绍灰度直方图。

设图像具有 L 级灰度，其灰度值定义为 $r_k (k = 0, 1, 2, \cdots, L-1)$，图像的分辨率为 $M \times N$。灰度直方图是关于灰度值的一维函数，可定义为

$$h(r_k) = \frac{n_k}{M \times N} \tag{4-5}$$

0	7	2	3	5	4
1	6	6	6	2	3
4	3	4	1	0	2
2	1	5	4	3	6
1	0	2	2	1	2
2	2	1	7	5	3

式中，n_k 为灰度值 r_k 出现的总数。

图 4-5 是一幅 6×6 的数字图像，其灰度值范围为 0～7，灰度级 $L = 8$。

图 4-5　一幅 6×6 的数字图像

根据式(4-5)，该图像的灰度直方图如表 4-1 所示。

表 4-1　图 4-5 的灰度直方图

灰度值	0	1	2	3	4	5	6	7
频次	3	6	9	5	4	3	4	2
概率密度	3/36	6/36	9/36	5/36	4/36	3/36	4/36	2/36
	0.08	0.17	0.25	0.14	0.11	0.08	0.11	0.06

图 4-6 用柱状图表示图 4-5 的灰度直方图。

从灰度直方图中可以分析图像的灰度值分布特征。但是，由于像素的空间位置信息丢失，多幅图像可具有相同的直方图。

图 4-7 显示了两幅农业图像的灰度直方图。在图 4-7(a)中，因为黄豆灰度值与背景灰度值明显不同，灰度直方图呈现双峰分布。在图 4-7(b)中，叶片病害部位灰度值偏大，正常叶

片灰度值偏小，但差别并不是特别明显。同时，由于麦穗灰度值与叶片病害部位灰度值重叠，因此难以从灰度直方图得到有用的信息。

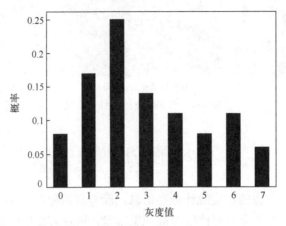

图 4-6　图 4-5 所对应的柱状灰度直方图

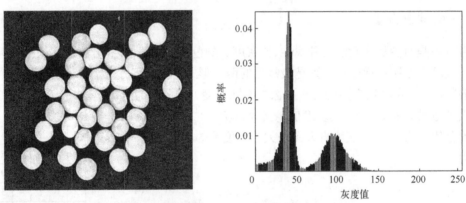

(a) 黄豆籽粒图像及其灰度直方图

(b) 小麦叶片病害图像及其灰度直方图

图 4-7　图像及其灰度直方图举例

4.2.2　直方图均衡化

一幅偏亮或偏暗的图像通常视觉效果较差，体现在灰度直方图中，就是大部分灰度值集中在直方图的一侧和中间。直方图均衡化是对图像灰度值进行变换，使得变换后的图像的灰度值在整个灰度值区间近似服从均匀分布，从而增强图像的对比度，改善视觉效果。

设图像的灰度值为 r，其值域为 $[0, L-1]$，变换函数定义为

$$s = T(r) \tag{4-6}$$

经过变换后，图像的灰度值 r 变换为 s，变换函数 $T(r)$ 应满足以下条件。

(1) 在定义域 $0 \leqslant r \leqslant L-1$，$T(r)$ 为单调递增函数。

(2) 对于 $0 \leqslant r \leqslant L-1$，有 $0 \leqslant T(r) \leqslant L-1$。

条件 (1) 保证变换后的灰度值从小到大的变换次序不变；条件 (2) 保证了变换前后图像的灰度值区间具有一致性。因为 $T(r)$ 为单调递增函数，其反函数存在，定义为

$$r = T^{-1}(s) \tag{4-7}$$

设原始图像 A 总像素数为 A_0，经过直方图均衡化后，得到图像 B，变换前后的直方图分别用 $H_A(r)$ 和 $H_B(r)$ 表示。两幅图像的概率密度函数和概率分布函数分别为

$$p_A(r) = \frac{H_A(r)}{A_0}, \quad F_A(r) = \int_0^r p_A(w)\mathrm{d}w = \frac{1}{A_0}\int_0^r H_A(w)\mathrm{d}w \tag{4-8}$$

$$p_B(r) = \frac{L}{A_0}, \quad F_B(s) = \int_0^r p_B(w)\mathrm{d}w = \int_0^r \frac{L}{A_0}\mathrm{d}w \tag{4-9}$$

设图像 A 的一个灰度值区间 $[r_1, r_2]$，变换后得到 $[s_1, s_2]$。根据 $T(r)$ 的单调性，r_1 和 r_2 分别对应着 s_1 和 s_2。因此，图像 A 中 $[r_1, r_2]$ 与图像 B 中 $[s_1, s_2]$ 的像素数量相等。令 $\mathrm{d}r = r_2 - r_1$，$\mathrm{d}s = s_2 - s_1$，当 $\mathrm{d}r$ 较小时，$\mathrm{d}s$ 也较小，图像 A 中 $[r_1, r_2]$ 和图像 B 中 $[s_1, s_2]$ 的像素数量可近似为

$$p_B(s)\mathrm{d}s = p_A(r)\mathrm{d}r \tag{4-10}$$

由式 (4-9) 和式 (4-10) 可得

$$\frac{\mathrm{d}s}{\mathrm{d}r} = \frac{p_A(r)}{p_B(s)} = \frac{A_0}{L} p_A(r) \tag{4-11}$$

当 $\mathrm{d}r \to 0$ 时，$\mathrm{d}s \to 0$，可得到变换函数 $T(r)$ 的导数 $T'(r)$：

$$\frac{\mathrm{d}s}{\mathrm{d}r} = T'(r) = \frac{A_0}{L} p_A(r) \tag{4-12}$$

通过积分可得到 $T'(r)$ 的原函数 $T(r)$：

$$s = T(r) = \frac{A_0}{L} \int_0^r p_A(r)\mathrm{d}r = \frac{A_0}{L} F_A(r) \tag{4-13}$$

式 (4-13) 说明，变换函数 $T(r)$ 与图像 A 的概率分布函数成正比。对于离散图像，积分用求和代替，略去常数因子 A_0/L，得到直方图均衡化公式为

$$s_k = T(r_k) = \sum_{i=0}^{k} p_A(r_i) \tag{4-14}$$

进一步，通过乘以灰度值 $L-1$，将变换结果规范化到 $[0, L-1]$：

$$s_k = (L-1)\sum_{i=0}^{k} p_A(r_i) \tag{4-15}$$

对图 4-5 进行直方图均衡化，根据式(4-14)，每一个灰度值的概率分布如表 4-2 所示，根据式(4-15)将概率分布映射到[0,7]，从而得到变换结果。

表4-2　图4-5直方图均衡化

灰度值(r_k)	0	1	2	3	4	5	6	7
概率密度($p(r_k)$)	0.08	0.17	0.25	0.14	0.11	0.08	0.11	0.06
概率分布(s_k)	0.08	0.25	0.50	0.64	0.75	0.83	0.94	1.00
变换结果	1	2	4	4	5	6	7	7

1	7	4	4	6	5
2	7	7	7	4	4
5	4	5	2	1	4
4	2	6	5	4	7
2	1	4	4	2	4
4	4	2	7	6	4

图 4-8　图 4-5 的直方图均衡化结果

接着，将变换结果映射到图像中，图 4-5 的直方图均衡化结果如图 4-8 所示。

在图 4-9(a)中，麦穗图像偏暗，从其灰度直方图(图 4-9(b))可以看出，绝大部分灰度值小于 100。图 4-9(c)自动调整图像的对比度，图像视觉效果明显改善。从其均衡化后的直方图(图 4-9(d))看，灰度值较为均匀地分布在整个灰度值区间，因此提高了图像的视觉质量。图 4-2 的分段线性变换虽然也可以提高图像视觉质量，但需要指定参数，这在实际中难以自动实现。而直方图均衡化无须指定参数即可提高图像的视觉质量，实现起来更方便。

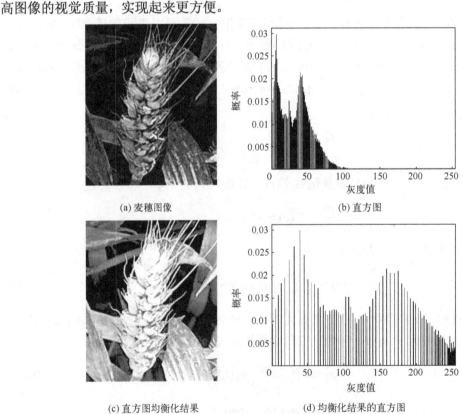

(a) 麦穗图像　　(b) 直方图　　(c) 直方图均衡化结果　　(d) 均衡化结果的直方图

图 4-9　小麦麦穗图像的直方图均衡化

4.2.3　直方图规定化

作为一种自动化的图像增强方法，直方图均衡化可以得到全局均衡化增强结果，但在有些场景下并不一定适用。有时需要将直方图变换成规定的形状来获得特定的增强效果，这称为直方图规定化。

设原始图像为 A，具有规定化直方图的图像为 C，它是图像 A 目标变换的结果。设图像 A 的灰度值为 r，图像 C 的灰度值为 z，中间图像为 B，与图像 A 和图像 C 大小相同，其灰度值为 s。类似于直方图均衡化，从图像 A 到图像 C 的变换函数 $z = T_{AC}(r)$ 仍是单调递增函数，以保证变换结果的一致性。但直接得到该变换函数通常比较困难，可通过借助直方图均衡化间接得到。

具体做法是先通过变换函数 $s = T_{AB}(r)$ 将图像 A 均衡化得到图像 B，再通过变换函数 $s = T_{CB}(z)$ 将图像 C 均衡化为图像 B。由于 $T_{AB}(r)$ 和 $T_{CB}(z)$ 都是单调递增函数，因此以 B 为中间图像，可得到图像 A 和图像 C 的灰度值映射关系。直方图规定化步骤如下。

(1) 按式 (4-14) 对图像 A 进行直方图均衡化，得到映射关系 $r_k {\rightarrow} s_k$：

$$s_k = \sum_{i=0}^{k} p_A(r_i) \tag{4-16}$$

(2) 对图像 C 进行直方图均衡化，得到映射关系 $z_l {\rightarrow} s_l$：

$$s_l = \sum_{j=0}^{l} p_C(z_j) \tag{4-17}$$

由直方图均衡化变换函数的单调性，可得到 $s_l {\rightarrow} z_l$ 的逆映射关系。

(3) 根据前面两步，得到 $r_k {\rightarrow} s_k$ 和 $s_l {\rightarrow} z_l$ 的映射关系，s_k 和 s_l 分别为图像 A 的灰度值 r_i 和图像 C 的灰度值 z_l 映射到图像 B 的结果，它们具有对应关系，但是由于离散化，难以精确对应，因此需按照某种规则得到 $s_k {\rightarrow} s_l$ 的映射关系，使得变换误差最小，从而得到 $r_k {\rightarrow} z_l$ 的映射关系，将图像 A 变换为图像 C。

通常有两种方法确定映射关系：第一种是给定 r_k，找一个最优的 z_l，称为单映射规则，即输入和输出一一对应；第二种是给定 z_l，寻找一组最优的 r_k，称为组映射规则，即一个 z_l 可能会对应多个 r_k。

单映射规则：对于每个 r_k，计算对应的 s_k，找出使式 (4-18) 最小的 l，将 r_k 映射到 z_l。

$$\min_{l} \left| s_k - s_l \right| = \left| \sum_{i=0}^{k} p_A(r_i) - \sum_{j=0}^{l} p_C(z_j) \right| \tag{4-18}$$

组映射规则：对于每个 z_l，得到对应 s_l，设有单调递增的函数 $I(l)$，求出使式 (4-19) 最小的 $I(l)$。

$$\min_{I(l)} \left| s_k - s_l \right| = \left| \sum_{i=0}^{I(l)} p_A(r_i) - \sum_{j=0}^{l} p_C(z_j) \right| \tag{4-19}$$

若 $l = 0$，则将 $k \in [0, I(0)]$ 内的 r_k 映射到 z_l，否则 $k \in [I(l-1)+1, I(l)]$ 内的 r_k 映射到 z_l。

对图 4-5 进行变换，使得变换后的结果具有规定形式的直方图。直方图规定化如表 4-3 所示。

表 4-3　　直方图规定化

灰度值(r_k)	0	1	2	3	4	5	6	7
概率密度($p(r_k)$)	0.08	0.17	0.25	0.14	0.11	0.08	0.11	0.06
规定化后的概率密度($p(z_l)$)	0	0	0.1	0.2	0.3	0.2	0.15	0.05

图像的直方图规定化过程示例如表 4-4 所示。

表 4-4　　图像的直方图规定化过程示例

灰度值 r_k, z_l	图像 A $p_A(r_k) \rightarrow s_k = F_A(r_k)$		图像 C $s_l = F_C(z_l) \leftarrow p_C(z_l)$		单映射规则 $z_l = \min_l \|s_k - s_l\|$	组映射规则 $r_k = \min_{I(l)} \|s_k - s_l\|$
0	0.08	0.08	0	0	$r_0 \rightarrow z_2$	
1	0.17	0.25	0	0	$r_1 \rightarrow z_3$	
2	0.25	0.5	0.1	0.1	$r_2 \rightarrow z_4$	$z_2 \rightarrow r_0$
3	0.14	0.64	0.3	0.2	$r_3 \rightarrow z_4$	$z_3 \rightarrow r_1$
4	0.11	0.75	0.6	0.3	$r_4 \rightarrow z_5$	$z_4 \rightarrow r_2, r_3$
5	0.08	0.83	0.8	0.2	$r_5 \rightarrow z_5$	$z_5 \rightarrow r_4, r_5$
6	0.11	0.94	1	0.2	$r_6 \rightarrow z_6$	$z_6 \rightarrow r_6, r_7$
7	0.06	1	1	0	$r_7 \rightarrow z_7$	

图 4-10 是一个直方图规定化的例子,图 4-10(a) 和图 4-10(b) 分别是朱鹮图像和它的灰度直方图,图 4-10(c) 是参考直方图,即要求图 4-10(b) 经过规定化变换后和图 4-10(c) 相同。图 4-10(d) 是采用式(4-18)映射后的结果,图 4-10(e) 是图 4-10(d) 的直方图。可以看出,参考直方图和规定化结果的直方图具有一定的相似性。

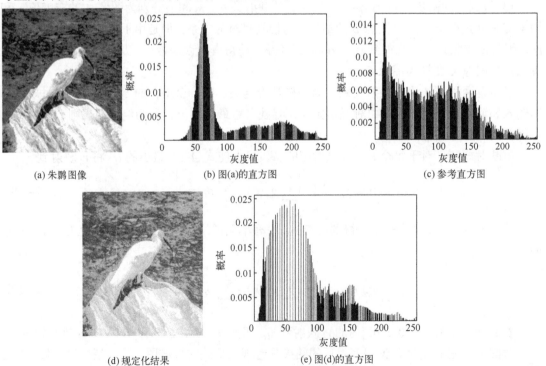

(a) 朱鹮图像　　　　(b) 图(a)的直方图　　　　(c) 参考直方图

(d) 规定化结果　　　　(e) 图(d)的直方图

图 4-10　　直方图规定化举例

4.3　图像几何插值

图像在做比例变换、旋转变换和缩放变换等几何变换时，会改变像素的空间位置。新的像素坐标 (x', y') 在原始图像中对应的位置坐标一般不是整数，因此，需要利用在其原始图像邻域中已知像素的亮度进行插值估计。为了降低计算复杂度，插值一般在较小邻域进行，三种常用的几何插值方法分别为最近邻插值、双线性插值和双三次插值，这里将介绍前两种方法。

4.3.1　基本概念

图像的几何变换可表示为

$$(x', y') = T(x, y) \tag{4-20}$$

式中，T 为变换函数，其逆变换表示为

$$(x, y) = T^{-1}(x', y') \tag{4-21}$$

从式 (4-21) 可得到新像素坐标 (x', y') 在输入图像中的位置 (x, y)。如图 4-11 所示，变换点 q' 在输入图像中的对应点 q 的坐标不是整数，可利用其局部邻域的像素灰度值进行估计，局部邻域称为插值核。以图 4-11 所示旋转变换为例，介绍两种几何插值方法 (图 4-12)。

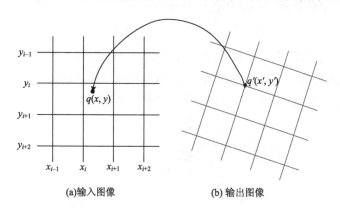

(a)输入图像　　　　　　　　　　(b) 输出图像

图 4-11　图像的几何插值举例

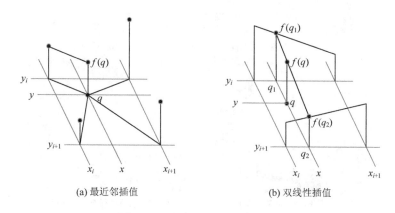

(a) 最近邻插值　　　　　　　　　　(b) 双线性插值

图 4-12　两种图像几何插值方法

4.3.2　最近邻插值

在最近邻插值中，将离插值点最近的整数坐标点的灰度值作为待估计点灰度值的近似。如图 4-12(a) 所示，(x_i, y_i) 最靠近 q，因此，将 $f(x_i, y_i)$ 赋予 $f(q)$。可以看出，最近邻插值虽然简单，但仅利用了一个相邻点的灰度值，误差较大。特别是在边界处，最近邻插值会呈现阶梯状。

4.3.3　双线性插值

在双线性插值中，假设某个网格中的亮度函数是线性变化的，利用插值点在该网格上的四个相邻点估计其灰度值。如图 4-12(b) 所示，待插值点位于点 q_1 和 q_2 构成的直线上，q_1 和 q_2 分别位于两条水平网格线段上。首先，利用式 (4-22) 估计 $f(q_1)$ 和 $f(q_2)$ 的灰度值为

$$f(q_1) = f(x_i, y_i)(x_{i+1} - x) + f(x_{i+1}, y_i)(x - x_i)$$
$$f(q_2) = f(x_i, y_{i+1})(x_{i+1} - x) + f(x_{i+1}, y_{i+1})(x - x_i) \tag{4-22}$$

式 (4-22) 中，$f(x_i, y_i)$ 对于 $f(q_1)$ 灰度值估计的权重与点 (x_i, y_i) 到 (x, y_i) 的距离 $x_i - x$ 成反比。同时，由于 $(x_{i+1} - x) + (x - x_i) = 1$，因此，该权重可由 $x_{i+1} - x$ 表示。类似地，可导出 $f(x_{i+1}, y_i)$ 对于估计 $f(q_1)$ 的权重为 $x - x_i$，$f(x_i, y_{i+1})$ 和 $f(x_{i+1}, y_{i+1})$ 对于估计 $f(q_2)$ 的权重分别为 $x_{i+1} - x$ 和 $x - x_i$。

当 $f(q_1)$ 和 $f(q_2)$ 估计后，$f(q)$ 的估计公式为

$$f(q) = f(q_1)(y_{i+1} - y) + f(q_2)(y - y_i) \tag{4-23}$$

图 4-13(a) 是一幅马铃薯叶片图像，将其宽度和高度各缩小一半得到图 4-13(b)，图 4-13(c) 和图 4-13(d) 分别是对图 4-13(b) 进行最邻近插值和双线性插值的结果。可以看出，最邻近插值在边界处出现了锯齿现象，而双线性插值在边界处更光滑。

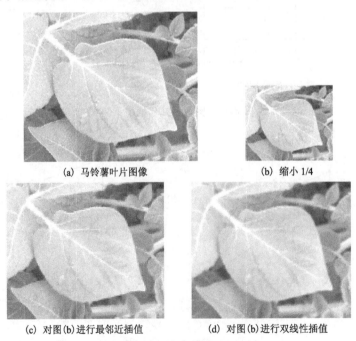

(a) 马铃薯叶片图像　　　　　　　　　　(b) 缩小 1/4

(c) 对图(b)进行最邻近插值　　　　　　　(d) 对图(b)进行双线性插值

图 4-13　马铃薯叶片图像几何插值

比双线性插值效果更好的是双三次插值，其利用待插值点局部 16 个邻域像素估计灰度值，能得到比仅用四个领域像素的双线性插值更平滑的图像边界，但计算复杂度明显上升。最近邻插值、双线性插值和双三次插值的缺点是仅利用待插值点邻域的空间位置关系估计灰度值，未考虑像素邻域的灰度值分布，这种简单的插值会使得图像的细节和边界信息产生退化。当将图像尺寸放大比例调大时，这种退化现象会更加明显。

4.3.4　超分辨率重建

在图像处理与分析领域，经常期望得到高分辨率图像，而图像超分辨率重建就是一种从低分辨率图像获取高分辨率图像的技术。重建技术分为两种：一种是给出多幅低分辨率图像，将其合成一幅高分辨率图像；另一种是从单幅低分辨率图像获取高分辨率图像。后者可分为基于插值、基于重建和基于学习的方法。

前面讲述的基于插值的方法实现简单，但是在恢复细节方面存在局限性。基于重建的方法是指假定低分辨率图像是高分辨率图像通过下采样和加噪声等退化模型得到的，以此为约束条件，建立图像先验模型进行优化求解，重建出高分辨率图像。基于学习的方法主要是指通过一定的策略，分析高分辨率图像和低分辨率图像之间的映射关系，根据映射关系建立非线性模型，利用非线性模型把输入的低分辨率图像重建为高分辨率图像。

图 4-14 是利用深度学习 EDSR 模型对图 4-13 (b) 进行 2 倍的超分辨率重建结果，可以看出，其在细节方面的重建质量远优于最近邻插值和双线性插值。

图 4-14　EDSR 模型对图 4-13 (b) 的超分辨率重建结果

4.4　图 像 平 滑

图像平滑属于空域滤波。滤波一词来自频域处理，指滤除信号特定波段频率分量的操作。空域滤波主要是指利用图像的局部数据修改待处理点的灰度值，以增强图像或突出特定的信息。空域滤波通常有图像平滑和图像锐化两类。图像平滑的主要目的是消除噪声或模糊图像，以抑制小的细节信息，但同时也会造成边界模糊，它主要通过待处理像素邻域的加权平均来实现。而图像锐化主要是指利用梯度算子设计相应的模板，在提取图像边界信息的同时与原始图像融合，实现在保持原始图像信息的前提下，进一步突出边界，增强视觉效果。

4.4.1　图像噪声

噪声在理论上可以定义为"不可预测，只能用概率统计方法来认识的随机误差"。图像噪声是指存在于图像数据中的不必要的干扰信息，妨碍了人们对其蕴含信息的理解。数字图像中的噪声源主要出现在图像获取或传输过程中，电气系统和外界影响导致图像噪声的精确分析变得十分复杂。例如，用 CCD 摄像机获取图像时，光照水平和传感器温度是影响图像噪声数量的主要因素。另外，图像在传输过程中也会因信道中的干扰而受到污染。

噪声可分为加性噪声、乘性噪声、量化噪声和冲击噪声。设图像为 $g(x, y)$，噪声为 $v(x, y)$，则含加性噪声的图像表示为

$$f(x, y) = g(x, y) + v(x, y) \tag{4-24}$$

而含乘性噪声的图像可表示为

$$f(x, y) = g(x, y)v(x, y) \tag{4-25}$$

量化噪声在量化级别不足时会出现。例如，一幅具有 256 级量化的灰值图像具有良好的视觉效果，但如果量化为 64 级甚至 32 级，将会出现明显的假轮廓，影响视觉效果。

冲击噪声是指一幅图像的个别像素被噪声破坏，其亮度与其邻域显著不一致。椒盐噪声是一种饱和冲击噪声，图像噪声呈现黑或白色，从而使图像质量降低。

图 4-15 是对一幅苹果图像(图 4-15(a))增加高斯噪声(图 4-15(b))、椒盐噪声(图 4-15(c))和量化噪声(图 4-15(d))后的结果。可以看出，图像受噪声干扰后，视觉质量显著下降。

(a) 苹果图像　　　　　　　　　　　　　　(b) 高斯噪声

(c) 椒盐噪声　　　　　　　　　　　　　　(d) 量化噪声

图 4-15　不同类型的图像噪声

4.4.2　模板卷积

如 3.2 节所示，空间滤波是在图像空间中通过区处理实现的，变换函数可以是线性或非

线性的。空间滤波通过一个核函数与其在图像中对应的像素相乘产生滤波结果。这个过程通过模板卷积或相关进行，分别定义为

$$g(x,y)=f*w=\sum_{s=-a}^{a}\sum_{t=-b}^{b}w(s,t)f(x-s,y-t) \tag{4-26}$$

$$g(x,y)=f\otimes w=\sum_{s=-a}^{a}\sum_{t=-b}^{b}w(s,t)f(x+s,y+t) \tag{4-27}$$

核函数称为模板，通常是一个奇数尺寸的小窗口，其中心系数对应于待处理的像素。在式(4-26)和式(4-27)中，随着 x 和 y 的变化，模板 w 的中心点遍历图像 f 的每个像素。卷积与相关运算的区别在于进行卷积运算前需要将模板绕中心旋转 180°。显然，卷积和相关的结果依赖于模板系数，当模板系数关于中心点对称时，卷积和相关的结果是相同的。图 4-16 是一个模板及其旋转 180° 的示意图。

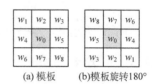

(a) 模板　　(b)模板旋转180°

图 4-16　模板及模板旋转示例

图 4-17(a)是一幅 5×5 的数字图像，模板如图 4-17(b)所示，模板的原点位于中心点。

在图像滤波时，首先，对图像进行边界扩充，使得边界上的点也可以做滤波。如果模板的尺寸为 $k\times k$(k 为奇数)，则应将原始图像扩充 k–1 行和 k–1 列。以图 4-17 为例，模板尺寸为 3×3，需对图像上下左右各扩充一行或一列，扩充的像素灰度值置为零，扩充结果如图 4-18 所示。

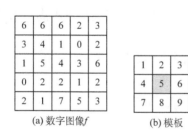

6	6	6	2	3
3	4	1	0	2
1	5	4	3	6
0	2	2	1	2
2	1	7	5	3

(a) 数字图像 f

1	2	3
4	5	6
7	8	9

(b) 模板

图 4-17　数字图像及模板

0	0	0	0	0	0	0
0	6	6	6	2	3	0
0	3	4	1	0	2	0
0	1	5	4	3	6	0
0	0	2	2	1	2	0
0	2	1	7	5	3	0
0	0	0	0	0	0	0

图 4-18　图像扩充

其次，以图像 f 中心点为例，对于相关运算，将模板中心与待处理点对齐，模板系数与图像中对应的像素相乘求和的结果作为该点的滤波结果(图 4-19(a))。对于卷积运算，先将模板绕模板中心旋转 180°，接着，将旋转的模板与图像做相关运算(图 4-19(b))。

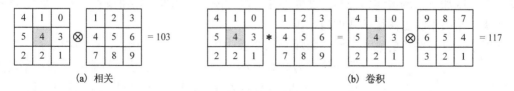

(a) 相关　　(b) 卷积

图 4-19　图像的相关和卷积运算

最后，对图像 f 逐像素分别做卷积和相关运算，得到 f 的滤波结果，如图 4-20 所示。

64	108	88	63	31
128	203	171	129	73
79	119	117	96	71
56	110	146	161	112
28	75	102	119	70

126	152	102	77	39
122	157	139	141	87
71	101	103	114	69
54	130	154	169	88
22	65	78	81	40

(a) 卷积结果　　　　　　　　　　(b) 相关结果

图 4-20　图像的卷积和相关滤波

为了简便起见，本书不区分卷积和相关的区别。在实际中，经常采用式(4-27)计算卷积。

4.4.3　可分离卷积

对于一幅 $M \times N$ 的图像，如果模板尺寸为 $m \times n$，每个点需 mn 次乘法，$mn-1$ 次加法，则整幅图像的乘法和加法运算量分别为 $MNmn$ 次和 $MN(mn-1)$ 次。因此，当模板尺寸较大时，卷积的计算代价较高。当模板的秩为 1 时，可将二维卷积分解为两个一维矩阵的乘积，即通过两次一维卷积实现二维卷积，极大地减少了卷积的计算量。

设卷积核 w 大小为 $n \times n$，利用可分离性质，式(4-26)中的卷积可重写为

$$g(x,y) = \sum_{s=-(n-1)/2}^{(n-1)/2} \sum_{t=-(n-1)/2}^{(n-1)/2} w(s,t)f(x+s,y+t) = \sum_{s=-(n-1)/2}^{(n-1)/2} w_1(s) \sum_{t=-(n-1)/2}^{(n-1)/2} w_2(t)f(x+s,y+t) \quad (4\text{-}28)$$

用可分离卷积后，每个点的运算仅需要 $2n$ 次乘法和 $2(n-1)$ 次加法，整幅图像做卷积仅需 $2MNn$ 次乘法，当模板尺寸较大时，运算量减少幅度明显。但当模板秩不满足条件时，无法采用可分离卷积。

式(4-29)是将一个秩为 1 的二维卷积模板分解为两个一维矩阵之积：

$$\frac{1}{16}\begin{bmatrix} 1 & 2 & 1 \\ 2 & 4 & 2 \\ 1 & 2 & 1 \end{bmatrix} = \begin{bmatrix} 1/4 \\ 1/2 \\ 1/4 \end{bmatrix}[1/4 \quad 1/2 \quad 1/4] \quad (4\text{-}29)$$

4.4.4　邻域平滑

噪声在图像中表现为灰度值的急剧变化，通过邻域平滑可以抑制这种现象。邻域平滑是一种线性滤波器，其思想是通过一个具有非负系数的滤波器模板与图像进行卷积，将像素的邻域平均值或加权平均值作为像素的滤波结果，以抑制突变的像素。滤波器系数和通常为 1，以保证滤波结果不超出图像的灰度值范围。

邻域平均是最简单的邻域平滑。邻域平均模板中所有的系数均相同，即用中心点邻域的平均值作为其滤波结果。高斯平滑是另一种重要的邻域平滑方法，它通过对高斯函数进行采样得到，模板中心点的系数最大，模板系数与其到中心点的距离成反比。

$$\frac{1}{9}\begin{bmatrix} 1 & 1 & 1 \\ 1 & 1 & 1 \\ 1 & 1 & 1 \end{bmatrix} \qquad \frac{1}{16}\begin{bmatrix} 1 & 2 & 1 \\ 2 & 4 & 2 \\ 1 & 2 & 1 \end{bmatrix}$$

(a) 邻域平均模板　　(b) 高斯平滑模板

图 4-21　邻域平滑模板

图 4-21 是模板尺寸为 3×3 的邻域平均和高斯平滑模板。

邻域平滑最大的优点是算法简单，但它在降低噪声的同时

会模糊边界和细节。图像的模糊程度与模板尺寸相关，模板尺寸越大，图像的细节和边界信息丢失越严重。同时，由于噪声参与了运算，因此，噪声信息也会随模板卷积扩散到图像中。

4.4.5　中值滤波

中值滤波是一种非线性统计排序滤波方法，它能在滤除噪声的同时，较好地保持图像边界。中值滤波是对像素邻域的所有灰度值进行排序后，取中间值作为该点的滤波结果。中值滤波定义为

$$g(x,y) = \underset{(r,c)\in w_{xy}}{\mathrm{median}}(f(r,c)) \tag{4-30}$$

式中，w_{xy} 是以像素坐标 (x,y) 为中心的局部窗口；(r,c) 是窗口中的像素。

中值滤波不影响阶跃信号和斜坡信号，对信号的频谱特性影响也不大，其输出与输入噪声的密度分布有关。特别地，椒盐噪声的灰度值在其邻域内为最大值(白色)或最小值(黑色)，当用中值滤波对椒盐噪声图像进行处理时，这些噪声通常位于排序结果的两端，而中间值是非噪声成分。因此，中值滤波对椒盐噪声图像非常有效。

图 4-22 第 1 行和第 2 行表示一个一维信号，从其对应的折线图(图 4-23(a))可以看出，其存在光滑区域、缓慢变化的斜坡、迅速变化的阶跃型边界和椒盐噪声。采用 1×3 窗口的邻域平均，得到图 4-22 第 3 行及其对应的折线图(图 4-23(b))。图 4-22 第 4 行是对图 4-22 第 2 行采用 1×3 窗口的中值滤波的结果，图 4-23(c)是其对应的折线图。通过对比可以看出，邻域平均效果较差，斜坡型边界和阶跃型边界被模糊，椒盐噪声扩散到邻域信号中。而中值滤波对这些边界特征都有良好的保持。

横坐标	0	1	2	3	4	5	6	7	8	9	10	11	12	13	14	15	16	17	18	19
纵坐标	8	8	8	8	8	7	6	5	4	3	3	3	3	7	7	7	0	7	7	7
邻域平均	8	8	8	8	7.7	7	6	5	4	3.3	3	3	4.3	5.7	7	4.7	4.7	4.7	7	7
中值滤波	8	8	8	8	8	7	6	5	4	3	3	3	3	7	7	7	7	7	7	7

图 4-22　一维函数邻域平均和中值滤波比较

图 4-24 是对一幅存在椒盐噪声的桃子图像进行邻域平滑和中值滤波的结果比较。可以看出，邻域平滑不适用于椒盐噪声图像，卷积核越大，噪声将越容易扩散至周围邻域中。而 3×3 和 5×5 的中值滤波核均取得了较好的效果，但卷积核越大，图像的细节信息损失越多。

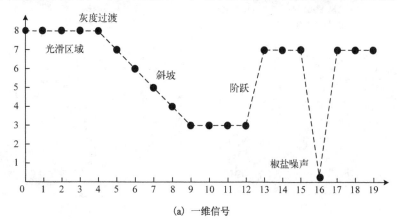

(a)　一维信号

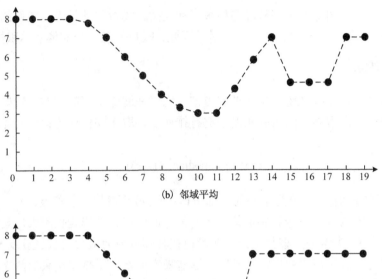

(b) 邻域平均

(c) 中值滤波

图 4-23　图 4-22 滤波结果折线图对比

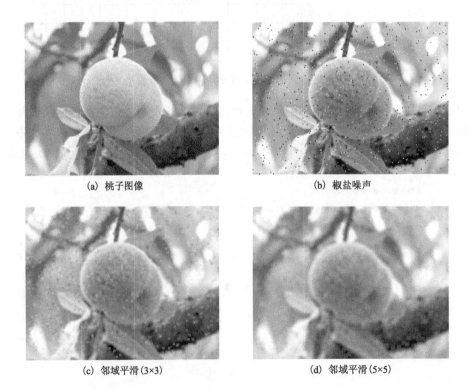

(a) 桃子图像　　　　　　　　　　　(b) 椒盐噪声

(c) 邻域平滑 (3×3)　　　　　　　　(d) 邻域平滑 (5×5)

(e) 中值滤波(3×3)　　　　　　　　　　(f) 中值滤波(5×5)

图 4-24　桃子图像的邻域平滑和中值滤波结果比较

4.5　自适应滤波

在经典的图像滤波方法中，模板参数一旦确定，其功能也随之确定，难以自适应图像内容，因此，滤波效果有一定局限性。例如，邻域平滑在滤除噪声的同时，也会模糊边界，使得图像视觉质量降低。本节介绍两种自适应滤波方法，滤波器的参数与局部区域的灰度值分布相关，能够在滤除噪声的同时，更好地保护图像边界，也称为非连续性保护平滑滤波。

4.5.1　双边滤波

双边滤波器是一种边界保护滤波器，它的系数由邻域像素到中心点的距离和其灰度值与中心点灰度值的相似度共同决定。因为不同邻域图像的灰度值是变化的，所以双边滤波器的模板系数依赖于图像内容，具有一定的自适应性。定义为

$$w(x,y) = w_s(x,y) \cdot w_r(x,y) \tag{4-31}$$

式(4-31)中，$w(x,y)$ 是一个混合模板，由空域模板 $w_s(x,y)$ 和值域模板 $w_r(x,y)$ 组成。设图像的待处理像素坐标为 (x_0, y_0)，对应的灰度值为 $f(x_0, y_0)$，对于模板的任一点 (x, y)，$w_s(x,y)$ 和 $w_r(x,y)$ 分别定义为

$$w_s(x,y) = \exp\left(-\frac{(x-x_0)^2 + (y-y_0)^2}{2\sigma_x^2}\right) \tag{4-32}$$

$$w_r(x,y) = \exp\left(-\frac{\|f(x,y) - f(x_0,y_0)\|^2}{2\sigma_r^2}\right) \tag{4-33}$$

从式(4-33)可以看出，值域模板是随着像素位置不同而变化的，因此其可以自适应图像内容，在滤除噪声的同时，保护图像的边界。利用双边滤波器进行图像平滑的公式为

$$f_{\text{bilater}}(x_0, y_0) = \frac{\sum\limits_{(x,y)\in\Omega(x_0,y_0)} f(x,y)w(x,y)}{\sum\limits_{(x,y)\in\Omega(x_0,y_0)} w(x,y)} \tag{4-34}$$

式中，$\Omega(x_0, y_0)$ 是以 (x_0, y_0) 为中心的区域。

4.5.2　导向滤波

相对于邻域平滑，双边滤波虽然效果较好，但其在边界处，有时会出现梯度反转伪影。导向滤波和双边滤波一样，具有边界保持的平滑特性，但不存在梯度反转，运算速度也更快。

1. 导向滤波原理

导向滤波通过导向图来建立滤波器。假设输入图像为 p，滤波输出图像 q 和导向图 I 在滤波窗口 w_k 上存在局部线性关系：

$$q_i = a_k I_i + b_k, \quad \forall i \in w_k \tag{4-35}$$

式中，a_k、b_k 都是常量，这将保证在一个局部区域 w_k 中，q 和 I 具有相同的性质，且对局部线性模型求梯度有 $\nabla q = a \nabla I$，这样输出图像 q 中的边界信息仅来自导向图 I，使得导向滤波起到保留边界细节的作用。

同时，通过使输入图像 p 和输出图像 q 差异最小化来确定系数 a_k 和 b_k，这里采用均方误差作为损失函数来定义两者之间的差异：

$$E(a_k, b_k) = \sum_{i \in w_k} ((a_k I_i + b_k - p_i)^2 + \varepsilon a_k^2) \tag{4-36}$$

式中，ε 是一个正则化参数，防止 a_k 变得过大。

为了求损失函数的最小值，对式(4-36)求偏导，并令偏导均等于 0，可得

$$\frac{\partial E}{\partial a_k} = 2 \sum_{i \in w_k} [I_i (a_k I_i + b_k - p_i) + \varepsilon a_k] = 0$$

$$\Rightarrow a_k = \frac{\dfrac{1}{|w_k|} \sum\limits_{i \in w_k} p_i I_i - \bar{p}_k \bar{I}_k}{\sigma_k^2 + \varepsilon} \tag{4-37}$$

$$\frac{\partial E}{\partial b_k} = 2 \sum_{i \in w_k} (a_k I_i + b_k - p_i) = 0$$

$$\Rightarrow b_k = \frac{1}{|w_k|} \sum_{i \in w_k} (p_i - a_k I_i) = \bar{p}_k - a_k \bar{I}_k \tag{4-38}$$

式中，$\bar{I}_k$ 和 σ_k^2 是导向图 I 在局部窗口中的均值和方差，$\sigma_k^2 = \overline{I_k^2} - \bar{I}_k^2$；$|w_k|$ 是局部窗口 w_k 中像素的个数；$\bar{p}_k = \dfrac{1}{|w|} \sum\limits_{i \in w_k} p_i$ 是图像 p 在局部窗口 w_k 中的像素均值。

将上述线性模型应用到整幅图像中滤波时，每一个像素被包含在多个局部窗口中，而当局部窗口相互重叠时，同一像素在不同局部窗口会得到不同的输出值，这时可对所有窗口输出的 q_i 值取平均，得到最终的滤波结果：

$$q_i = \frac{1}{|w|} \sum_{k|i \in w_k} (a_k I_i + b_k) = \bar{a}_i I_i + \bar{b}_i \tag{4-39}$$

式中，$\bar{a}_i = \dfrac{1}{|w|} \sum\limits_{k|i \in w_k} a_k$，$\bar{b}_i = \dfrac{1}{|w|} \sum\limits_{k|i \in w_k} b_k$，建立了每个像素从 I_i 到 q_i 的映射。需要注意的是，取

平均后，由于 q_i 值还受到局部窗口中其他像素的影响，∇q 不再与 ∇I 成正比，只是近似有 $\nabla q \approx a\nabla I$。

2. 导向滤波分析

当导向图 I 和输入图像 p 是同一幅图像时，该模型成为一个边界保持滤波器，式(4-37) 和式(4-38)可简化为

$$a_k = \frac{\sigma_k^2}{\sigma_k^2 + \varepsilon} \tag{4-40}$$

$$b_k = (1 - a_k)\bar{p}_k \tag{4-41}$$

在光滑区域，灰度值变化较小，方差 σ_k^2 接近零，远小于 ε，从而 $a_k \approx 0$，$b_k \approx \bar{p}_k$，相当于对该区域做均值滤波。在边界处，灰度值变化较大，方差 σ_k^2 远大于 ε，从而 $a_k \approx 1$，$b_k \approx 0$，相当于在区域保持原有梯度。

图 4-25 是对一幅苹果叶片黄花病害图像添加高斯噪声后，采用三种方法滤波的结果。可以看出，邻域平滑造成了边界模糊，而双边滤波和导向滤波则取得了更好的滤波效果。

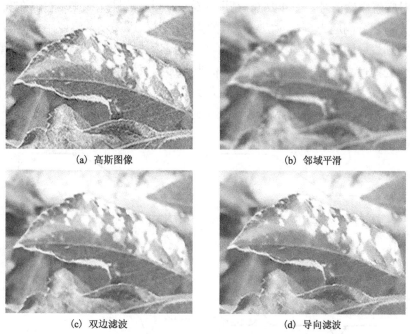

(a) 高斯图像　　　　　　　　　　　　(b) 邻域平滑

(c) 双边滤波　　　　　　　　　　　　(d) 导向滤波

图 4-25　苹果叶片黄花病害图像现代滤波方法结果比较

4.6　图　像　锐　化

图像平滑在空域中通过邻域中的像素加权平均来实现，由于平均运算类似于积分，因此，其在去除噪声的同时，有可能会造成图像边界的模糊。图像锐化的作用是在保留原始图像基本信息的情况下，突出图像的边界信息，主要通过提取图像的边界信息，并与原始图像进行融合实现。图像的边界信息可用梯度反映，具体内容参见 3.4 节。

4.6.1 钝化掩模和高提升滤波

钝化掩模(Unsharp Masking)和高提升滤波在印刷和出版业中经常用到,它主要由三个步骤组成。

(1)得到原始图像 $f(x, y)$ 的模糊图像 $f_{smooth}(x, y)$。

(2)从原始图像减去模糊后的图像,得到钝化掩模 $f_{mask}(x, y)$:

$$f_{mask}(x, y) = f(x, y) - f_{smooth}(x, y) \qquad (4\text{-}42)$$

(3)将原始图像与锐化掩模按一定权重相加,得到图像钝化滤波结果:

$$g(x, y) = f(x, y) + kf_{mask}(x, y) \qquad (4\text{-}43)$$

钝化掩模 $f_{mask}(x, y)$ 保留了图像的高频分量,可看作是图像的高通滤波。式(4-43)中,k 为大于零的参数,表示锐化掩模的权重。当 $k<1$ 时,减少钝化掩模的贡献,当 $k > 1$ 时,突出钝化掩模在图像中的效果,称为高提升滤波。

图 4-26 以一个一维信号为例说明钝化掩模和高提升滤波原理。图 4-26(a)是一个斜坡形一维信号,灰度值从小(暗色)逐渐增大(亮色),图 4-26(b)是对图 4-26(a)进行邻域平均后的结果,虚线对应着原始信号。图 4-26(c)是用式(4-42)得到的钝化掩模,它仅在灰度值变化部分有响应,光滑部分响应为零,对应着信号的高频部分。进一步,将原始信号与钝化掩模按比例相加,得到最终的高提升滤波结果(图 4-26(d))。可以看出,结果中强调了图 4-26(a)中的灰度值变化处的信息。但是,掩模中的负值也会加到原始信号中。因此,当原始信号有零值或选择的 k 值偏大时,会使模板的负峰值大于原始信号中的最小值,这会导致锐化结果中存在负灰度值,负灰度值使得边界出现暗晕,视觉效果下降。

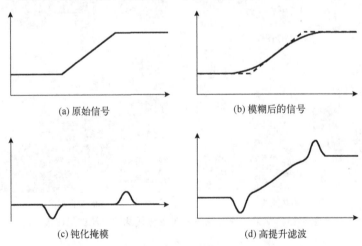

(a) 原始信号　　　　　　　　　　(b) 模糊后的信号

(c) 钝化掩模　　　　　　　　　　(d) 高提升滤波

图 4-26　一维信号的钝化掩模和高提升滤波示例

图 4-27 是一幅奶山羊图像采用钝化掩模和高提升滤波的锐化结果。首先,对图 4-27(a)进行模糊,保留低频,抑制高频,得到图 4-27(b)。接着,利用式(4-42)得到图像的掩模,即获取奶山羊图像的高频成分。最后,利用式(4-43),将原始图像与高频成分相加,进一步突出奶山羊图像的边界信息,得到图像锐化结果。图 4-27(c)和图 4-27(d)是 k 值分别为 0.5 和 1.5 的锐化结果,可以看出,k 值越大,对边界信息的突出效果越明显。

（a）原始图像 （b）模糊图像

（c）锐化结果($k = 0.5$) （d）锐化结果($k = 1.5$)

图 4-27 一幅奶山羊图像采用钝化掩模和高提升滤波的锐化结果

4.6.2 拉普拉斯图像锐化法

拉普拉斯算子作为一个各向同性的算子，通常用于提取边界信息。3.4 节给出标准的拉普拉斯算子是中心点与其 4 邻域像素的运算结果，如果中心点与其 8 邻域像素进行运算，也可得到相应的扩散拉普拉斯算子。同时，因为拉普拉斯算子是二阶导数，其对噪声比较敏感，所以，将拉普拉斯算子进一步修改，可得到具有滤波效果的拉普拉斯算子，即在滤除噪声的同时，增强图像的边界信息。拉普拉斯算子及其扩展算子见图 4-28。

（a）拉普拉斯算子 （b）扩展算子 1 （c）扩展算子 2

图 4-28 拉普拉斯算子及其扩展算子

拉普拉斯算子会突出图像的边界信息，因此，将拉普拉斯结果与原始图像相加，可在保持原始图像的基础上，达到图像锐化效果。因此，拉普拉斯图像锐化的基本公式为

$$g(x,y) = af(x,y) + c[\nabla^2 f(x,y)] \tag{4-44}$$

式(4-44)也可写成模板卷积的形式，模板定义为

$$\begin{bmatrix} 0 & -c & 0 \\ -c & a+4c & -c \\ 0 & -c & 0 \end{bmatrix} \tag{4-45}$$

式中，a 是原始图像的权重；系数 c 与拉普拉斯算子模板中心的系数正负有关。如果该模板

中心系数为正，则 $c>0$，如果系数为负，则 $c<0$。该过程可理解为：如果模板系数为正，对于亮边界，二阶导数通常为正，$c>0$，进一步锐化边界，对于暗边界，二阶导数通常为负，$c>0$，也可降低灰度值，锐化边界；如果拉普拉斯算子模板中心系数为负，系数 c 也为负，也能达到进一步增强边界的效果。

　　图 4-29 是对另一幅奶山羊图像（图 4-29(a)）采用拉普拉斯算子的锐化结果，通过拉普拉斯算子（图 4-28(a)）（$a=1$，$c=1$）提取边界信息（图 4-29(b)），然后与原始图像求和，得到图像锐化结果（图 4-29(c)）。图 4-29(d) 是对图 4-29(a) 先进行高斯平滑，再用拉普拉斯算子进行锐化的结果，可以看出，图 4-29(c) 锐化后噪声较多（如右耳处），而图 4-29(d) 对噪声进行了一定的抑制，同时突出了边界。

(a) 原始图像

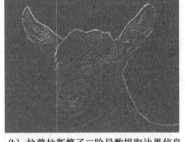
(b) 拉普拉斯算子二阶导数提取边界信息

(c) 拉普拉斯图像锐化结果

(d) 基于高斯平滑的拉普拉斯图像锐化结果

图 4-29　拉普拉斯图像锐化结果

4.7　伪彩色增强

　　人眼只能分辨几十种不同深浅的灰度级，但对颜色的分辨能力却很强，可达到上千种。因此，借助一定的图像处理技术将灰值图像变换成彩色图像有助于增强其视觉效果或突出图像中感兴趣的信息。伪彩色增强是将灰值图像的灰度值按照线性或非线性映射函数变换成不同的彩色，从而得到一幅彩色图像的技术。例如，2.3.3 节介绍的热红外图像通常采用伪彩色增强方式显示

　　伪彩色增强的方法主要分为灰度分层、灰度到彩色的变换和频域伪彩色增强三种。另外，从多光谱图像中选取三个波段的图像，也可合成一幅彩色图像。

4.7.1　灰度分层

　　灰值图像可看作一个二维函数，灰度值是因变量，与像素的空间坐标结合，形成一个三

维曲面。如果用一个平行于图像坐标平面的平面切割图像亮度曲面，将后者分成 2 个灰度值区间。对于每个灰度值，根据其在切割灰度值 l_m 之上和之下赋予不同的颜色。通过这种变换，原始的多灰值图像就转变成一幅只有 2 种颜色的图像，如图 4-30(a) 所示。

　　类似地，定义一组等间隔的平行于图像坐标平面的切割平面，其对应灰度值分别为 $l_1, \cdots,$ $l_m, \cdots, l_M$。令 l_0 表示灰度值为 0，l_L 表示灰度值为 255，在 $0<M<L$ 的条件下，M 个平面把灰度值分成 $M+1$ 个区间，可对每个灰度值区间的像素赋予一种颜色：

$$f(x,y) = c_m, \qquad f(x,y) \in R_m, \ m = 1, \cdots, M \qquad (4\text{-}46)$$

式中，R_m 为利用切割平面所定义的灰度值区间 $[l_{m-1}, l_m]$；c_m 为给该区间赋予的颜色。图 4-30(b) 显示了这种灰度值到颜色的阶梯映射关系。将灰度值从小到大等间隔分成若干个区间，每个区间赋予不同的颜色，得到其伪彩色增强结果。

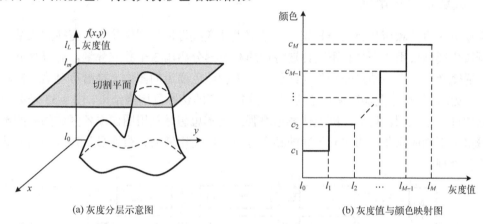

(a) 灰度分层示意图　　　　　　　　　　　　　　　　(b) 灰度值与颜色映射图

图 4-30　灰度分层伪彩色增强示意图

4.7.2　灰度到彩色的变换

　　通常采用三个独立的变换函数将灰度值变换为三个值，分别得到红色、绿色和蓝色分量，然后将其输入到彩色显示器的红色、绿色和蓝色通道中，生成一幅彩色图像，图像的颜色由变换函数的性质调控。图 4-31 是三个变换函数曲线，利用其可得到伪彩色图像的红色、绿色和蓝色通道。红色变换函数是一个非线性单调递减函数，绿色变换函数为线性恒等变换函数，即将灰度值作为绿色分量，而蓝色变换函数为非线性单调递增函数。从变换函数曲线可以看出低灰度值部分对应的变换后伪色彩中的红色分量占比更大，高灰度值部分对应的绿色和蓝色分量占比更大，根据 RGB 颜色模型，其合成的颜色呈青色，而中间灰度值部分变换后的三通道颜色值差别较小。

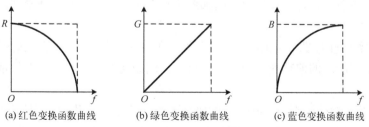

(a) 红色变换函数曲线　　　　　(b) 绿色变换函数曲线　　　　　(c) 蓝色变换函数曲线

图 4-31　伪彩色变换函数举例

在彩色显示器中，将红色、绿色和蓝色变换的结果作为 R、G 和 B 三原色信号的不同激励，通过红色、绿色、蓝色三原色滤光片膜，合成一幅彩色图像。图 4-32 是伪彩色图像生成过程示意图。

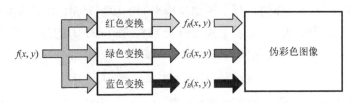

图 4-32　伪彩色图像生成过程示意图

4.7.3　频域伪彩色增强

根据第 3 章的频域变换部分知识，通过傅里叶变换可以将图像从空域变换到频域。对图像的频域变换结果用 3 个具有不同传递特性的滤波器分离出 3 个独立分量，对每个分量进行傅里叶逆变换，将变换结果分别作为红色、绿色和蓝色通道的图像，接着可对这三幅图像进行进一步处理(如直方图均衡化)，然后组合得到相应的伪彩色增强结果。图 4-33 是频域伪彩色增强的过程示意图。可见，频域伪彩色增强的基本思想是利用图像中各区域频率的不同为各区域赋予不同的颜色，为得到不同的频率分量，可使用低通、带通(或带阻)和高通滤波器分别进行处理。

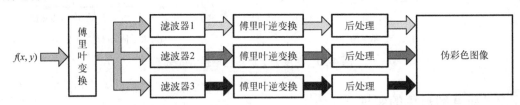

图 4-33　频域伪彩色增强的过程示意图

习　　题

1. 阴天时，拍摄的图像的灰度值总体偏低，试对一幅偏暗农田图像进行灰度变换，增强视觉效果。

2. 在图像采集过程中，通常需对获取的图像进行非线性变换校正，试论述图像校正的原因。

3. 如题 3 图所示，奶牛和奶山羊面部图像具有不同的颜色和纹理模式，试计算二者颜色直方图。

4. 灰度变换和直方图均衡化都可以改善图像的视觉效果，二者有什么区别？

5. 对题 5 图所示的偏暗花朵图像进行直方图均衡化增强，绘制出变换前后的直方图及其均衡化结果。

6. 题 6 图为一幅分辨率为 180×150 的斑马图像，试分别采用最近邻插值方法和双线性插值方法将其插值为 360×300 的分辨率的图像，并对两种插值方法的插值结果进行比较和分析。

(a) 奶牛　　　　　　　　　　　　　　(b) 奶山羊

题 3 图　奶牛和奶山羊面部图像

题 5 图　偏暗花朵图像　　　　　　　题 6 图　斑马图像

7．简要介绍超分辨率重建的基本概念、主要方法及其在实际中的应用。

8．简述图像中常见的噪声类型。

9．简述图像中椒盐噪声产生原因及针对其应采取的滤波方法。

10．写出模板卷积的基本过程。如果卷积核尺寸为 5×5，对图像四周的点如何做卷积？

11．对题 11 图所示的圣女果图像添加高斯噪声和椒盐噪声，计算采用 3×3 模板的邻域平滑和中值滤波后的结果，并进行简单的比较和分析。

12．简述自适应滤波的特点，并对如题 12 图所示的存在噪声的一幅叶片图像分别采用传统的邻域平滑和双边滤波，计算滤波结果并进行简单分析。

题 11 图　圣女果图像　　　　　　　题 12 图　含有噪声的叶片图像

13．采用高斯平滑和导向滤波两种方法对图像进行滤波，请简述哪一种方法可以更好地保护图像的边界信息。

14．简述平滑滤波和图像锐化的主要区别。

15．锐化滤波的特点是什么？对如题 15 图所示的苹果图像进行锐化滤波，并比较其与导向滤波结果的区别。

16．题 16 图是一幅冬小麦的冠层无人机热红外遥感图像，反映了冬小麦冠层的温度信息。查询文献，选择合适的映射方式将其变换成伪彩色增强方式显示。

　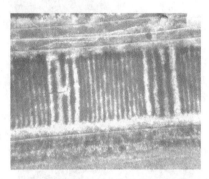

　　题 15 图　苹果图像　　　　　题 16 图　冬小麦冠层无人机热红外遥感图像

第 5 章　图像的频域处理

频域变换使图像在更合适的域中直观表达，为图像处理提供了另一种方案。空域和频域存在一一映射关系，在图像的频域处理中，首先将图像从空域变换到频域，然后在频域进行各种处理，再将所得到的结果从频域变换到空域。频域处理在果品品质检测、粮食害虫检测、作物长势检测等农业领域得到了广泛的应用。本章主要内容包括一维和二维傅里叶变换、离散余弦变换和小波变换及其在图像处理中的应用。

5.1　一维傅里叶变换

傅里叶变换由法国数学家约瑟夫·傅里叶 (Joseph Fourier) 提出。3.5 节讲述了任何周期函数都可以表示为不同频率的正弦函数或余弦函数加权和，该和称为傅里叶级数。该思想奠定了频域变换的理论基础，即任意波形都可以用单纯的正弦波和余弦波的加权和来表示。例如，图 5-1 (a) 表示的波形可分解为图 5-1 (b)～图 5-1 (e) 所示的不同幅值和不同频率的正弦波的加权和。

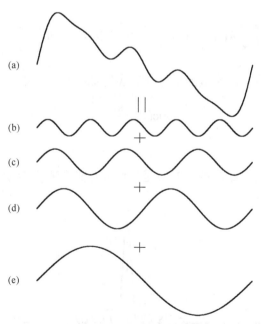

图 5-1　任意波形可分解为正弦波的加权和

用傅里叶级数或者变换函数完全可以重建 (复原) 原始信号，不丢失任何信息。傅里叶变换是一种常用的正交变换，其理论完善，在图像处理和分析中起着非常重要的作用。

5.1.1 连续函数的傅里叶变换

连续变量 t 的连续函数 $f(t)$ 满足狄利克雷条件：

(1) 具有有限个间断点；

(2) 具有有限个极值点；

(3) 绝对可积。

则其傅里叶变换及其逆变换一定存在，$f(t)$ 的傅里叶变换及其逆变换定义为

$$\mathcal{F}[f(t)] = F(\omega) = \int_{-\infty}^{+\infty} f(t) \mathrm{e}^{-\mathrm{j}\omega t} \mathrm{d}t \qquad (5\text{-}1)$$

$$\mathcal{F}^{-1}[F(\omega)] = f(t) = \int_{-\infty}^{+\infty} F(\omega) \mathrm{e}^{\mathrm{j}\omega t} \mathrm{d}\omega \qquad (5\text{-}2)$$

式中，j 为虚数单位；ω 为频域变量。

由式 (5-1) 及欧拉公式 (3.5 节) 可以看出，傅里叶变换是 $f(t)$ 乘以正弦函数和余弦函数的展开式，其中正/余弦函数的频率由 ω 值决定。对时域变量 t 求积分后，仅留下频域变量 ω。

以一个常见的门函数为例，计算其傅里叶变换，门函数 $R(t)$ 定义如下：

$$R(t) = \begin{cases} A, & -\dfrac{\tau_0}{2} \leqslant t \leqslant \dfrac{\tau_0}{2} \\ 0, & \text{其他} \end{cases}$$

由式 (5-1) 可得出

$$F(\omega) = \int_{-\infty}^{+\infty} R(t) \mathrm{e}^{-\mathrm{j}\omega t} \mathrm{d}t = \int_{-\frac{\tau_0}{2}}^{\frac{\tau_0}{2}} A \mathrm{e}^{-\mathrm{j}\omega t} \mathrm{d}t = A\tau_0 \sin\left(\dfrac{\omega\tau_0}{2}\right) \bigg/ \dfrac{\omega\tau_0}{2}$$

从上式结果可以看出，门函数的傅里叶变换是 sinc 函数，即

$$\mathrm{sinc}(x) = \dfrac{\sin x}{x} \qquad (5\text{-}3)$$

式中，定义 $\mathrm{sinc}(0) = 1$。

图 5-2 (a) 是门函数的曲线，图 5-2 (b) 是其傅里叶变换函数 $F(\omega)$ 的曲线。由傅里叶变换

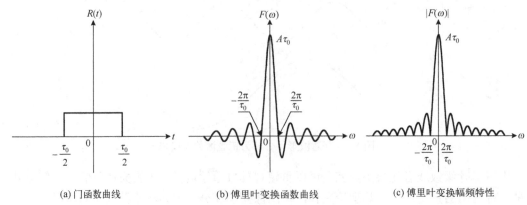

(a) 门函数曲线 (b) 傅里叶变换函数曲线 (c) 傅里叶变换幅频特性

图 5-2 门函数的傅里叶变换

定义式(5-1)可以看出，一般实函数的傅里叶变换函数为复数函数，通常用变换的幅值与频率之间的函数关系进行表示，称为傅里叶变换频谱函数。对于门函数，其频谱函数为

$$|F(\omega)| = A\tau_0 \left| \sin\left(\frac{\omega\tau_0}{2}\right) \middle/ \frac{\omega\tau_0}{2} \right| \tag{5-4}$$

图 5-2(c)展示了$|F(\omega)|$随频率ω的变化关系，可以看出，$|F(\omega)|$的零点与门宽τ_0成反比，并且零点间距相等，而幅值呈瓣状，最中间的瓣状称为主瓣，其他称为旁瓣，旁瓣离原点距离越远，旁瓣幅值越小，并且旁瓣向ω两侧无限延伸。

5.1.2　离散傅里叶变换

在信号处理中，计算机处理的是数字信号，因此需要将连续信号$f(t)$数字化为$f(n)$，即先对原始信号进行采样得到离散信号(图 5-3(b))，再对离散信号做量化处理(图 5-3(c))。在采样过程中，需满足奈奎斯特(Nyquist)采样定理，此种情况下可从离散信号$f(n)$恢复出连续信号$f(t)$。对离散信号$f(n)$做傅里叶变换称为离散傅里叶变换(DFT)。

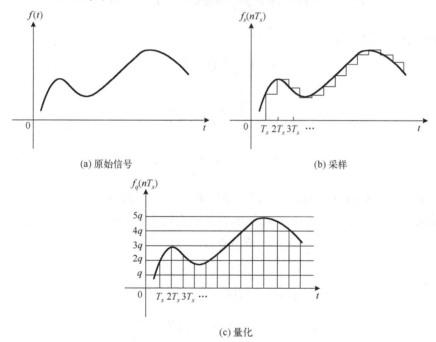

(a) 原始信号　　　　　　　　　　　　(b) 采样

(c) 量化

图 5-3　模拟信号数字化示意图

设$\{f(0), f(1), \cdots, f(N-1)\}$为$f(t)$的$N$个采样点，其$N$点离散傅里叶变换对为

$$\mathscr{T}[f(n)] = F(u) = \sum_{n=0}^{N-1} f(n)W_N^{un}, \quad u = 0,1,\cdots,N-1 \tag{5-5}$$

$$\mathscr{T}^{-1}[F(u)] = f(n) = \frac{1}{N}\sum_{m=0}^{N-1} F(u)W_N^{-un}, \quad n = 0,1,\cdots,N-1 \tag{5-6}$$

式中，$W_N = \mathrm{e}^{-j\frac{2\pi}{N}}$。

从式(5-5)和式(5-6)可以看出，离散序列的傅里叶变换也是一个离散序列，而且对于一般的实离散序列，其傅里叶变换一般是复数序列。按照复数的表达方式，可将傅里叶变换表示为如下形式：

$$F(u) = \text{Re}(u) + j\text{Im}(u) \tag{5-7}$$

式中，$\text{Re}(u)$ 和 $\text{Im}(u)$ 分别表示 $F(u)$ 的实部和虚部。

由欧拉公式可知，式(5-5)亦可表示为

$$F(u) = \sum_{n=0}^{N-1} f(n)\cos\left(\frac{2\pi}{N}un\right) - j\sum_{n=0}^{N-1} f(n)\sin\left(\frac{2\pi}{N}un\right) \tag{5-8}$$

显然，若 $f(n)$ 为一实序列，则有

$$\text{Re}(u) = \sum_{n=0}^{N-1} f(n)\cos\left(\frac{2\pi}{N}un\right) \tag{5-9}$$

$$\text{Im}(u) = -\sum_{n=0}^{N-1} f(n)\sin\left(\frac{2\pi}{N}un\right) \tag{5-10}$$

将 $F(u)$ 表示为指数形式：

$$F(u) = |F(u)| e^{j\varphi(u)} \tag{5-11}$$

式中，

$$|F(u)| = \sqrt{\text{Re}^2(u) + \text{Im}^2(u)} \tag{5-12}$$

$$\varphi(u) = \arctan\frac{\text{Im}(u)}{\text{Re}(u)} \tag{5-13}$$

通常，称 $|F(u)|$ 为 $f(n)$ 的频谱或傅里叶幅值谱，$\varphi(u)$ 为 $f(n)$ 的相位谱。

对于有限长序列，由式(5-5)可知，离散傅里叶变换还可以改写为矩阵形式：

$$\boldsymbol{F} = \boldsymbol{D}_N \boldsymbol{f} \tag{5-14}$$

其中，

$$\boldsymbol{F} = [F(0) \quad F(1) \quad \cdots \quad F(N-1)]^{\text{T}} \tag{5-15}$$

$$\boldsymbol{f} = [f(0) \quad f(1) \quad \cdots \quad f(N-1)]^{\text{T}} \tag{5-16}$$

$\boldsymbol{D}_N$ 为离散傅里叶变换矩阵，其形式为

$$\boldsymbol{D}_N = \begin{bmatrix} 1 & 1 & 1 & \cdots & 1 \\ 1 & W_N^1 & W_N^2 & \cdots & W_N^{N-1} \\ 1 & W_N^2 & W_N^4 & \cdots & W_N^{2(N-1)} \\ \vdots & \vdots & \vdots & & \vdots \\ 1 & W_N^{N-1} & W_N^{2(N-1)} & \cdots & W_N^{(N-1)(N-1)} \end{bmatrix} \tag{5-17}$$

类似地，其逆变换也可写为矩阵形式：

$$\boldsymbol{f} = \boldsymbol{D}_N^{-1} \boldsymbol{F} \tag{5-18}$$

容易证明：

$$\boldsymbol{D}_N^{-1} = \frac{1}{N} \boldsymbol{D}_N^*$$ (5-19)

式中，$\boldsymbol{D}_N^*$ 表示 $\boldsymbol{D}_N$ 的共轭矩阵。

图 5-4(a)是一个安装在设施蔬菜大棚内的温度传感器在某一天按采样间隔 2h 获取的温度采样值 t = [12.8, 12.9, 12.8, 12.8, 12.7, 11.1, 15.7, 17.4, 14.6, 12.5, 12.8, 12.5]，时间范围为 [00:00~23:00]，序列长度为 N = 12。可以看出，凌晨的温度采样值较低，波动较小，10:00 的温度采样值最低，随后温度采样值迅速上升，在 14:00 达到最高，然后迅速下降，在 18:00 温度采样值逐渐平稳，计算该温度采样值的离散傅里叶变换。

根据式(5-5)，$t(n)$ 的傅里叶变换公式为

$$F(u) = \sum_{n=0}^{11} t(n) W_{12}^{un} = \sum_{n=0}^{11} t(n) \left(\cos \frac{2\pi un}{N} - \mathrm{j} \sin \frac{2\pi un}{N} \right), \quad u = 0, 1, \cdots, 11$$

为了便于观察，将温度采样值序列减去一个基准值 $t(n) = t(n) - 8$，再进行傅里叶变换。图 5-4(b)是 $t(n)$ 的离散傅里叶变换频谱幅值。在实际应用中，研究人员可采样更多的温度，结合频谱幅值，对一天的温度变化规律进行分析。

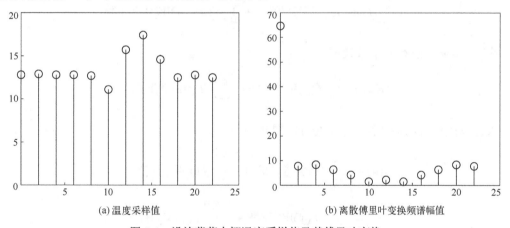

(a) 温度采样值　　　　　　　　　　　　(b) 离散傅里叶变换频谱幅值

图 5-4　设施蔬菜大棚温度采样值及其傅里叶变换

5.1.3　一维离散傅里叶变换的性质

根据一维离散傅里叶变换的定义式，可以很容易得到其如下性质。

1. 周期性

在离散傅里叶变换中，采样的离散信号呈现周期性，周期为样本点总数 N，即

$$f(n) = f(n \pm kN)$$ (5-20)

由式(5-5)可知，其傅里叶变换同样具有周期性：

$$F(u) = F(u \pm kN)$$ (5-21)

式中，k 为整数。

2. 线性性质

$$af_1(n) + bf_2(n) \xleftrightarrow{\text{DFT}} aF_1(u) + bF_2(u) \qquad (5\text{-}22)$$

证明：令 $F_1(u)$ 和 $F_2(u)$ 分别为 $f_1(n)$ 和 $f_2(n)$ 的傅里叶变换，则

$$F(u) = \sum_{u=0}^{N-1}(af_1(n) + bf_2(n))W_N^{un} = \sum_{u=0}^{N-1}af_1(n)W_N^{un} + \sum_{u=0}^{N-1}bf_2(n)W_N^{un}$$
$$= aF_1(u) + bF_2(u)$$

3. 时移性质

$$f(n - n_0) \xleftrightarrow{\text{DFT}} W_N^{un_0}F(u) \qquad (5\text{-}23)$$

证明：设 $f(n\text{–}n_0)$ 的傅里叶变换为 $G(u)$，则

$$G(u) = \sum_{n=0}^{N-1}f(n-n_0)W_N^{un} = \sum_{n=0}^{n_0-1}f(n-n_0)W_N^{un} + \sum_{n=n_0}^{N-1}f(n-n_0)W_N^{un}$$
$$= \sum_{n=0}^{n_0-1}f(n-n_0)W_N^{u(n-n_0)}W_N^{un_0} + \sum_{n=n_0}^{N-1}f(n-n_0)W_N^{u(n-n_0)}W_N^{un_0}$$

令 $y = n\text{–}n_0$，进行变量替换得

$$G(u) = \sum_{y=-n_0}^{-1}f(y)W_N^{uy}W_N^{un_0} + \sum_{y=0}^{N-n_0-1}f(y)W_N^{uy}W_N^{un_0}$$

根据离散信号的周期性(式(5-20))，得到

$$G(u) = \sum_{y=-n_0}^{-1}f(y)W_N^{uy}W_N^{un_0} + \sum_{y=0}^{N-n_0-1}f(y)W_N^{uy}W_N^{un_0}$$
$$= \sum_{y=N-n_0}^{N-1}f(y)W_N^{uy}W_N^{un_0} + \sum_{y=0}^{N-n_0-1}f(y)W_N^{uy}W_N^{un_0}$$
$$= \sum_{y=0}^{N-1}f(y)W_N^{uy}W_N^{un_0} = F(u)W_N^{un_0}$$

4. 频移性质

$$W_N^{-u_0 n}f(n) \xleftrightarrow{\text{DFT}} F(u - u_0) \qquad (5\text{-}24)$$

频移性质的证明可参考时移性质。

5. 共轭对称性

$$F(-u) = F^*(u) \qquad (5\text{-}25)$$

5.2　二维傅里叶变换

将单变量的一维傅里叶变换扩展为二变量的傅里叶变换即为二维傅里叶变换，由于图像可以看成平面上横纵两个方向上变量的函数，因此二维傅里叶变换在图像处理与分析中具有十分重要的作用。

5.2.1　连续二维函数的傅里叶变换

一维傅里叶变换可以很容易地推广到二维。若函数满足狄利克雷条件，则连续图像 $f(x,y)$ 的二维傅里叶变换对可定义为

$$\mathfrak{I}[f(x,y)]=F(u,v)=\int_{-\infty}^{+\infty}\int_{-\infty}^{+\infty}f(x,y)\mathrm{e}^{-\mathrm{j}(xu+yv)}\mathrm{d}x\mathrm{d}y \tag{5-26}$$

$$\mathfrak{I}^{-1}[F(u,v)]=f(x,y)=\int_{-\infty}^{+\infty}\int_{-\infty}^{+\infty}F(u,v)\mathrm{e}^{\mathrm{j}(xu+yv)}\mathrm{d}u\mathrm{d}v \tag{5-27}$$

式中，x 和 y 为时域连续变量；u 和 v 为频域连续变量。

5.2.2　二维离散函数的傅里叶变换

数字图像可以表达为二维离散函数，将一维离散傅里叶变换推广到二维，则二维离散傅里叶变换对定义为

$$\mathfrak{I}[f(x,y)]=F(u,v)=\sum_{x=0}^{M-1}\sum_{y=0}^{N-1}f(x,y)\mathrm{e}^{-\mathrm{j}2\pi\left(\frac{ux}{M}+\frac{vy}{N}\right)} \tag{5-28}$$

$$\mathfrak{I}^{-1}[F(u,v)]=f(x,y)=\frac{1}{MN}\sum_{x=0}^{M-1}\sum_{y=0}^{N-1}F(u,v)\mathrm{e}^{\mathrm{j}2\pi\left(\frac{ux}{M}+\frac{vy}{N}\right)} \tag{5-29}$$

式中，$x,u=0,1,\cdots,M-1$；$y,v=0,1,\cdots,N-1$。x 和 y 为时域离散变量，u 和 v 为频域离散变量。

根据式 (5-28) 进行二维离散傅里叶变换的结果是一个二维复数离散谱函数，其二维谱具有同样的空间分辨率。但是，谱的实部和虚部的数值通常比此范围要大很多，可能达到上百万。这使得数字图像的谱难以显示，需要很多位来存储。

如果将二维离散函数的傅里叶变换表示为实部 $\mathrm{Re}(u,v)$ 和虚部 $\mathrm{Im}(u,v)$，则 $f(x,y)$ 的幅频特性函数和相频特性函数分别为

$$\left|F(u,v)\right|=\sqrt{\mathrm{Re}^2(u,v)+\mathrm{Im}^2(u,v)} \tag{5-30}$$

$$\varphi(u,v)=\arctan\frac{\mathrm{Im}(u,v)}{\mathrm{Re}(u,v)} \tag{5-31}$$

5.2.3　二维离散傅里叶变换性质

根据二维离散傅里叶变换的定义，可以很容易得到其如下性质。同时，二维离散傅里叶变换的性质证明过程可借鉴一维离散傅里叶变换的性质。因此，本节不再进行证明。

1. 线性性质

$$\mathfrak{I}[af_1(x,y)+bf_2(x,y)]=aF_1(u,v)+bF_2(u,v) \tag{5-32}$$

式(5-32)表明，两幅图像和的傅里叶变换等于它们傅里叶变换的和。

如图 5-5 所示，f_1 为一幅草地图像，f_2 为一幅朱鹮图像，$f=f_1+f_2$，图 5-5(d)和图 5-5(e)分别为 f_1 和 f_2 的离散傅里叶变换 F_1 和 F_2，图 5-5(f)为图像 f 的离散傅里叶变换 F。可以看出，由于两幅图像之和的部分像素灰度值超出最大值 255，线性性质并不严格满足，但 $F \approx F_1 + F_2$。

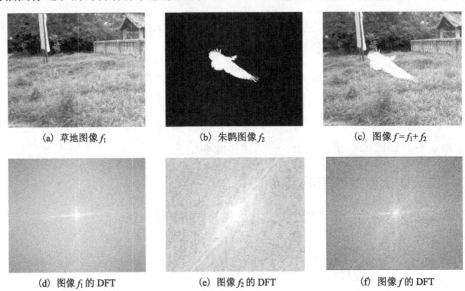

| (a) 草地图像 f_1 | (b) 朱鹮图像 f_2 | (c) 图像 $f=f_1+f_2$ |
| (d) 图像 f_1 的 DFT | (e) 图像 f_2 的 DFT | (f) 图像 f 的 DFT |

图 5-5   二维离散傅里叶变换的线性性质举例

2. 图像域原点平移性质

$$\mathfrak{I}[f(x-a,y-b)]=F(u,v)\mathrm{e}^{-\mathrm{j}2\pi\left(\frac{au}{M}+\frac{bv}{N}\right)} \tag{5-33}$$

式(5-33)表明，将图像进行平移后，其傅里叶变换结果的幅值不变，但相位将会发生改变。若原始信号的相位为 $\varphi(u,v)$，则相位变为 $\varphi(u,v)+2\pi\left(\frac{au}{M}+\frac{bv}{N}\right)$。

3. 空域尺度缩放性质

$$\mathfrak{I}[f(ax,by)]=\frac{1}{ab}F\left(\frac{u}{a},\frac{v}{b}\right) \tag{5-34}$$

式(5-34)表明，将图像信号缩放后，其傅里叶变换的频谱幅值和相位也随之改变。

4. 频移性质

$$\mathfrak{I}\left[f(x,y)\mathrm{e}^{\mathrm{j}2\pi\left(\frac{u_0x}{M}+\frac{v_0y}{N}\right)}\right]=F(u-u_0,v-v_0) \tag{5-35}$$

式 (5-35) 表明，改变时域信号的相位，其对应的傅里叶变换也会发生平移。

在实际应用中，令 $u_0 = \dfrac{M}{2}$，$v_0 = \dfrac{N}{2}$，则频谱函数 $F(u,v)$ 经过平移变换为 $F\left(u - \dfrac{M}{2}, v - \dfrac{N}{2}\right)$，可将频谱原点 (0,0) 放在频谱图的中间。图 5-6 是一幅花朵图像及其傅里叶变换频谱图和频谱中心化后的结果，从原始的频谱图 (图 5-6(b)) 可以看出，能量集中 4 个角上。将其划分成 4 个区间，根据谱的平移特性，象限位置对角互换，使低频位于图像的中间，得到频谱中心化后的结果。

(a) 花朵图像　　　　　(b) 傅里叶变换频谱图　　　　　(c) 频谱中心化后的结果

图 5-6　图像的傅里叶变换频谱中心化举例

频移性质在滤波中也有重要应用，例如，需要提取图像中的低频信息时，可以先将谱函数 $F(u,v)$ 经过平移变换为 $F\left(u - \dfrac{M}{2}, v - \dfrac{N}{2}\right)$，接着直接取平移后谱函数的信息，去除其他区域的信息，然后将四个象限对角互换，再做傅里叶逆变换，即可得到原始图像低频滤波后的信息。

对于数字图像平移后的频谱，低频成分将集中在频谱中心，而高频成分分散在图像频谱的边界。也就是说，低频成分代表了图像的概貌，即原始图像缓慢变化的部分，而高频成分代表了图像中的细节，即图像的边界等，如不同目标之间的分界线。

5. 旋转性质

将图像 $f(x,y)$ 及其傅里叶变换改写为极坐标形式后分别表示为 $f(r,\theta)$ 和 $F(\omega,\varphi)$，若旋转 θ_0 后的图像为 $f(r,\theta + \theta_0)$，则旋转后图像的傅里叶变换为 $F(\omega,\varphi + \theta_0)$。

图 5-7(a) 为给定的原始图像，其频谱中心化后傅里叶变换频谱图为图 5-7(b)。将原始图像旋转 45° 得到图 5-7(c)，其对应的傅里叶变换频谱图为图 5-7(d)。可以看出，频谱图旋转的角度和图像旋转的角度是相同的。

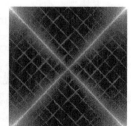

(a) 原始图像　　(b) 图 (a) 的傅里叶变换频谱图　　(c) 将图 (a) 旋转 45°　　(d) 图 (c) 的傅里叶变换频谱图

图 5-7　傅里叶变换旋转性质示例

6. 周期性

$$F(u,v) = F(u+kM,v) = F(u,v+lN) = F(u+kM,v+lN) \tag{5-36}$$

7. 共轭对称性

当 $f(x,y)$ 是实值时，有

$$F(-u,-v) = F^*(u,v) \tag{5-37}$$

8. 卷积定理

$$\Im[f(x,y)*h(x,y)] = F(u,v)H(u,v) \tag{5-38}$$

$$\Im^{-1}[F(u,v)*H(u,v)] = f(x,y)h(x,y) \tag{5-39}$$

式中，"*"表示卷积，卷积定理表明，信号在空域的卷积等于其在频域的乘积，信号在频域的卷积等于其在空域的乘积。

9. 可分离性

$$F(u,v) = \Im_x\{\Im_y[f(x,y)]\} = \Im_y\{\Im_x[f(x,y)]\} \tag{5-40}$$

$$f(x,y) = \Im_u^{-1}\{\Im_v^{-1}[F(u,v)]\} = \Im_v^{-1}\{\Im_u^{-1}[F(u,v)]\} \tag{5-41}$$

由可分离性可知，一个二维离散傅里叶变换可分解为两步进行，其中每一步都是一个一维离散傅里叶变换。也就是说，可先对 $f(x,y)$ 按行进行一维离散傅里叶变换得到 $F(x,v)$，再对 $F(x,v)$ 按列进行一维离散傅里叶变换，便可得到 $f(x,y)$ 的二维离散傅里叶变换结果 $F(u,v)$，也可对 $f(x,y)$ 按先列后行的顺序进行一维离散傅里叶变换。图 5-8 演示了一幅 4×4 的数字图像的二维离散傅里叶变换，可以看出，经过两次一维离散傅里叶变换后，得到数字图像的二维离散傅里叶变换结果。

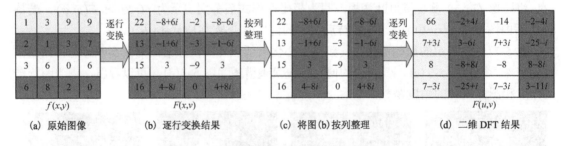

图 5-8　二维离散傅里叶变换可分离性举例

在用硬件电路实现二维离散傅里叶变换时，利用其可分离性，可通过一维离散傅里叶变换的软硬件实现。

5.3　傅里叶变换在图像处理中的应用

图 5-9 是一块呈棋盘形的农田图像，图像在水平和垂直方向呈现周期性变化，由其傅里

叶变换谱频图可以看出，其在水平和垂直方向的幅值响应较大。也就是说，从图像的傅里叶变换频谱图也可以分析出图像的边界细节(对应于高频成分)等信息，如果对频域进行处理、修饰，再通过傅里叶逆变换，也可达到对原始图像进行处理和分析的目的。

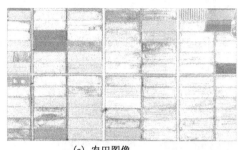 

(a) 农田图像　　　　　　　　　　　　　　　(b) 傅里叶变换频谱图

图 5-9　农田图像的傅里叶变换举例

在频域中，可以通过对图像信号的各个频率成分的信号进行处理，从而达到图像处理的目的。最常见的图像增强方法包括噪声抑制、边界增强和去噪，均可在频域完成，一般称为频域滤波。本节主要阐述频域中图像处理的基本方法和技术。

5.3.1　频域图像处理步骤

频域图像处理主要包含五个步骤：

(1)根据傅里叶变换公式，将图像从空域 $f(x,y)$ 转换到频域 $F(u,v)$。

(2)根据问题，设计滤波器 $H(u,v)$。

(3)在频域对图像进行滤波增强，滤波公式为 $G(u,v)=F(u,v)H(u,v)$。

(4)对滤波结果 $G(u,v)$ 进行傅里叶逆变换，得到逆变换结果 $\hat{f}(x,y)$。

(5)对 $\hat{f}(x,y)$ 做适当的后处理，得到图像增强的结果。

值得注意的是，在计算图像 $f(x,y)$ 的离散傅里叶变换之前，需要对图像 $f(x,y)$ 进行补零填充，填充后图像尺寸为原始图像的长和宽的二倍，原始图像位于填充后图像的左上角区域。接着计算填充零后的图像的离散傅里叶变换，得到 $F(u,v)$ (一般取频谱中心化后的傅里叶变换)；再用滤波器 $H(u,v)$ 乘以 $F(u,v)$，得到处理结果 $G(u,v)$；计算 $G(u,v)$ 的傅里叶逆变换 $\hat{f}(x,y)$，提取左上角与原始图像同样大小的区域，得到最终的滤波结果。

5.3.2　频域滤波

频域滤波的基本思想是过滤掉不想要的频率成分。常见的基本频域滤波器有低通滤波器、高通滤波器、带通滤波器和带阻滤波器。若将上述滤波器按照不同的方式组合在一起，便可形成各种各样的频域滤波器。

1. 低通滤波器

低通滤波是保留图像中的低频成分，去除图像中的高频成分。图像中的噪声和边界对应于频域高频成分，所以通过频域中的低通滤波可以去除或抑制高频噪声的影响，但会使图像边界轮廓模糊。理想的低通滤波器的频域函数为

$$H(u,v) = \begin{cases} 1, & D(u,v) \leq D_0 \\ 0, & D(u,v) > D_0 \end{cases} \tag{5-42}$$

式中，D_0 是正整数，也称为截断频率。

图 5-10 给出了一个奶山羊图像的低通滤波的示例，参数 D_0 设置为 30。图 5-10(a) 为原始图像，图 5-10(b) 为其傅里叶变换频谱图，图 5-10(c) 为选取的低通滤波器，图 5-10(d) 为利用图 5-10(c) 进行傅里叶逆变换后的结果。可以看出，低通滤波器采用较少的频谱系数，能够较好地恢复原始图像。

(a) 原始图像　　　　　　　　　　　(b) 傅里叶变换频谱图

(c) 低通滤波器　　　　　　　　　　(d) 傅里叶逆变换结果

图 5-10　奶山羊图像低通滤波

2. 高通滤波器

高通滤波是保留图像中的高频成分，去除图像中的低频成分。图像中的边界对应于高频成分，所以在图像锐化或者边界提取时，可使用高通滤波器。理想的高通滤波器的频域函数为

$$H(u,v) = \begin{cases} 0, & D(u,v) \leq D_0 \\ 1, & D(u,v) > D_0 \end{cases} \tag{5-43}$$

图 5-11 给出了一个频域高通滤波提取图像边界的示例，参数 D_0 设置为 30。图 5-11(a) 为高通滤波器频谱图，图 5-11(b) 是图 5-11(a) 经过高通滤波后的图像。可以看出，高通滤波后图像整体偏暗，这是因为图像能量主要集中在低频成分，高通滤波器将图像低频成分去除掉，在边界处有着较强的响应。

(a) 高通滤波器   (b) 傅里叶逆变换结果

图 5-11 奶山羊图像高通滤波

3. 带通滤波器

带通滤波是指允许指定范围内的频率成分通过，而抑制其他频率成分。理想的带通滤波器的频域函数为

$$H(u,v) = \begin{cases} 1, & D_1 \leq D(u,v) \leq D_2 \\ 0, & \text{其他} \end{cases} \tag{5-44}$$

式中，D_1 和 D_2 为正整数，也称为截断频率。

4. 带阻滤波器

带阻滤波器抑制指定范围内的频率成分，而允许其他频率成分通过。理想的带阻滤波器的频域函数为

$$H(u,v) = \begin{cases} 0, & D_1 \leq D(u,v) \leq D_2 \\ 1, & \text{其他} \end{cases} \tag{5-45}$$

5. 巴特沃思滤波器

前面的频域滤波器采用截断的方式设计，它们的傅里叶逆变换结果存在明显的振铃现象，且无法用硬件电路实现。巴特沃思滤波器由英国工程师斯蒂芬·巴特沃思提出，它的特点是通频带内的频率响应曲线最大平坦，而在阻频带内频率响应则逐渐下降为零。其易通过硬件电路实现，因而得到了广泛应用。它的低通和高通滤波频域函数分别为

$$H(u,v) = \frac{1}{1 + (D(u,v)/D_0)^{2n}} \tag{5-46}$$

$$H(u,v) = \frac{1}{1 + (D_0/D(u,v))^{2n}} \tag{5-47}$$

图 5-12 是巴特沃思滤波器对一幅花朵图像进行低通滤波的结果，参数 D_0 和 n 分别设置为 30 和 1。可以看出与截断方式的低通滤波器相比，巴特沃思滤波器的滤波效果要更平滑，有效避免了振铃现象。

　　(a) 花朵图像　　　　　(b) 傅里叶变换频谱图　　　　(c) 巴特沃思滤波器　　　　(d) 滤波结果

图 5-12　花朵图像巴特沃思低通滤波

6. 同态滤波器

　　前面讲述的四种滤波器均为线性滤波器，线性滤波器对消除线性叠加方式的加性噪声有效，但噪声和图像也常以非线性的方式结合，如乘性噪声。同态滤波去噪中，先利用非线性对数变换将乘性噪声转化为加性噪声，然后用线性滤波器消除噪声，再用非线性指数变换得到无噪声图像。其流程如图 5-13 所示。

$$f(x,y) \longrightarrow \boxed{\ln} \longrightarrow \boxed{\text{DFT}} \longrightarrow \boxed{\text{频域滤波}} \longrightarrow \boxed{\text{IDFT}} \longrightarrow \boxed{\exp} \longrightarrow \hat{f}(x,y)$$

图 5-13　同态滤波去噪流程

假设无噪声图像为 $f(x,y)$，受到乘性噪声 $n(x,y)$ 的污染后得到含噪声图像 $z(x,y)$，即

$$z(x,y) = f(x,y)n(x,y) \tag{5-48}$$

　　先对式 (5-48) 两边同时取对数，即

$$\ln z(x,y) = \ln f(x,y) + \ln n(x,y) \tag{5-49}$$

　　将式 (5-49) 两边做离散傅里叶变换，得

$$Z(u,v) = F(u,v) + N(u,v) \tag{5-50}$$

式中，$Z(u,v) = \Im[\ln z(x,y)]$；$F(u,v) = \Im[\ln f(x,y)]$；$N(x,y) = \Im[\ln n(x,y)]$。

　　将乘性噪声转化为加性噪声后，对其进行低通滤波，假设低通滤波器的频域函数为 $H(u,v)$，可得到

$$\hat{Z}(u,v) = H(u,v)Z(u,v) = H(u,v)F(u,v) + H(u,v)N(u,v) \tag{5-51}$$

　　对式 (5-51) 两边做逆变换，得

$$\hat{z}(x,y) = \Im^{-1}[\hat{Z}(u,v)] \tag{5-52}$$

再将式 (5-52) 两边取指数，得到去噪后的图像：

$$\hat{f}(x,y) = \exp\{\hat{z}(x,y)\} \tag{5-53}$$

　　图 5-14(a) 为背景存在光照变化的米粒图像，图 5-14(b) 为同态滤波增强后的图像。可以看出，同态滤波增强后，背景均匀性得到改善，图像对比度得到增强。

(a) 米粒图像   (b) 同态滤波

图 5-14   同态滤波增强效果示例

5.4 离散余弦变换

与离散傅里叶变换类似，离散余弦变换也是一种可分离正交变换，其变换核为余弦函数。因为其变换核为实数，它的计算速度比变换核为复数的离散傅里叶变换要快。离散余弦变换除了具有一般正交变换的性质外，其变换矩阵的基向量能很好地描述人类语音信号和图像信号的相关特征。因此，在语音信号和图像信号的变换中，离散余弦变换被认为是一种准最佳变换。

5.4.1 一维离散余弦变换

一维离散余弦变换和其逆变换定义为

$$C(u) = a(u)\sum_{n=0}^{N-1} f(n)\cos\left[\frac{(2n+1)u\pi}{2N}\right], \quad u = 0,1,\cdots,N-1 \tag{5-54}$$

$$f(n) = \sum_{u=0}^{N-1} a(u)C(u)\cos\left[\frac{(2n+1)u\pi}{2N}\right], \quad n = 0,1,\cdots,N-1 \tag{5-55}$$

其中，$a(u)$ 为归一化加权系数，由式 (5-56) 定义：

$$a(u) = \begin{cases} \sqrt{\dfrac{1}{N}}, & u = 0 \\ \sqrt{\dfrac{2}{N}}, & u = 1,2,\cdots,N-1 \end{cases} \tag{5-56}$$

从离散傅里叶变换和离散余弦变换的定义式可以看出，二者在某种程度上有些相似，但也有明显的不同。余弦变换只使用实数部分，离散傅里叶变换需要计算的是复数，而复数运算通常比实数运算更耗时。

5.4.2 二维离散余弦变换

类似于离散傅里叶变换，很容易将一维离散余弦变换推广到二维离散余弦变换。其正变换和逆变换分别定义为

$$C(u,v) = a(u)a(v) \sum_{x=0}^{M-1} \sum_{y=0}^{N-1} f(x,y) \cos\left[\frac{(2x+1)u\pi}{N}\right] \cos\left[\frac{(2y+1)v\pi}{N}\right], \tag{5-57}$$

$$u = 0,1,\cdots,M-1; v = 0,1,\cdots,N-1$$

$$f(x,y) = \sum_{u=0}^{M-1} \sum_{v=0}^{N-1} a(u)a(v)C(u,v) \cos\left[\frac{(2x+1)u\pi}{N}\right] \cos\left[\frac{(2y+1)v\pi}{N}\right], \tag{5-58}$$

$$x = 0,1,\cdots,M-1; y = 0,1,\cdots,N-1$$

根据式(5-58)可知离散余弦变换具有可分离性，即二维离散变换可用两次一维离散余弦变换完成，其算法流程可表示为

$$f(x,y) \xrightarrow{\text{行}} C_x(x,v) \xrightarrow{\text{列}} C(u,v)$$
$$f(x,y) \xrightarrow{\text{列}} C_y(u,y) \xrightarrow{\text{行}} C(u,v) \tag{5-59}$$

由于余弦函数是偶函数，所以 N 点离散余弦变换中隐含了 $2N$ 点的周期性。与隐含 N 点周期性的离散傅里叶变换不同，离散余弦变换可以减少在图像分块边界处的间断，即高频分量，这是它在图像压缩(如 JPEG 标准)中得到应用的重要原因之一。对于离散余弦变换而言，$(0,0)$ 点对应于频谱的低频成分，$(M-1,N-1)$ 点对应于频谱的高频成分；而在离散傅里叶变换中，$(M/2,N/2)$ 点对应于高频成分。

图 5-15(a)是一幅苹果叶片花叶病害的图像，图 5-15(b)是离散余弦变换频谱图，表示离散余弦变换的系数。可以看出，图像经过离散余弦变换后，系数中的能量主要集中在左上角，其余部分系数接近于 0。最左上角的系数代表直流(DC)系数，其幅值最大；离直流分量越远，频率越高，幅值越小，即图像大部分信息集中于直流系数及其附近的低频频谱上。

(a) 苹果叶片花叶病害图像　　　　　　　(b) 离散余弦变换频谱图

图 5-15　二维离散余弦变换示意图

离散余弦变换将原始图像信息块转换成代表不同频率分量的系数集有两个优点：第一，信号常将其能量的大部分集中于频域的一个小范围，这样一来，描述不重要的分量时就可以用较少的比特数来编码；第二，频域分解映射了人类视觉系统的处理过程，并允许后继的量化过程满足其灵敏度的要求。因此，离散余弦变换在图像压缩中具有重要的应用。

图 5-16 展示了离散余弦变换在图像压缩中的应用，可以看出，压缩后的图像仍具有较好的视觉效果。其压缩过程为：首先，将原始图像划分为 8×8 的方块，然后对每一块进行二维离散余弦变换，最后将变换得到的系数进行编码和传送，形成压缩后的图像格式。在接收端，将量化的离散余弦变换的系数解码，并对每个 8×8 的方块进行二维离散余弦逆变换，最后将

操作后的块组合成一幅完整的图像。在图 5-16 的图像压缩示例中，原始图像为 180×240 的矩形块，进行分块余弦变换后，每一块的系数为 64 个，只保留左上角的 10 个系数，其余设置为 0，压缩比高达 6.4。最后通过这 10 个系数对每个小方块进行离散余弦逆变换，重构原始图像，进而实现了图像压缩，并能保持较好的视觉效果。

　　(a) 原始图像　　　　　　　　　　　　(b) 离散余弦变换压缩后的图像

图 5-16　离散余弦变换用于图像压缩

5.5　小　波　变　换

　　小波变换是基于多分辨率理论的信号处理和分析方法的基础。多分辨率理论涉及多个分辨率下的信号(或图像)表示与分析，被认为是继傅里叶分析之后在分析工具及方法上的重大突破。傅里叶变换能够得到信号的频率成分，但不知道频率成分出现的时间。而在有些应用中，只知道包含哪些频率成分是不够的，还需知道各个成分出现的时间，即需要对信号进行时频分析。小波分析在时域和频域都具有良好的局部特征，这称为小波变换的"数学显微镜"特征。因此，与传统的信号分析方法相比，小波变换方法能在无明显损失的情况下，对信号进行压缩和去噪。

5.5.1　小波变换理论基础

　　小波分析就是把一个信号分解为一系列小波的线性组合，这一系列小波是通过对一个称为母小波的函数进行缩放和平移得到的。因此，小波是小波变换基函数。小波变换可以理解为用小波函数代替傅里叶变换的正弦函数和余弦函数进行傅里叶变换的结果。

　　图 5-17 展示了正弦波和小波的区别，由此可以看出，正弦波从负无穷一直延伸到正无穷，正弦波是平滑且可预测的，而小波是一类有限区间内快速衰减到 0 的函数，其平均值为 0。从正弦波和小波的曲线形状可以看出，小波更能描述信号的局部特征。因此，对于变化剧烈的信号，用小波进行分析比用平滑的正弦波更好。

　　小波变换的基础主要是 3 个概念，即序列展开、尺度函数和小波函数。在后续讨论中，均只考虑定义函数成立的情况。

1. 序列展开

　　考虑一维实信号 $f(t)$，其可用一组序列展开函数的线性组合表示为

$$f(t) = \sum_k a_k u_k(t) \tag{5-60}$$

式中，k 是整数，求和可以是有限项或者无限项；a_k 是展开系数（为实数）；$u_k(t)$ 是实函数，称为展开函数。

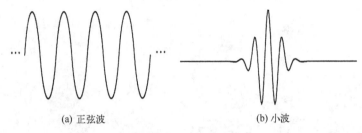

(a) 正弦波　　　　　　　　　　　(b) 小波

图 5-17　正弦波和小波

如果对各种 $f(t)$，均有一组 a_k 使式（5-60）成立，则称 $u_k(t)$ 是基函数，而展开函数的集合 $\{u_k(t)\}$ 称为基，式（5-60）表示的函数 $f(t)$ 全体构成了一个函数空间 U。为计算展开系数 a_k，需要考虑 $\{u_k(t)\}$ 的对偶集合 $\{u_k'(t)\}$。通过求对偶函数 $u_k'(t)$ 和函数 $f(t)$ 的内积，即可获得 a_k。对偶的含义如下：

$$\langle u_j(x), u_k'(x) \rangle = \begin{cases} 0, & j \neq k \\ 1, & j = k \end{cases} \tag{5-61}$$

式中，$\langle \cdot, \cdot \rangle$ 表示两个函数的内积。

2. 尺度函数

尺度函数主要包含缩放和平移操作。缩放就是压缩或者伸展基本小波，缩放尺度越小，小波越窄，如图 5-18 所示。

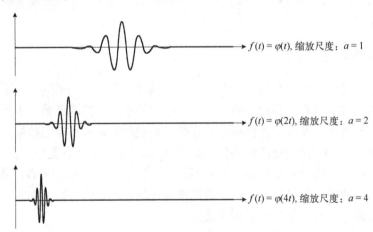

图 5-18　小波的缩放操作

平移是指将小波图像左右平移，在数学上可表示为将函数 $v(t)$ 延迟 k 个单位后得到 $v(t-k)$，如图 5-19 所示。

用展开函数作为尺度函数，对尺度函数进行平移和二进制缩放，即考虑集合 $\{u_{j,k}(t)\}$，其中：

$$u_{j,k}(t) = 2^{j/2} u(2^j t - k) \tag{5-62}$$

式 (5-62) 表明，j 决定了基函数的幅度和 t 轴的缩放尺度，j 和 k 共同决定 t 轴的平移量。给定一个初始 j，就可以确定一个缩放函数空间 U_j。

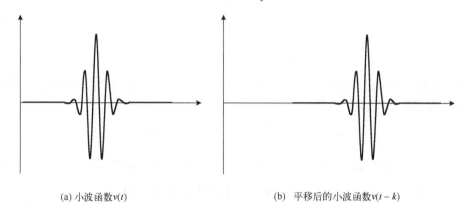

　　　　(a) 小波函数 $v(t)$　　　　　　　　　　　　　(b) 平移后的小波函数 $v(t-k)$

图 5-19　小波的平移操作

考虑 $u(t) = u_{0,0}(t)$，则有

$$u(t) = \sum_k w_u(k)\sqrt{2}u(2t - k) \tag{5-63}$$

从式 (5-63) 还可看出，任何一个子空间的展开函数都可以用其下一个分辨率 (1/2 分辨率) 的子空间的展开函数来构建。该式称为多分辨率细化方程，它建立了相邻分辨率层次和空间之间的联系。

3. 小波函数

设用 $v(t)$ 表示小波函数，对小波函数进行平移和二进制缩放，得到集合 $\{v_{j,k}(t)\}$，其中：

$$v_{j,k}(t) = 2^{j/2} v(2^j t - k) \tag{5-64}$$

与小波函数对应的空间用 V_j 表示，如果 $f(t) \in V_j$，则可将 $f(t)$ 表示为

$$f(t) = \sum_k a_k v_{j,k}(t) \tag{5-65}$$

根据上述对尺度函数的讨论，若用 $w_v(k)$ 表示小波函数的系数，则可以把小波函数表示成其下一个分辨率的各位置尺度函数的加权和：

$$v(t) = \sum_k w_v(k)\sqrt{2}u(2t - k) \tag{5-66}$$

进一步，可以得到尺度函数系数 $w_u(k)$ 和小波函数系数 $w_v(k)$ 具有下述关系：

$$w_v(k) = (-1)^k w_u(1 - k) \tag{5-67}$$

5.5.2　二维小波变换

为计算二维小波变换，需要一个二维尺度函数 $u(x,y)$ 和 3 个二维小波函数 $v^H(x,y)$、$v^V(x,y)$、$v^D(x,y)$，这 3 个小波函数分别表示水平、垂直和对角方向的小波函数。这几个函

数中每一个都是一维缩放函数和对应小波函数的乘积：

$$u(x,y) = u(x)u(y) \tag{5-68}$$

$$v^H(x,y) = v(x)u(y) \tag{5-69}$$

$$v^V(x,y) = u(x)v(y) \tag{5-70}$$

$$v^D(x,y) = v(x)v(y) \tag{5-71}$$

式中，$u(x,y)$ 是一个可分离的尺度函数。这些小波函数分别测量沿不同方向图像灰度的变化。

定义尺度缩放和平移的基函数：

$$u_{j,m,n}(x,y) = 2^{j/2}u(2^j x - m, 2^j y - n) \tag{5-72}$$

$$v_{j,m,n}^{(i)}(x,y) = 2^{j/2}v^{(i)}(2^j x - m, 2^j y - n), \quad (i) = \{H,V,D\} \tag{5-73}$$

此时，二维图像 $f(x,y)$ 的离散小波变换及其逆变换可表示为

$$W_u(0,m,n) = \frac{1}{\sqrt{MN}} \sum_{x=0}^{M-1} \sum_{y=0}^{N-1} f(x,y)u_{0,m,n}(x,y) \tag{5-74}$$

$$W_v^{(i)}(j,m,n) = \frac{1}{\sqrt{MN}} \sum_{x=0}^{M-1} \sum_{y=0}^{N-1} f(x,y)v_{j,m,n}^{(i)}(x,y), \quad (i) = \{H,V,D\} \tag{5-75}$$

$$
\begin{aligned}
f(x,y) = & \frac{1}{\sqrt{MN}} \sum_{m=0}^{M-1} \sum_{n=0}^{N-1} W_u(0,m,n)u_{0,m,n}(x,y) \\
& + \frac{1}{\sqrt{MN}} \sum_{(i)} \sum_{i=0}^{+\infty} \sum_{m=0}^{M-1} \sum_{n=0}^{N-1} W_v^{(i)}(j,m,n)v_{j,m,n}^{(i)}(x,y)
\end{aligned} \tag{5-76}
$$

图 5-20 展示了小波一层分解后各分量的示意图，可以看出，低频图像和原始图像是非常近似的，而高频部分可以看作冗余的噪声部分。分解得到的 4 个分量大小是原始图像大小的 1/4。

(a) 近似系数A_1　　　(b) 水平分量H_1　　　(c) 垂直分量V_1　　　(d) 对角分量D_1

 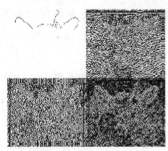

(e) 原始图像　　　　　　　(f) 小波分解四个分量合成图像

图 5-20　小波一层分解示意图

5.5.3　小波变换在图像处理中的应用

通过小波变换可以把信号分解为多个具有不同的时间和频率分辨率的信号，从而可在一个变换中同时研究信号的低频信息和高频信息。因此，用小波变换对图像这种不平稳的复杂信号源进行处理，能有效克服傅里叶分析方法的不足，所以小波变换在图像编码、图像压缩、图像去噪、图像检测和图像复原等方面得到了广泛的应用。本节以图像去噪和图像压缩为例介绍小波变换的应用。

1. 图像去噪

图像在获取及传输过程中因为外界环境的干扰而产生噪声。从自然界中捕获的图像通常具有灰度值变化平滑连续的特征，而噪声则表现出与其他相邻像素相比十分突兀的特点，因此，在频域中，噪声往往集中在高频部分。小波变换将图像不断分解为高频子图和低频子图，通过在高频子图中设置阈值，过滤出异常频率点，再通过小波逆变换重建图像，进而达到去噪目的。在实际应用中，针对不同类型的图像，需选择不同类型的小波函数以及噪声阈值。

图 5-21 是一个小波变换在图像去噪中的应用例子，图 5-21（a）为被高斯噪声污染的原始图像，图 5-21（b）为去噪后的图像。可以看出，高频噪声基本被去除。但同时，图像也变得模糊，一些细节特征丢失。

(a) 原始图像　　　　　　　　　　　　　　　(b) 小波变换去噪后的图像

图 5-21　小波变换用于去噪

2. 图像压缩

图像压缩格式中的 JPEG 压缩格式的核心是离散余弦变换，而在图像压缩标准 JPEG 2000 中，其核心是小波变换。相比于 JPEG，JPEG 2000 的压缩比更高，而且不会产生 JPEG 标准带来的块状模糊瑕疵。JPEG 2000 同时支持有损压缩、无损压缩和更复杂的渐进式显示及下载。JPEG 2000 的详细介绍参见 9.4 节。

图像经过小波变换后生成的子图像数据总量与原始图像的数据总量相等，即小波变换本身不具有压缩功能，必须结合其他编码技术对小波系数进行编码才能达到压缩的目的。因此，基于小波变换的图像压缩一般是先对图像进行小波分解，得到低频近似分量以及高频的水平、垂直和对角细节分量，再根据人的视觉特性对低频及高频分量分别做不同的量化，达到压缩的目的，最后利用小波逆变换重构图像。

图 5-22 展示了小波变换在图像压缩中的应用。首先对原始图像进行小波二层分解，然后

对图像进行全局压缩，可以看出，压缩后的图像基本和原始图像一致，仅高频信息有一定的损失。但是实际置零的小波系数达到 99.77%，而剩余能量占比为 89.87%，实现了高效压缩。

　　　　　　(a) 原始图像　　　　　　　　　　　　　(b) 压缩后的图像

图 5-22　小波变换用于图像压缩

习　　题

1．计算下列一维 N 点信号 $f(n) = \sin(2\pi rn/N)$ 的离散傅里叶变换，其中，$0 \leqslant n \leqslant N-1$，$r$ 为 0～N 的整数。

2．证明一维离散傅里叶变换的对偶性质：$F(n) \xleftarrow{\text{DFT}} NF(N-m)$。

3．证明二维离散傅里叶变换的频移性质。

4．编程产生亮块图像 $f_1(x, y)$，使其大小为 256×256，暗处灰度值为 0，亮处灰度值为 255，对其进行二维离散傅里叶变换，显示原始图像及其频谱图。

5．在题 4 所给图像 $f_1(x, y)$ 的基础上，令 $f_2(x, y) = (-1)^{x+y} f_1(x, y)$，对其进行傅里叶变换，显示 $f_1(x, y)$ 及其频谱图，以及 $f_2(x, y)$ 的频谱图。

6．题 6 图是一幅花朵图像，将其转换为合适的灰值图像后，编程实现对其添加高频加性噪声，然后利用频域去噪。

7．对题 6 图，编程实现添加乘性噪声，然后利用同态滤波对其去噪。

8．简述图像傅里叶变换和余弦变换的相同点和不同点。

9．拍摄一幅红富士苹果成熟期的图像，将其转换成合适的灰值图像，利用离散余弦变换对其进行压缩，使压缩比达到 60% 以上。

10．简述小波变换的特点。

11．题 11 图为一幅分辨率为 180×150 的斑马图像，编程实现利用小波变换对其进行压缩。

　　　　　题 6 图　花朵图像　　　　　　　　　　　题 11 图　斑马图像

第6章　图像形态学

形态学源于生物学的一个分支，主要用于研究动植物的形态与结构。在图像领域，借助具有一定形态的结构元素，通过形态学方法可描述或提取图像中的边界、骨架和轮廓等几何特征。形态学方法已广泛应用于农业图像处理中，主要基于形态学滤波与分割、孔洞填充和骨架提取三种基本方法，完成农作物、农产品和农田等目标的检测、识别、分割和测量任务。

本章主要介绍数学形态学的基本理论，以及常用的二值图像与灰值图像形态学处理工具，最后通过组合基本的形态学操作，形成复杂的形态学算法，并介绍如形态学滤波、边界提取、图像分割、骨架提取、端点检测、阴影校正等具体应用。

6.1　数学形态学

数学形态学最早可追溯到 1964 年，地质统计学创始人、国立巴黎高等矿业学院的 Georges Matheron 教授在研究多孔介质几何形状与其渗透率的关系时发现了物体形态与结构的数学特征，后来他指导的博士研究生 Jean Serra 在研究矿石的碾磨特性时发现必须基于某种数学理论对矿石的微观或宏观特征进行量化，因此两人合作开创了一门新的交叉学科——基于二值图像的数学形态学。经过多年发展，数学形态学已扩展到灰值图像领域，近年来在彩色图像领域也逐渐展开相关研究。数学形态学主要涉及集合运算、逻辑运算、结构元素与几何变换等基本操作，因此在介绍常用的图像形态学处理工具(如腐蚀、膨胀、开/闭运算、击中/击不中变换等)之前，本节先介绍相关预备知识。

6.1.1　集合运算

集合运算是数学形态学的基础。集合是无序的、具有某种特征的不同元素构成的全体。在数字图像处理中，可以将二值图像中的某一目标区域表示为集合，则集合中的元素 x 对应目标区域内任一像素在图像中的坐标 (u, v) 及像素值 w 构成的三元组 (u, v, w)。

若 x 是集合 A 中的一个元素，则记作

$$x \in A \tag{6-1}$$

与之相反，若 x 不是集合 A 中的元素，则记作

$$x \notin A \tag{6-2}$$

若集合 A 为空，则记 $A = \varnothing$ 为空集；若集合 A 包含应用中所有集合中的元素，则记 $A = \Omega$ 为全集，基于上述定义的基本规则，如图 6-1 所示，可以继续定义子集、交集、并集、差集和补集。

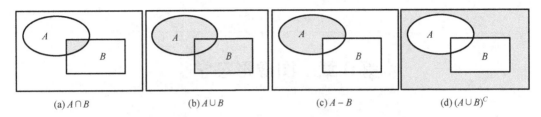

图 6-1　集合 A 与集合 B 的交、并、差、补运算

1. 子集

若集合 A 中的元素也是集合 B 中的元素，则称集合 A 为集合 B 的子集：

$$A \subseteq B \tag{6-3}$$

进一步，集合 B 中有至少一个元素不属于集合 A，则称集合 A 为集合 B 的真子集：

$$A \subset B \tag{6-4}$$

2. 交集

若元素 x 既属于集合 A，又属于集合 B，则元素 x 属于两个集合的交集：

$$A \bigcap B = \{x \,|\, x \in A \text{且} x \in B\} \tag{6-5}$$

3. 并集

若元素 x 或属于集合 A，或属于集合 B，则元素 x 属于两个集合的并集：

$$A \bigcup B = \{x \,|\, x \in A \text{或} x \in B\} \tag{6-6}$$

4. 差集

若元素 x 属于集合 A，但不属于集合 B，则元素 x 属于两个集合的差集：

$$A - B = \{x \,|\, x \in A \text{且} x \notin B\} \tag{6-7}$$

5. 补集

若元素 x 既不属于集合 A，也不属于集合 B，则元素 x 属于两个集合的补集：

$$(A \bigcup B)^C = \{x \,|\, x \notin A \text{且} x \notin B\} \tag{6-8}$$

基于补集的定义，可将式 (6-7) 中的差集运算转化为补集运算：

$$A - B = A \bigcap B^C \tag{6-9}$$

同理，可将式 (6-8) 中的补集运算转化为差集运算：

$$(A \bigcup B)^C = \Omega - A \bigcup B \tag{6-10}$$

6. 集合运算定律

此外，上述集合运算之间满足以下关系：

1）交换律

$$\begin{cases} A \cap B = B \cap A \\ A \cup B = B \cup A \end{cases} \tag{6-11}$$

2）结合律

$$\begin{cases} (A \cap B) \cap C = A \cap (B \cap C) \\ (A \cup B) \cup C = A \cup (B \cup C) \end{cases} \tag{6-12}$$

3）分配律

$$\begin{cases} (A \cap B) \cup C = (A \cup C) \cap (B \cup C) \\ (A \cup B) \cap C = (A \cap C) \cup (B \cap C) \end{cases} \tag{6-13}$$

4）德·摩根定律

$$\begin{cases} (A \cap B)^C = A^C \cup B^C \\ (A \cup B)^C = A^C \cap B^C \end{cases} \tag{6-14}$$

6.1.2　逻辑运算

逻辑运算主要用于处理二值图像中像素值之间的逻辑与（AND）、或（OR）、非（NOT）及异或（XOR）运算。二值图像中的像素值可表示为 1（True）或 0（False），若记 a 和 b 为两个二值逻辑变量，则经过四种逻辑运算可得如表 6-1 所示的真值表。

表 6-1　逻辑变量 a 与 b 进行逻辑运算的真值表

a	b	a AND b	a OR b	NOT(a AND b)	a XOR b
0	0	0	0	1	0
1	0	0	1	1	1
0	1	0	1	1	1
1	1	1	1	0	0

假设集合 A、B 中包含的元素的所有像素值为 1（True），则 6.1.1 节中的集合运算可转化为下列逻辑运算：

$$\begin{cases} A \cap B = A \text{ AND } B \\ A \cup B = A \text{ OR } B \\ A - B = A \text{ AND (NOT } B) \\ (A \cup B)^C = \text{NOT }(A \text{ OR } B) = (\text{NOT } A) \text{ AND (NOT } B) \\ A \cup B - A \cap B = A \text{ XOR } B \end{cases} \tag{6-15}$$

逻辑运算便于计算机实现，因此在实际程序设计中，往往将图像的集合运算转化为对应的逻辑运算。

6.1.3　结构元素与几何变换

形态学运算需要使用目标图像和结构元素两类像素集合进行。结构元素通过类似于探针的形式检测目标图像中满足特定条件的像素并提取特定信息，其中结构元素尺寸一般小于目标图像。

如图 6-2 所示，结构元素形状一般包含矩形、十字形、椭圆形、菱形等，其尺寸一般较小(如常用的尺寸为 3×3 和 5×5)，选择不同形状和尺寸的结构元素可提取目标图像中的不同尺度特征，实际应用中需具体情况具体分析。

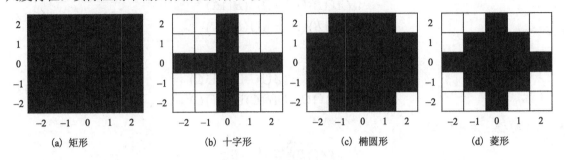

(a) 矩形　　　　　　(b) 十字形　　　　　　(c) 椭圆形　　　　　　(d) 菱形

图 6-2　5×5 结构元素形状

如图 6-2 所示，坐标为 $(0,0)$ 的点称为结构元素的原点，它类似于前面章节模板概念中的参考点，在图像处理中，将先用于和待处理的像素对齐，接着用于进行相应的模板卷积或形态学滤波等运算。在大多数情况下，结构元素原点位于模板的中心，但是，结构元素也可以位于其他位置，对于同一个结构元素，如果原点位于不同位置，将会得到不同的运算结果。

结构元素除参与 6.1.1 节介绍的各种集合运算，还广泛使用平移和反射等几何变换，其中结构元素 S 相对于点 $t = (t_u, t_v)$ 的平移变换可定义为

$$S_t = \{x' \mid x' = x + t, x \in S\} \tag{6-16}$$

结构元素 S 相对于原点的反射定义为

$$S^V = \{x' \mid x' = -x, x \in S\} \tag{6-17}$$

如图 6-3 所示，3×3 十字形结构元素经过平移变换后所有像素坐标均向右移动了 1 个单位，然后进行反射变换，等价于将结构元素的所有像素坐标绕原点旋转了 180°。

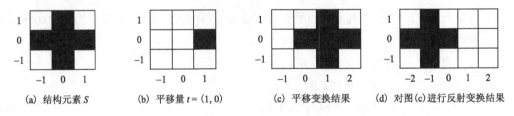

(a) 结构元素 S　　(b) 平移量 $t = (1, 0)$　　(c) 平移变换结果　　(d) 对图(c)进行反射变换结果

图 6-3　十字形结构元素平移、反射变换结果

6.2　二值形态学

二值形态学中的运算对象是两个集合，一般设 A 为目标图像，S 为结构元素，集合中的元素三元组灰度值分量 w 只能取 0 或 1，二值形态学运算是用二值结构元素 S 对二值目标图像 A 进行操作。后面若不做特殊说明，将统一用深灰色方格代表值为 1 的区域，白色方格代

表值为 0 的区域，原点用圆圈表示，形态学运算仅针对像素值为 1 的区域进行。本节介绍腐蚀和膨胀两种最基本的形态学运算，后续更复杂的形态学运算可通过组合腐蚀和膨胀运算实现。

6.2.1 腐蚀

对于给定的目标图像 A 和结构元素 S，将 S 在图像上移动，则在每一个当前位置 t，$S+t$ 只(记为 S_t)有 3 种可能的状态：①$S_t \subseteq A$，说明 S_t 与 A 相关；②$S_t \subseteq A^C$，说明 S_t 与 A 不相关；③$S_t \cap A$ 与 $S_t \cap A^C$ 均不为空，说明 S_t 与 A 部分相关。因而满足位置 t 构成的集合为 S 对 A 的腐蚀(简称腐蚀，也称为 A 用 S 腐蚀)，记为 $A \ominus S$。

腐蚀可以用集合的方式定义为

$$A \ominus S = \{t \mid S+t \subseteq A\} = \{t \mid S_t \subseteq A\} \qquad (6\text{-}18)$$

式(6-18)表明，A 用 S 腐蚀的结果是所有使 S 平移 t 后仍包含于 A 的 t 的集合。腐蚀在数学形态学运算中的作用是消除物体边界点、去除小于结构元素的物体、清除物体间的细小连通等。如果结构元素取 3×3 的像素块，腐蚀将使物体的边界沿周边减少 1 个像素。下面通过具体例子来进一步理解腐蚀运算的操作过程。

图 6-4 给出腐蚀运算的 1 个简单示例。图 6-4(a)中的深灰色部分为图像 A，图 6-4(b)中的深灰色部分为结构元素 S，而图 6-4(c)中深灰色部分给出 $A \ominus S$ (浅灰色部分为图像 A 被腐蚀掉的区域)，由图可见腐蚀缩小了前景区域。

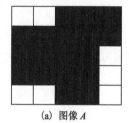 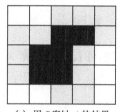

(a) 图像 A　　　　　(b) 结构元素 S　　　　　(c) 用 S 腐蚀 A 的结果

图 6-4　腐蚀运算示例

如果结构元素 S 包含了原点，那么 $A \ominus S$ 将是 A 的一个收缩，即 $A \ominus S \subseteq A$；如果 S 不包含原点，则 $A \ominus S \subseteq A$ 未必成立。若结构元素 S 是关于原点对称的，那么 $S = S^V$，因此 $A \ominus S = A \ominus S^V$；但如果 S 关于原点不对称，则 A 被 S 腐蚀的结果与 A 被 S^V 腐蚀的结果不同。

利用式(6-18)可直接设计腐蚀变换算法，由于 S_t 包含于 A，等价于 S_t 与 A 的补集没有交集，因此，腐蚀的另一种表达式可写成

$$A \ominus S = \{t \mid S_t \cap A^C = \varnothing\} \qquad (6\text{-}19)$$

式(6-19)表示所有符合平移后的结构元素 S 与二值图像 A 的背景没有重合的结构元素原点构成的点集。

图 6-5(a)是基于超红特征(见 8.1.4 节)将草莓图像转化为对应的灰值图像以便提取前景；图 6-5(b)是采用 Otsu 阈值化得到的草莓二值图像，其中前景用白色表示，背景用黑色表示，可见阈值化后的草莓图像存在少量噪点；图 6-5(c)是采用 3×3 结构元素进行腐蚀运算得到的

结果，经过腐蚀草莓周边的噪点已被去除；图 6-5(d)是采用 5×5 结构元素腐蚀得到的结果，此时，紧贴草莓果实的萼片也被完全去掉。

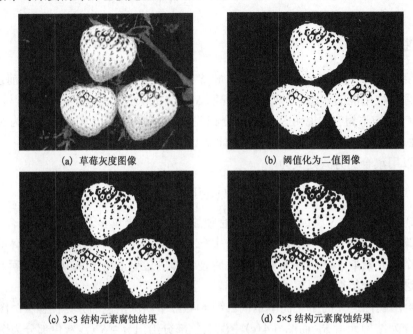

(a) 草莓灰度图像　　　　　　　　　　(b) 阈值化为二值图像

(c) 3×3 结构元素腐蚀结果　　　　　　(d) 5×5 结构元素腐蚀结果

图 6-5　草莓图像腐蚀运算结果

6.2.2　膨胀

腐蚀可看作将图像 A 中每一个与结构元素 S 全等的子集 $S+t$ 收缩为点 t。反之，将 A 中的每一个点 t 扩大为 $S+t$，记为 S 对 A 的膨胀：

$$A \oplus S = \bigcup_{t \in A}\{S + t\} = \bigcup_{t \in A} S_t \qquad (6\text{-}20)$$

膨胀还可以利用反射定义为

$$A \oplus S = \{t \mid (S^V + t) \bigcap A \neq \varnothing\} = \{t \mid (S^V)_t \bigcap A \neq \varnothing\} \qquad (6\text{-}21)$$

式(6-21)表示膨胀是结构元素经反射平移后与目标图像的交集不为空的元素构成的集合。

利用式(6-21)进行膨胀的例子如图 6-6 所示，图 6-6(a)中深灰色部分为图像 A，图 6-6(b)中深灰色部分为结构元素 S，其反射对应图 6-6(c)，图 6-6(d)中的深灰色部分为 $A \oplus S$，由图可见膨胀扩大了前景区域。

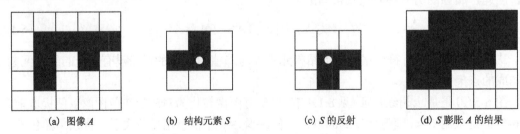

(a) 图像 A　　　　(b) 结构元素 S　　　　(c) S 的反射　　　　(d) S 膨胀 A 的结果

图 6-6　膨胀运算示例

因为 $(S \cap A) \subseteq A$，式(6-21)也可等价地写成

$$A \oplus S = \{t \mid (S^V)_t \cap A \subseteq A\} \tag{6-22}$$

除上述定义外，腐蚀和膨胀运算还满足以下性质：

$$\begin{cases} X \oplus Y = Y \oplus X \\ (X \oplus Y) \oplus Z = X \oplus (Y \oplus Z) \\ X \oplus (Y \cup Z) = (X \oplus Y) \cup (X \oplus Z) \\ X \oplus (Y \cap Z) = (X \oplus Y) \cap (X \oplus Z) \\ X \ominus (Y \oplus Z) = (X \ominus Y) \ominus Z \\ X \ominus (Y \cup Z) = (X \ominus Y) \cap (X \ominus Z) \end{cases} \tag{6-23}$$

从式(6-23)可知，膨胀运算满足交换律、结合律和分配律，但腐蚀运算只有在特定情况下才能成立。另外，腐蚀和膨胀运算并不为彼此的可逆运算，即 $(X \ominus Y) \oplus Z \neq (X \oplus Y) \ominus Z$，先腐蚀后膨胀和先膨胀后腐蚀得到的结果通常不一样，因此不能使用形态学运算做撤销操作。

图 6-7 是采用不同大小的结构元素对草莓二值图像(图 6-5(b))执行膨胀运算后的结果，可以发现，经过不断膨胀，孤立的草莓萼片部分和草莓内部的斑点也被重新连接，如果选择较大尺寸的结构元素，草莓内部的黑色孔洞将被填充，同时，草莓外围的噪点也随之放大。

(a) 3×3 结构元素膨胀结果　　　　　(b) 5×5 结构元素膨胀结果　　　　　(c) 17×17 结构元素膨胀结果

图 6-7　草莓二值图像的膨胀结果

6.2.3　开/闭运算

腐蚀可以缩小目标集合，膨胀可以放大目标集合。如果将腐蚀和膨胀组合起来，可以构造出新的形态学运算规则，其中 2 种最常见的组合为开运算与闭运算。结构元素 S 对目标图像 A 的开运算定义为

$$A \circ S = (A \ominus S) \oplus S \tag{6-24}$$

式(6-24)表明，开运算是结构元素 S 对目标图像 A 先腐蚀后膨胀的过程。类似地，结构元素 S 对目标图像 A 的闭运算定义为

$$A \bullet S = (A \oplus S) \ominus S \tag{6-25}$$

式(6-25)表明，闭运算是结构元素 S 对目标图像 A 先膨胀后腐蚀的过程。

从几何上而言，结构元素 S 对目标图像 A 的开运算是所有满足条件的结构元素 S 经过平移运算后结果的并集，对应的公式为

$$A \circ S = \bigcup(S + t \mid S + t \subseteq A) = \bigcup(S_t \mid S_t \subseteq A) \tag{6-26}$$

由式(6-26)可知，开运算的结果不会包含尺寸小于结构元素的区域，因此该运算可用来删除目标图像中比结构元素小的凸出区域。

图 6-8 给出了 1 个采用 21×21 圆形结构元素 S 对一幅带孔洞的锯齿状叶子图像进行开运算的例子，图 6-8(b)是进行开运算的结果，实验结果表明，开运算对凸出的边界进行了平滑，去掉了锯齿状叶子图像的凸角和叶柄部的凸出部分，这是因为在凸角周围，图像的几何结构尺寸无法容纳给定的圆形结构元素，从而使凸角周围的点被开运算删除，图 6-8(c)给出了原始图像与开运算后图像的差值图像，可见开运算缩小了原始图像区域，其中 $A - A \circ S$ 体现了缩小的原始图像的凸出特征。

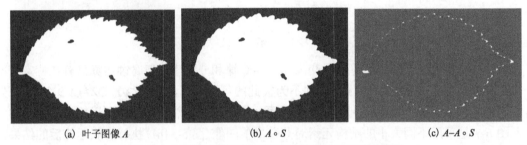

(a) 叶子图像 A　　　　　　　(b) $A \circ S$　　　　　　　(c) $A - A \circ S$

图 6-8　开运算去掉了锯齿状叶子图像的凸出部分流程

同理，可定义闭运算的几何意义为所有 S 平移后不与 A 重叠的集合进行并集运算后的补集，对应公式为

$$A \bullet S = (\bigcup(S_t \mid S_t \cap A = \varnothing))^C \tag{6-27}$$

由式(6-27)可知，闭运算的结果是扩充目标图像的补集中小于结构元素的区域至结构元素大小，因此该运算可用来填充目标图像中的孔洞区域。

图 6-9 针对图 6-8 中的叶子图像 A 采用 21×21 圆形结构元素 S 进行了闭运算，图 6-9(b)对应闭运算的结果，实验结果表明，闭运算对凹陷的边界进行了平滑，填充了锯齿状叶子图像的凹角和叶子图像内部的孔洞，图 6-9(c)给出了闭运算后图像与原始图像的差值图像，可见闭运算扩充了原始图像区域，其中 $A \bullet S - A$ 体现了缩小的原始图像的凹陷特征。

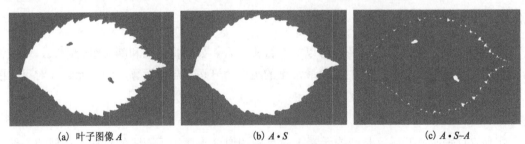

(a) 叶子图像 A　　　　　　　(b) $A \bullet S$　　　　　　　(c) $A \bullet S - A$

图 6-9　闭运算填充锯齿状叶子图像的凹角与孔洞流程

图 6-8(c)与图 6-9(c)也充分体现了开/闭运算的扩展性：

$$A \circ S \subseteq A \subseteq A \bullet S \tag{6-28}$$

即开运算使原始图像缩小，而闭运算使原始图像扩大。与腐蚀和膨胀不同，开运算和闭运算还具有等幂性：

$$A \circ S = (A \circ S) \circ S$$
$$A \bullet S = (A \bullet S) \bullet S \tag{6-29}$$

式(6-29)表明重复相同的开/闭运算不会改变运算结果,也意味着一次滤波即可将所有噪声去除,做重复运算不会再有效果,这与中值滤波、线性卷积等经典方法不同。

6.2.4　对偶性

无论腐蚀/膨胀运算,还是开/闭运算,均相对于补集和反射满足对偶性:

$$(X \ominus Y)^C = X^C \oplus Y^V \tag{6-30}$$

$$(X \oplus Y)^C = X^C \ominus Y^V \tag{6-31}$$

$$(X \circ Y)^C = X^C \bullet Y^V \tag{6-32}$$

$$(X \bullet Y)^C = X^C \circ Y^V \tag{6-33}$$

式(6-30)表明,Y 对 X 的腐蚀是 Y 的反射对 X 的补集进行膨胀运算后的补集,当 Y 作为结构元素相对于原点对称时满足 $Y = Y^V$,此时根据对偶性,使用相同的结构元素对 X 的补集(等价于二值图像取反运算)进行膨胀运算,得到的结果即为 Y 对 X 的腐蚀的补集,说明腐蚀和膨胀可以相互转化,这也是本书将对偶性单独列为一节进行详细介绍的重要原因。同理,式(6-31)表明,若结构元素相对于原点对称,Y 对 X 的膨胀是 Y 对 X 的补集进行腐蚀运算后的补集。与腐蚀/膨胀类似,开/闭运算的对偶性也说明使用满足关于原点对称条件的结构元素对二值图像 X 反色后进行闭/开运算,得到的结果即为 Y 对 X 的开/闭运算的补集,因此开/闭运算也可相互转化。式(6-30)证明如下。

因为

$$X \ominus Y = \{t \mid Y_t \cap X^C = \varnothing\}$$

所以

$$(X \ominus Y)^C = \{t \mid Y_t \cap X^C = \varnothing\}^C$$

又因为

$$\{t \mid Y_t \cap X^C = \varnothing\}^C = \{t \mid Y_t \cap X^C \neq \varnothing\}$$

然而 $X \oplus Y = \{t \mid (Y^V)_t \cap X \neq \varnothing\}$,所以有

$$X^C \oplus Y^V = \{t \mid Y_t \cap X^C \neq \varnothing\}$$

故

$$(X \ominus Y)^C = X^C \oplus Y^V$$

证毕。式(6-31)的证明请读者参考上述思路在本章习题第 7 题中完成。

同理,式(6-32)开运算对偶性的证明如下。

因为

$$X \circ Y = (X \ominus Y) \oplus Y$$

所以

$$(X \circ Y)^C = ((X \ominus Y) \oplus Y)^C$$

根据式(6-31)有

$$((X \ominus Y) \oplus Y)^C = (X \ominus Y)^C \ominus Y^V$$

根据式(6-30)有

$$(X \ominus Y)^C = X^C \oplus Y^V$$

所以

$$((X \ominus Y) \oplus Y)^C = X^C \oplus Y^V \ominus Y^V$$

又因为

$$X \bullet Y = (X \oplus Y) \ominus Y$$

所以

$$X^C \oplus Y^V \ominus Y^V = X^C \bullet Y^V$$

故

$$(X \circ Y)^C = X^C \bullet Y^V$$

证毕。式(6-33)的证明请读者参考上述思路在本章习题第 7 题中完成。

6.2.5　击中/击不中变换

在某些情况下需同时对图像的前景和背景进行形状检测，为实现多目标集合的检测，可以使用 2 个结构元素进行检验，判定哪些成分属于图像前景，哪些成分属于图像背景，从而提取图像的特征，击中/击不中变换就是这样一种形态学处理工具。

设 A 是前景（目标）图像，则 A^C 是背景图像，$S_{1,2}$ 是由 2 个不相交的结构元素 S_1 和 S_2 组成的复合结构元素，即 $S_{1,2} = S_1 \cup S_2$，且 $S_1 \cap S_2 = \varnothing$，其中 S_1 用于检测前景图像，S_2 用于检测背景图像，则击中/击不中可定义为

$$A \odot S_{1,2} = \{t \mid (S_1)_t \subseteq A \text{ AND } (S_2)_t \subseteq A^C\} \tag{6-34}$$

式(6-34)表明，图像被 $S_{1,2}$ 击中/击不中的结果是同时满足 2 个条件的元素 t 的集合：①结构元素 S_1 平移 t 后在前景中找到了匹配项；②结构元素 S_2 平移 t 后在背景中找到了匹配项。这里，击中对应着前景图像 A 被 S_1 击中，击不中对应着前景图像 A 没有被 S_2 击中（等价于背景图像 A^C 被 S_2 击中）。根据腐蚀的定义，式(6-34)还可以写成

$$A \odot S_{1,2} = (A \ominus S_1) \cap (A^C \ominus S_2) \tag{6-35}$$

式(6-35)表明，$S_{1,2}$ 对 A 进行击中/击不中变换的结果等价于 A 被 S_1 腐蚀的图像与 A 的补集被 S_2 腐蚀的图像的交集。

如图 6-10 所示（S_1 为实心圆，S_2 为空心圆），如果 $S_{1,2}$ 中不包含 S_2，则 $A \odot S_{1,2}$ 与 $A \ominus S_1$ 相同，即 A 中包含 4 个形如 S_1 的结构元素；将 S_2 加入 $S_{1,2}$ 后，相当于给 $A \odot S_{1,2}$ 增加了一个约束条件，即寻找到的平移坐标 t 还需属于 S_2 腐蚀 A 的补集后产生的集合，最终构成 $A \odot S$。

由此可见，击中/击不中变换是一种条件比较严格的模板匹配，提取的特征不仅要求前景

图像要满足腐蚀条件，还要求背景图像也同时满足腐蚀条件。如图 6-11(a)所示的一幅农田遥感图像，采用 7×7 十字形结构元素，击中/击不中变换可用于道路与田块或田块与田块间的十字交叉点识别或端点定位。

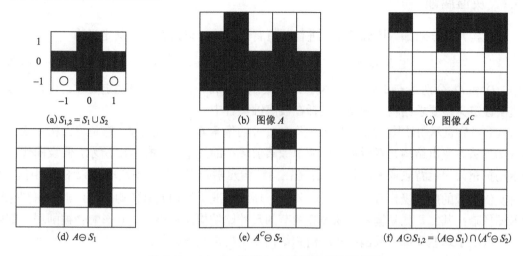

(a) $S_{1,2} = S_1 \cup S_2$　　(b) 图像 A　　(c) 图像 A^C

(d) $A \ominus S_1$　　(e) $A^C \ominus S_2$　　(f) $A \odot S_{1,2} = (A \ominus S_1) \cap (A^C \ominus S_2)$

图 6-10　A 与 $S_{1,2}$ 进行击中/击不中变换示意图

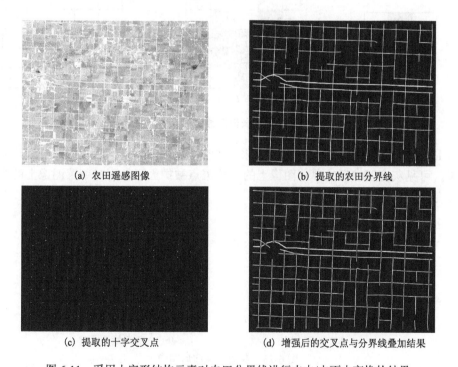

(a) 农田遥感图像　　(b) 提取的农田分界线

(c) 提取的十字交叉点　　(d) 增强后的交叉点与分界线叠加结果

图 6-11　采用十字形结构元素对农田分界线进行击中/击不中变换的结果

6.3　灰值形态学

二值形态学的 4 种基本运算，即腐蚀、膨胀、开/闭运算，可方便地推广到灰度值图像空间。与二值形态学中不同的是，这里的操作对象不再是集合，而是图像函数。在灰值形态学

中，输入图像 $f(x, y)$ 是灰度图像，结构元素子图像 $b(x, y)$ 仍与二值形态学一致，这里不介绍结构元素也为灰度图像的情况。

6.3.1　灰值腐蚀

用结构元素 b 对输入图像 $f(x, y)$ 进行灰值腐蚀运算，记为 $f \ominus b$，其定义为

$$(f \ominus b)(s, t) = \min\{f(s+x, t+y) | s+x, t+y \in D_f; x, y \in D_b\} \tag{6-36}$$

式中，D_f 和 D_b 分别是 f 和 b 的定义域，这里限制 $s+x$ 和 $t+y$ 在 $f(x, y)$ 的定义域之内，类似于二值腐蚀定义中要求结构元素完全包括在被腐蚀集合中。

式(6-36)表示用结构元素 b 腐蚀图像 $f(x, y)$ 的像素 $f(s, t)$ 的过程，它是将结构元素原点与 (s, t) 对齐，取出结构元素所覆盖邻域中像素值最小的元素。如图 6-12 所示，假设图像边界像素均扩充为白色背景像素，腐蚀运算是在由结构元素确定的邻域中选取 $f \ominus b$ 的最小值，所以对灰值图像的腐蚀操作有 2 类效果：其一，通常情况下结构元素值均为正，则输出图像比输入图像暗；其二，如果输入图像中亮细节的尺寸比结构元素小，则其影响会被削弱，削弱的程度取决于这些亮细节周围的灰度值和结构元素的形状与幅值。

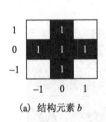
(a) 结构元素 b

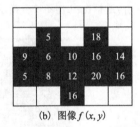
(b) 图像 $f(x, y)$

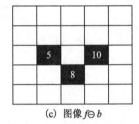
(c) 图像 $f \ominus b$

图 6-12　灰值腐蚀运算示例

图 6-13(a)是草莓图像，图 6-13(b)是采用 5×5 圆形结构元素对图 6-13(a)进行灰度腐蚀后的结果，可见灰度腐蚀后的草莓图像上的黑色斑点被扩大了，同时草莓图像上的光斑区域(亮细节)变小了。

(a) 草莓图像

(b) 灰度腐蚀后的图像

图 6-13　灰值腐蚀前后图像

6.3.2　灰值膨胀

用结构元素 b 对输入图像 $f(x, y)$ 进行灰值膨胀定义为

$$(f \oplus b)(s, t) = \max\{f(s-x, t-y) | s-x, t-y \in D_f; x, y \in D_b\} \tag{6-37}$$

式中，D_f 和 D_b 分别是 $f(x, y)$ 和 b 的定义域。这里限制 $s-x$ 和 $t-y$ 在 $f(x, y)$ 的定义域之内，

类似于在二值膨胀定义中要求 2 个运算集合中至少有 1 个(非零)元素相交。另外,通过式(6-17)得到 b 的反射 b^V,灰值膨胀可改写为

$$(f \oplus b)(s, t) = \max\{f(s+x, t+y) \mid s+x, t+y \in D_f; x, y \in D_b^V\} \tag{6-38}$$

运算过程与灰值腐蚀类似,只是将从 b 的反射 b^V 所覆盖的邻域中取最小值改成了取最大值。如图 6-14 所示,膨胀运算是在由结构元素确定的邻域中选取 $f \oplus b$ 的最大值,所以对灰值图像的膨胀操作有 2 类效果:其一,因为通常情况下结构元素的值均为正,灰值膨胀后输出图像会比输入图像亮;其二,如果输入图像中暗细节的灰度值及形状小于结构元素的大小,暗细节在膨胀中被削减或去除。

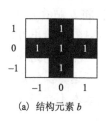
(a) 结构元素 b

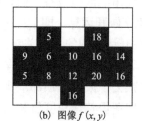
(b) 图像 $f(x, y)$

(c) 图像 $f \oplus b$

图 6-14　灰值膨胀运算示例

图 6-15(a)是草莓图像,图 6-15(c)是采用 5×5 圆形结构元素对图 6-15(a)进行灰值膨胀后的结果,可见灰值膨胀后的草莓图像上的黑色斑点被去除了,同时草莓图像上的光斑区域(亮细节)变大了。

(a) 草莓图像

(b) 灰值膨胀后的图像

图 6-15　灰值膨胀前后图像

与二值图像类似,灰值膨胀和腐蚀也满足下列对偶关系:

$$(f \oplus b)^C = f^C \ominus b^V \tag{6-39}$$

$$(f \ominus b)^C = f^C \oplus b^V \tag{6-40}$$

这里函数的补定义为 $f^C(x, y) = -f(x, y)$,而函数的反射定义为 $b^V(x, y) = b(-x, -y)$。

6.3.3　灰值开/闭运算

数学形态学中灰值开/闭运算的定义与二值开/闭运算的定义是一致的。用结构元素 b(灰值图像)对灰值图像 f 做开运算记为 $f \circ b$,其定义为

$$f \circ b = (f \ominus b) \oplus b \tag{6-41}$$

用结构元素 b 对灰值图像 f 做闭运算记为 $f \bullet b$，其定义为

$$f \bullet b = (f \oplus b) \ominus b \tag{6-42}$$

开/闭运算相对于函数的补和反射也是对偶的，对偶关系为

$$(f \circ b)^C = (f^C \bullet b^V) \tag{6-43}$$

$$(f \bullet b)^C = (f^C \circ b^V) \tag{6-44}$$

灰值开/闭运算简单的几何解释如图 6-16 所示。在图 6-16(a) 中，给出图像 $f(x, y)$ 在 y 为常数时的一个剖面 $f(x)$，其形状为一连串的波峰波谷。假设结构元素 b 是条形的，投影到 x 和 $f(x)$ 平面上是一条线段。若用 b 对 f 做开运算，即 $(f \circ b)$，可看作将 b 贴着 f 的下沿从一端推动到另一端。图 6-16(a) 给出 b 在开运算中的几个关键位置，图 6-16(b) 给出开运算操作的结果。从图 6-16(b) 可看出，在推动结构元素移动的过程中，所有不能容纳结构元素的波峰部分均被削平，换句话说，开运算减去了波峰的顶部。实际中常用开运算操作消除与结构元素相比尺寸较小的亮细节，从而保持图像整体灰度值和大的亮区域基本不受影响。

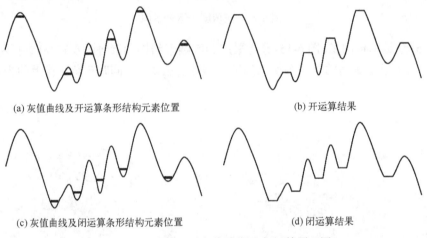

(a) 灰值曲线及开运算条形结构元素位置　　　　　　　　(b) 开运算结果

(c) 灰值曲线及闭运算条形结构元素位置　　　　　　　　(d) 闭运算结果

图 6-16　一维情况下灰值图像开/闭运算原理图

若用 b 对 f 做闭运算，即 $f \bullet b$，可看作将 b 贴着 f 的上沿从一端推动到另一端。图 6-16(c) 给出 b 在闭运算操作中的几个关键位置，图 6-16(d) 给出闭运算操作的结果。从图 6-16(d) 可看出，波峰基本没有变化，而所有不能容纳结构元素的波谷部分被填充。实际应用中常用闭运算操作消除与结构元素相比尺寸较小的暗细节，从而保持图像整体灰度和大的暗区域基本不受影响。

图 6-17(b) 和图 6-17(c) 是对图 6-17(a) 进行灰值开/闭运算的结果。经过开/闭运算后，图像变得光滑了。图 6-17(a) 草莓图像黑色方框内的亮点和较小的亮斑在图 6-17(b) 中基本上看不到了，可见灰度开运算消除了尺寸较小的亮细节。另外，图 6-17(a) 中草莓图像白色方框内的黑点在图 6-17(c) 中被消除了，表明灰度闭运算能够消除尺寸较小的暗细节。

除开/闭运算外，通过组合形态学腐蚀、膨胀运算还可得到一系列形态学的实用算法。例如，定义灰度图像形态学梯度运算为 $(f \oplus b) - (f \ominus b)$，即灰度膨胀与腐蚀运算图像之差，通过形态学梯度运算可实现图像边界的有效检测。采用 5×5 圆形结构元素对图 6-17(a) 进行形

态学梯度运算的结果如图 6-17(d)所示,最后进行 Otsu 阈值分割的结果如图 6-17(e)所示,结果表明,形态学梯度运算较好地提取了草莓的边界。

(a) 原始图像　　　　　　(b) 灰值开运算结果　　　　　　(c) 灰值闭运算结果

(d) 形态学梯度运算结果　　　　　　(e) 阈值分割结果

图 6-17　灰值开/闭运算实例

6.4　形态学算法及应用

前面介绍了数学形态学及形态学运算的基本运算规则。本节将以图像为研究对象,通过组合形态学运算规则或设计新的结构元素与算法,实现形态学滤波、边界提取、图像分割、骨架提取、端点检测和阴影校正等常用图像预处理或后处理算法。

6.4.1　形态学滤波

利用开/闭运算的组合可以构成形态学噪声滤波器。图 6-18(a)是一幅带有土壤噪声的根系二值图像,在根系内外均有大小不一的噪声。图 6-18(b)是采用 3×3 圆形结构元素对图像先进

(a) 带有噪声的根系二值图像　　　　　(b) 形态学滤波结果　　　　　(c) 提取最大连通分量结果

图 6-18　形态学滤波实例

行开运算后进行闭运算的结果，图 6-18(c) 是最终提取的最大连通分量，实验结果表明，开/闭运算消除了大部分根系内部的黑色噪点和根系外部的白色噪点。上述过程可表示为

$$(A \circ S) \cdot S \tag{6-45}$$

比较图 6-18(a) 和图 6-18(c) 可以发现，根系内外的噪声都被消除掉了，主根系区域基本被保留，但同时发现很多细小的根系也被当成噪声过滤掉。因此，单纯采用开/闭运算并不能使从被噪声污染的图像中恢复原始图像的结果达到最优。

6.4.2　边界提取

在有些情况下需要提取目标图像的边界，此时可借助腐蚀操作达到目的：

$$A{-}A \ominus S \tag{6-46}$$

式 (6-46) 表明，边界提取时首先采用合适的结构元素 S 腐蚀目标图像 A，然后求 A 与腐蚀结果的差。如图 6-19 所示，选取 3×3 十字形结构元素，通过先腐蚀后求差集的运算可得到像素宽度为 1 的目标图像边界。

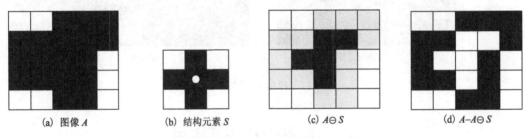

(a) 图像 A　　　(b) 结构元素 S　　　(c) $A \ominus S$　　　(d) $A{-}A \ominus S$

图 6-19　通过腐蚀运算提取目标图像边界原理图

图 6-20 展示了针对一幅二值图像，采用 3×3 十字形结构元素提取的叶子内外边界情况，基于式 (6-46) 可快速提取像素宽度为 1 的目标图像边界。

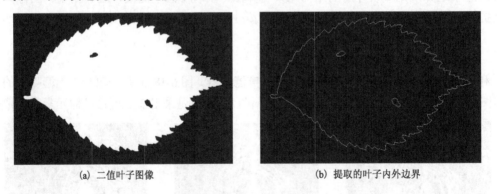

(a) 二值叶子图像　　　　　　　(b) 提取的叶子内外边界

图 6-20　通过腐蚀运算提取目标边界原理图

6.4.3　图像分割

形态学运算的一个非常重要的应用是基于距离变换的分水岭分割。距离变换中的每个像素的值包含对应像素到某个特征边界的最短距离。已知目标图像及边界，假设目标图像边界像素坐标位置为 p_i，边界坐标集合为 R，则图像上任意像素 p_j 对应的距离变换可定义为

$$DT(p_j) = \min_{p_i \in R}[\text{dis}(p_j - p_i)] \tag{6-47}$$

式中，p_j 与 p_i 两点间的距离可采用 2.4.3 节介绍的欧氏距离、街区距离和棋盘距离等三种度量方式。

结合形态学运算采用街区距离度量方式计算的目标图像距离变换如图 6-21 所示，首先选取 3×3 十字形结构元素，对目标图像进行第一次腐蚀，将首次腐蚀的像素值标记为 0 值；然后进行第二次腐蚀操作，将第二次腐蚀到的像素值标记为 1，重复此操作直到目标图像被腐蚀完毕，可以得到如图 6-21(b) 所示的距离变换图；最后恢复目标图像至初始状态，重复采用膨胀操作可计算获得目标图像的距离变换图，如图 6-21(c) 所示。选取的结构元素不一样，得到的距离变换图也存在差异，例如，选取矩形结构元素则计算获得的是棋盘距离变换图，选取圆形结构元素则计算获得的是欧氏距离变换图。

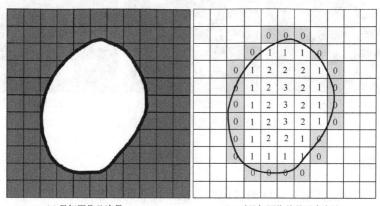

(a) 目标图像及边界　　　　　　　　(b) 对目标图像前景逐步腐蚀

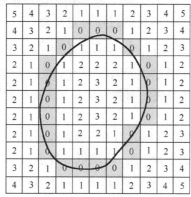

(c) 对目标图像前景逐步膨胀

图 6-21　通过腐蚀与膨胀运算计算目标图像的距离变换过程

图 6-22 是基于距离变换实现黄豆图像的分割的应用示例，首先对黄豆图像进行阈值化处理得到如图 6-22(b) 所示的二值图像，然后采用开/闭运算结合的形态学滤波方法去噪，然而去噪后的黄豆图像出现如图 6-22(c) 所示的大量黏连，部分黏连仅靠腐蚀操作无法去除，因此可计算图 6-22(c) 的距离变换图(图 6-22(d))，再对距离变换图重新进行阈值化处理得到图 6-22(e)，从图中可以看出，采用距离变换后黄豆图像的分割和去噪结果变得格外清晰，去除了图 6-22(c) 中的黏连，最后采用分水岭算法(见 7.5 节)得到的黄豆图像分割结果如图 6-22(f) 所示。

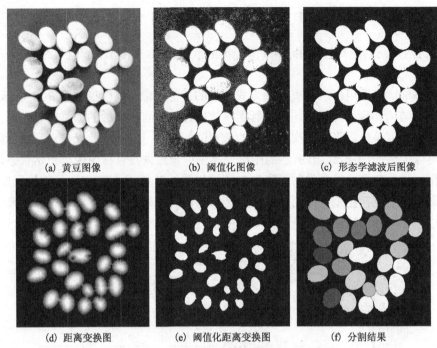

(a) 黄豆图像　　　　　　　(b) 阈值化图像　　　　　　(c) 形态学滤波后图像

(d) 距离变换图　　　　　(e) 阈值化距离变换图　　　　(f) 分割结果

图 6-22　基于距离变换的黄豆图像分割演示

6.4.4　骨架提取

骨架提取是将平面区域简化成图常用的方法，提取的图像骨架有助于突出形状特点和减少冗余信息量。骨架提取可通过距离变换或基于击中/击不中变换实现，击中/击不中变换定义的结构元素 S^i 对目标图像 A_i 进行细化的过程可定义为

$$A_i = A_{i-1} - A_{i-1} \odot S^i, \quad i = 1, 2, \cdots, n \tag{6-48}$$

定义多个结构元素，首先 A_0 被结构元素 S^1 细化，依次类推直到目标图像的像素宽度为 1 为止。为避免结构元素对细化图像的影响并保持被细化图像的连通性，下面介绍一种常用的快速形态学细化算法。

设已知目标点标记为 1，背景点标记为 0。边界点是指本身标记为 1 而其 8 邻域中至少有一个标记为 0 的点。如图 6-23(a) 所示，考虑以边界点为中心的 8 邻域，设 p_1 为中心点颜色值，将其邻域的 8 个点逆时针绕中心点分别标记为 $p_2, p_3, \cdots, p_9$，其中 p_2 位于 p_1 的上方。该算法对一幅图像所有像素的 3×3 邻域连续进行下面 2 步迭代操作。

(1) 获取当前图像像素颜色值 p_1，若 $p_1 = 0$（背景点），则跳过判断条件获取下一像素；否则，若同时满足下面 4 个条件，则删除 p_1（将 p_1 设为 0）：

①$2 \leqslant N(p_1) \leqslant 6$，其中 $N(p_1)$ 是 p_1 的非零点的个数；

②$S(p_1) = 1$，其中 $S(p_1)$ 是以 $p_2, p_3, p_4, \cdots, p_9$ 为序时这些点的值从 0 到 1 变化的次数；

③$p_2 \times p_4 \times p_6 = 0$；

④$p_4 \times p_6 \times p_8 = 0$。

(2) 与第 (1) 步类似，仅将③中的条件改为 $p_2 \times p_4 \times p_8 = 0$ 和④中的条件改为 $p_2 \times p_6 \times p_8 = 0$。当所有点都检验完毕后，将所有满足条件的点删除。

以上 2 步操作构成一次迭代，该算法反复迭代，直至删除所有满足条件的目标点，剩下的点将组成区域骨架。图 6-23(b)～图 6-23(d)对应 p_1 不可删除的 3 种情况，在图 6-23(b)中删除 p_1 会分割区域，在图 6-23(c)中删除 p_1 会分割缩短边界，在图 6-23(d)中满足 $2 \leqslant N(p_1) \leqslant 6$，但 p_1 不可删除。

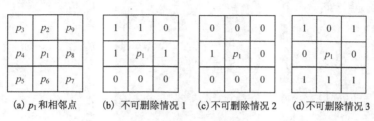

图 6-23　快速形态学细化算法示意图

图 6-24 演示了采用上述快速形态学细化算法提取植物根系骨架的结果，可以发现，快速形态学细化算法较好地保留了目标图像的像素宽度为 1 的骨架信息。

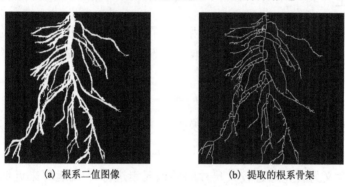

图 6-24　基于快速形态学细化算法的根系骨架提取

6.4.5　端点检测

端点检测是对骨架提取后的结果进行毛刺去除等后处理操作常用的算法，具体实现也需要利用击中/击不中变换。图 6-25 描述了一个骨架端点检测的示例，在数字图像上，骨架端点必定满足图 6-25 所示的上、下、左、右 4 种条件，因此对应 4 种 3×3 结构元素 $S^i = S^i_1 \cup S^i_2 (i = 1, 2, 3, 4)$，其中 S^i_1 对应黑色点集，S^i_2 对应白色点集。采用结构元素 S^i 对目标图像 A 连续进行 8 次击中/击不中变换可得骨架端点坐标集合 B：

$$B = ((((A \odot S^1) \odot S^2) \odot S^3) \odot S^4) \tag{6-49}$$

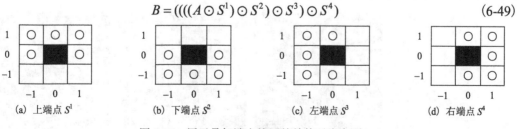

图 6-25　用于骨架端点检测的结构元素序列

图 6-26(a)展示了一幅根系骨架图像，依次采用这 4 种结构元素进行击中/击不中变换，

最后将 4 次运算的端点图像合并得到的结果如图 6-26(b)所示,若继续结合击中/击不中变换、膨胀和集合的交并运算等,可去除毛刺,生成如图 6-26(c)所示修剪后的干净骨架。

 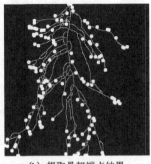 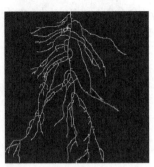

(a) 根系骨架图像　　　　　　　(b) 提取骨架端点结果　　　　　　(c) 去除毛刺结果

图 6-26　基于击中/击不中变换提取根系骨架端点并去除毛刺

6.4.6　阴影校正

前面介绍的多为二值形态学运算的应用,本节将介绍灰值形态学运算的应用——顶帽变换和底帽变换。这两种变换常用于辅助提取暗背景上的亮目标或亮背景上的暗目标。其中,顶帽变换可以通过灰值开运算定义为

$$\text{Tophat}(f) = f - (f \circ b) \tag{6-50}$$

同理,可通过灰值闭运算定义底帽变换为

$$\text{Bottomhat}(f) = f - (f \bullet b) \tag{6-51}$$

上述变换的含义为首先通过较大尺寸的结构元素进行开/闭运算来近似不同亮度分布的背景图像,然后用原始图像减去近似的背景图像,平衡背景区域的亮度变化,从而间接地增强了原始图像与背景图像的对比度,有助于阈值化处理,因此上述两种变换可用于光照不均匀条件下的阴影校正。

图 6-27(a)对应一幅大米图像,采用 Otsu 阈值化后的结果如图 6-27(b)所示,可以发现,由于光照不均匀,图像左上角和右下角的大米均未得到有效分割。考虑到顶帽变换适合提取暗背景上的亮目标,因此采用较大尺寸(60×60)圆形结构元素对原始图像进行灰值开运算,开运算能够较好地提取背景图像的亮度分布情况,然后用原始图像减去开运算后的图像可确保背景亮度分布的均匀性(图 6-27(c)),最后采用 Otsu 阈值化后的结果如图 6-27(d)所示,结果表明,图像中的大米目标均已正确提取。

(a) 大米图像　　　　(b) 直接阈值化结果　　　　(c) 顶帽变换结果　　　　(d) 顶帽变换阈值化结果

图 6-27　基于顶帽变换的阈值化处理

习　题

1．输入题 1 图(a)所示目标图像，分别绘制采用题 1 图(b)十字形、题 1 图(c)条形和题 1 图(d)角形结构元素腐蚀目标图像后的示意图。

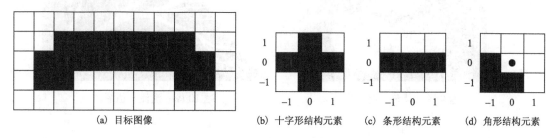

(a) 目标图像　　　(b) 十字形结构元素　(c) 条形结构元素　(d) 角形结构元素

题 1 图　目标图像与结构元素

2．继续使用题 1 图(a)所示目标图像，分别绘制采用题 1 图(b)十字形、题 1 图(c)条形和题 1 图(d)角形结构元素膨胀目标图像后的示意图。

3．继续使用题 1 图(a)所示目标图像，分别采用题 1 图(b)十字形、题 1 图(c)条形和题 1 图(d)角形结构元素反复进行腐蚀操作，连续腐蚀后的图像是否收敛？绘制收敛后的图像。

4．继续使用题 1 图(a)所示目标图像，分别采用题 1 图(b)十字形、题 1 图(c)条形和题 1 图(d)角形结构元素反复进行膨胀操作，连续膨胀后的图像是否收敛？绘制收敛后的图像。

5．编写程序，实现二值图像的腐蚀和膨胀运算，并观察连续执行腐蚀和膨胀运算后二值图像的变化过程。

6．编写程序，实现二值图像的开/闭运算，并观察连续执行开/闭运算后二值图像的变化过程。

7．证明下列形态学运算公式成立：

(1) $(X \oplus Y)^C = X^C \ominus Y^V$；

(2) $(X \bullet Y)^C = X^C \circ Y^V$。

8．参考题 8 图所示的采用超绿特征表示的棉田灰度图和对应的二值图像，试综合运用形态学腐蚀、膨胀与直线拟合等方法，提取每行棉花对应的中心导航线。

(a) 棉田灰度图像　　　　　　　　　(b) 二值图像

题 8 图　棉田灰度图像与二值图像

9．针对题 9 图所示采用超红特征表示的草莓灰值图像，试综合运用形态学腐蚀、膨胀和距离变换计算三颗草莓的距离变换灰度图。

10. 针对题 10 图所示的一条河流对应的二值图像，试综合运用形态学腐蚀、膨胀、边界提取和骨架提取算法计算任意河流分支处的宽度。

题 9 图　草莓灰度图像　　　　　　　　题 10 图　河流二值图像

第7章 图像分割

图像分割是将图像分成具有若干特定性质的区域并提取感兴趣目标的过程，是图像分析的关键步骤。在农业领域，利用图像分割技术可以提取水果果实、农作物籽粒、植物叶片病虫害、大田作物表型、家畜面部区域等关键对象，进而从分割的区域中，提取适当的特征，用于后续图像理解。

本章首先介绍图像分割的基本概念，接着讲述图像边界检测、阈值分割、基于区域的分割和分水岭分割等经典图像分割方法，最后简要介绍均值平移、超像素分割、主动轮廓模型和图割等更复杂的现代图像分割方法。与经典图像分割方法相比，这些分割方法能够适应更复杂的场景，具有更优的分割效果，因此在实际中得到更广泛的应用。

7.1 基本概念

图像分割主要基于图像灰度的两个基本特性：不连续性和相似性。具体来说，在区域内部，其纹理和灰度等方面具有一致性，而在相邻区域的邻接处，其纹理和灰度具有明显的区别。图 7-1 的两幅图像中，图 7-1(a)背景简单，包含多个南瓜籽粒，目标和背景灰度差别明显，且类内灰度接近，显然容易分割，而图 7-1(b)就属于相对复杂的分割图像，由于斑马身上同时存在黑白条纹，背景中草地和树木的纹理特征也各不相同，且目标和背景在灰度分布上有一定重叠，因此，需要综合运用颜色和纹理特征才能对其中的不同目标实现分割。

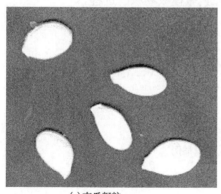 

(a)南瓜籽粒   (b)斑马图像

图 7-1　两幅具有不同特性的图像

设 R 表示由图像所有像素组成的整体区域，将 R 分割成 n 个非空子集 $R_1, R_2, \cdots, R_n$，这些子集满足以下条件：

(1) $\bigcup\limits_{i=1}^{n} R_i = R$。

(2) 对于所有的 i 和 j，若 $i \neq j$，$R_i \bigcap R_j = \varnothing$。

(3)对于$\forall i$，R_i是连通的，可以是4连通或8连通，具体介绍参见2.4节。

在图像中，待分割的对象通常呈现为两类：一类是点、线和边界等对象，它们主要反映灰度的不连续性，例如，图7-1(a)中南瓜籽粒和背景的邻接处构成边界，图7-1(b)中斑马的黑白条纹呈现明显的边界；另一类是区域对象，其内部在某种度量上具有一致性。如图7-1(a)所示，南瓜籽粒内部灰度值相似，在图7-1(b)中，黑白条纹的灰度值虽然不同，但它们在纹理上具有一致性。

在基于边界的分割中，若将分割的边界连接得到封闭边界，也能表达一个区域，例如，如果南瓜籽粒的边界被准确检测，则可提取南瓜籽粒所在的区域。在基于区域的分割中，虽然并不能获得场景完全正确的分割结果，但将这些分割结果作为高层处理的输入将能显著降低后续处理的复杂度。

7.2　边　界　检　测

边界是图像最重要的一个特征，图像中的边界类型主要有阶跃型、斜坡型、线状型和屋顶型，具体细节参见3.4节。不论用一阶导数还是二阶导数检测边界，均可通过微分模板卷积实现。不同于平滑模板的系数之和为1，微分模板的系数之和为0。设奇数$k=2a+1$，微分模板大小为$k\times k$，则利用它对图像$f(x,y)$进行卷积的过程为

$$g(x,y) = \sum_{m=-a}^{a} \sum_{n=-a}^{a} w_{m,n} f(x+m, y+n) \tag{7-1}$$

式中，$\sum_{m=-a}^{a} \sum_{n=-a}^{a} w_{m,n} = 0$。

图7-2是一个3×3微分模板对5×5图像中心像素做模板卷积的过程。

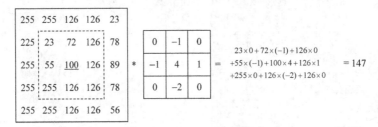

图7-2　微分模板卷积举例

7.2.1　梯度与边界方向

导数反映了图像中灰度的变化，梯度方向反映了最大灰度值上升的方向，边界方向与梯度方向垂直，梯度的幅值则表示边界强度或幅度。如3.4节所述，图像的梯度、梯度幅值和梯度方向分别为

$$\boldsymbol{G}(x,y) = [G_x \quad G_y]^{\mathrm{T}} \tag{7-2}$$

$$M(x,y) = (G_x^2 + G_y^2)^{1/2} \ 或 \ |G_x| + |G_y| \tag{7-3}$$

$$\varphi(x,y) = \arctan\left(\frac{G_y}{G_x}\right) \tag{7-4}$$

图 7-3 显示了一幅树枝图像中 p、q、t 三个点的梯度方向和边界方向，梯度方向与 x 轴的夹角可通过式(7-4)计算。

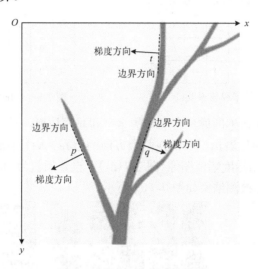

图 7-3　边界及梯度方向举例

得到一阶导数在水平和垂直方向的响应后，利用式(7-3)计算边界的梯度幅值，也就是响应强度 $M(x,y)$。为了检测边界点，通过设置合适的阈值 T，对梯度图像进行二值化，大于阈值的则认为是边界点，即

$$B(i,j) = \begin{cases} 1, & M(x,y) \geqslant T \\ 0, & \text{其他} \end{cases} \tag{7-5}$$

7.2.2　一阶梯度边界检测

图像是一个二维离散函数，可在水平和垂直方向上求差分，得到两个方向的梯度算子，分别为 G_x 和 G_y。边界检测常用的一阶梯度有 Roberts、Prewitt、Sobel 和各向同性 Sobel 算子。

1. Roberts 算子

Roberts 算子模板尺寸为 2×2，G_x 和 G_y 不是严格意义上的水平方向和垂直方向，而是分别用于估计像素在两个对角方向上的导数，其模板系数如图 7-4 所示。

从图 7-4 可以看出，Roberts 算子模板尺寸小，计算速度快，但对噪声敏感。同时，由于模板尺寸为偶数，计算的导数存在偏差。

图 7-4　Roberts 算子模板系数

2. Prewitt 算子

Prewitt 算子模板尺寸为 3×3，G_x 和 G_y 分别用于估计像素在水平和垂直方向上的导数。其引入了更多的邻域信息，对噪声有抑制。Prewitt 算子模板系数如图 7-5 所示。

3. Sobel 算子

Sobel 算子与 Prewitt 算子类似，G_x 和 G_y 分别用于检测垂直和水平方向上的边界，但其模板中心点所在的行和列被赋予了更大的权重，噪声抑制效果更好，可看成 Prewitt 算子的一种改进。Sobel 算子模板系数如图 7-6 所示。

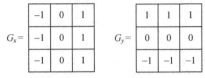

图 7-5　Prewitt 算子模板系数　　　　　　图 7-6　Sobel 算子模板系数

图 7-7(a) 所示的农田遥感图像具有明显的水平和垂直边界，对其分别应用垂直方向和水平方向的 Sobel 算子后可以看出，农田在两个方向的边界上均具有较强的响应(图 7-7(b) 和图 7-7(c))，两者叠加得到梯度幅值图像(图 7-7(d))，设置阈值为 100，对梯度幅值图像进行二值化，得到最终的边界检测结果如图 7-7(e) 所示。

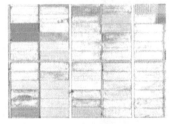

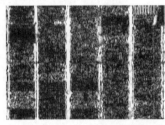

(a)农田遥感图像　　　　　　(b)垂直方向检测　　　　　　(c)水平方向检测

(c)梯度幅值图像　　　　　　　　(d)边界检测结果

图 7-7　基于 Sobel 算子的农田遥感图像边界检测

图 7-8 分别是 Prewitt 算子和 Sobel 算子对苗木和温室大棚遥感图像的边界响应，可以看出两种算子对边界均有着较强的响应，由于 Sobel 是加权算子，其边界响应强度略高于 Prewitt 算子。

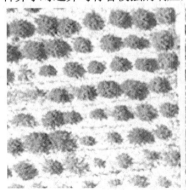

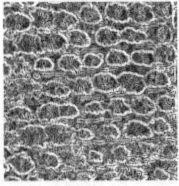

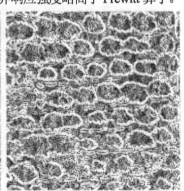

(a)苗木遥感图像　　　　　　(b)Prewitt 算子　　　　　　(c)Sobel 算子

(d) 温室大棚遥感图像　　　　　　(e) Prewitt 算子　　　　　　(f) Sobel 算子

图 7-8　Prewitt 和 Sobel 算子边界响应对比

4. 各向同性 Sobel 算子

与 Sobel 算子相比,各向同性 Sobel 算子模板上点的权重与该点到中心点的距离相关,其模板系数如图 7-9 所示。

从图 7-9 可以看出,相邻点到中心点的权重与其到中心点的距离成反比,这样使得沿不同方向的边界计算的梯度幅值具有各向同性。

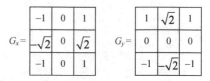

图 7-9　各向同性 Sobel 算子

7.2.3　方向梯度法

一阶梯度算子沿两个正交方向计算梯度,仅对 0°、45°、90° 或 135° 方向突变的边界敏感。而实际应用中的边界还有其他的方向,因此,可设计一系列对不同方向的边界敏感的方向梯度模板,每一个模板仅检测一个方向的边界强度。边界方向梯度的定义为

$$\left|G^{*}(x,y)\right| = \max_{i\in[0,N-1]}\left|G_{i}(x,y)\right| \tag{7-6}$$

式中,$G_{i}(x,y)=f(x,y)*w_{i}$,下标 i 表示方向模板的序号,w_{i} 表示第 i 个方向的模板,$G_{i}(x,y)$ 表示第 i 个方向的梯度幅值;N 表示模板的个数。

得到方向边界梯度后,用最大响应掩模的序号构成对边界方向的编码。图 7-10 是方向梯度法检测边界点的过程。

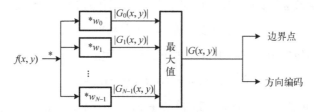

图 7-10　方向梯度法检测边界点的过程

以 Krisch 算子为例,其可以检测图像中 0°、45°、90°、135°、180°、225°、270°、315° 这 8 个方向的梯度变化,因而能够更好地检测区域的边界。它的模板系数如图 7-11 所示。

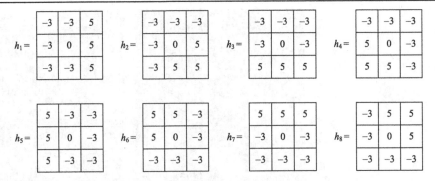

$$h_1 = \begin{array}{|c|c|c|} \hline -3 & -3 & 5 \\ \hline -3 & 0 & 5 \\ \hline -3 & -3 & 5 \\ \hline \end{array} \quad h_2 = \begin{array}{|c|c|c|} \hline -3 & -3 & -3 \\ \hline -3 & 0 & 5 \\ \hline -3 & 5 & 5 \\ \hline \end{array} \quad h_3 = \begin{array}{|c|c|c|} \hline -3 & -3 & -3 \\ \hline -3 & 0 & -3 \\ \hline 5 & 5 & 5 \\ \hline \end{array} \quad h_4 = \begin{array}{|c|c|c|} \hline -3 & -3 & -3 \\ \hline 5 & 0 & -3 \\ \hline 5 & 5 & -3 \\ \hline \end{array}$$

$$h_5 = \begin{array}{|c|c|c|} \hline 5 & -3 & -3 \\ \hline 5 & 0 & -3 \\ \hline 5 & -3 & -3 \\ \hline \end{array} \quad h_6 = \begin{array}{|c|c|c|} \hline 5 & 5 & -3 \\ \hline 5 & 0 & -3 \\ \hline -3 & -3 & -3 \\ \hline \end{array} \quad h_7 = \begin{array}{|c|c|c|} \hline 5 & 5 & 5 \\ \hline -3 & 0 & -3 \\ \hline -3 & -3 & -3 \\ \hline \end{array} \quad h_8 = \begin{array}{|c|c|c|} \hline -3 & 5 & 5 \\ \hline -3 & 0 & 5 \\ \hline -3 & -3 & -3 \\ \hline \end{array}$$

图 7-11　8 个方向的 Krisch 算子模板系数

图 7-12(a) 是对图 7-7(a) 利用 Krisch 算子的边界响应结果，其分别计算边界两侧像素的加权和，再求差分，从而减少由于直接取平均而造成的边界细节丢失。基于设定的阈值，利用式 (7-5)，对图 7-12(a) 进行阈值处理，得到边界图像（图 7-12(b)）。

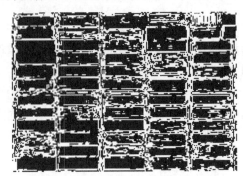

(a) 图 7-7(a) 的 Krisch 算子边界响应结果　　　　　　　(b) 对图 (a) 进行阈值处理后的边界检测结果

图 7-12　农田遥感图像 Krisch 算子边界响应及阈值边界检测结果

7.2.4　二阶导数边界检测

拉普拉斯算子是一种二阶导数的标量，具有各向同性的性质。由于拉普拉斯算子是无方向的，故只需一个模板就可以进行边界检测。虽然拉普拉斯算子对图像中的阶跃型边界定位准确，但对噪声的敏感性强，易造成不连续的边界检测。因此，通常采用拉普拉斯-高斯算子 (LoG) 先进行图像滤波，抑制噪声，然后对滤波图像计算二阶导数，以提高边界检测能力。利用 LoG 算子计算图像的二阶导数基本过程如下。

首先，用高斯函数 $h(x,y)$ 与图像 $f(x,y)$ 卷积，对图像进行平滑滤波：

$$g(x,y) = h(x,y) * f(x,y) \tag{7-7}$$

其次，对平滑后的图像应用拉普拉斯算子得到二阶导数：

$$\nabla^2 g(x,y) = \nabla^2 (h(x,y) * f(x,y)) \tag{7-8}$$

由于卷积与微分的次序可以交换，即 $\nabla^2 (h(x,y) * f(x,y)) = \nabla^2 h(x,y) * f(x,y)$，因此，可以先计算高斯函数的二阶导数，然后和图像做卷积。去掉比例因子的高斯函数及二阶偏导如下：

$$h(x,y) = \mathrm{e}^{\frac{x^2+y^2}{2\sigma^2}} \tag{7-9}$$

$$\nabla^2 h(x,y) = \frac{\partial h(x,y)}{\partial x^2} + \frac{\partial h(x,y)}{\partial y^2} = \left(\frac{x^2+y^2-2\sigma^2}{\sigma^4}\right)e^{-\frac{x^2+y^2}{2\sigma^2}} \tag{7-10}$$

如图 7-13 所示，LoG 算子是一个轴对称函数，由于其曲面形状很像一顶墨西哥草帽，所以又称为墨西哥草帽函数，它的过零点到原点的距离等于 $\sqrt{2}\sigma$，可以看出，LoG 算子在以原点为中心，半径为 $\sqrt{2}\sigma$ 的局部区域做图像平滑，在其他区域做微分，计算二阶导数。图 7-14 显示了一个 5×5 的 LoG 算子模板。

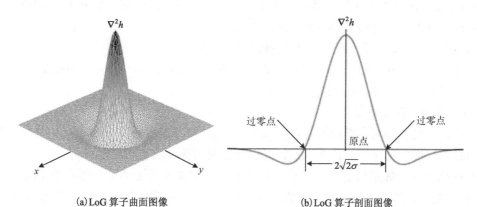

(a)LoG 算子曲面图像　　　　　　(b)LoG 算子剖面图像

图 7-13　LoG 算子

与一阶导数采用响应值大的像素作为边界点不同，二阶导数是利用过零点来检测边界的，具体内容参见 3.4 节所述。因此，在采用拉普拉斯算子进行滤波后的图像 $g(x,y)$ 中，需逐像素检测过零点，以确定边界点。具体步骤是：①取出以 p 为中心的一个 3×3 邻域，p 在左/右、上/下和两个对角方向中某一方向的邻域像素二阶导数值符号不同；②$g(x,y)$ 在某一个方向的邻域像素响应值差的绝对值超过一个阈值，则说明该点是一个过零点。

-2	-4	-4	-4	-2
-4	0	8	0	-4
-4	8	24	8	-4
-4	0	8	0	-4
-2	-4	-4	-4	-2

图 7-14　5×5LoG 算子模板

图 7-15 是利用 LoG 算子对一幅熊猫图像的过零点边界检测结果，可以看出，LoG 算子能够抑制一定的背景噪声，边界检测效果较好。

(a)熊猫图像　　　　　　　　(b)LoG 算子边界检测结果

图 7-15　利用 LoG 算子对一幅熊猫图像进行二阶导数的过零点边界检测结果

7.2.5　Canny 边界检测算子

一阶导数算子和二阶导数算子仅用一个模板和图像做空间滤波，针对滤波结果，设置一个阈值用于界定边界，这样做难以自适应图像内容。例如，阈值选择过小，导致大量的冗余边界被检出；阈值选择过大，则容易丢失重要的边界信息。另外，这些算子不能得到单像素宽的边界，因此，难以在实际中应用。

Canny 算子是一种优秀的边界检测算法，抗干扰能力强，它基于如下 3 个目标而设计：

（1）误判率低。所有边界都应被找到，虚假响应少。

（2）定位精度高。定位结果应尽可能接近真实边界位置。

（3）单像素宽。对于每个真实的边界点，检测算子应只返回一个点。也就是说，对于单个边界点，检测算子不应返回多个边界点。

Canny 算子主要步骤如下：

（1）图像平滑。利用高斯滤波器对图像进行平滑，抑制噪声。

（2）计算梯度。对平滑后的图像，计算每个像素的梯度幅值和梯度方向。

（3）细化边界。如果当前像素的梯度幅值不高于梯度方向上两个相邻点的梯度幅值，则抑制该像素响应，这种方法称为非最大抑制。图 7-16 显示了两个边界点 p_0 和 q_0 及其梯度方向，p_0 与梯度方向上两个邻域点 p_1 和 p_2 的梯度幅值进行比较，执行非最大抑制。类似地，q_0 将与 q_1 和 q_2 的梯度幅值进行比较。

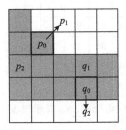

图 7-16　细化边界示例

（4）双阈值检测。Canny 算子使用两个幅值阈值，高阈值用于检测梯度幅值较大的强边界，低阈值用于检测梯度幅值较小的弱边界，低阈值通常取为高阈值的一半。令高阈值和低阈值得到的边界检测结果分别为 g_H 和 g_L，且 g_L 中去除 g_H 中的边界像素。

（5）边界连接。从满足高阈值的边界像素开始，顺序跟踪连续的轮廓段，把与强边界相连的弱边界连接起来，主要过程包括：①遍历 g_H 中未被访问的边界像素 p；②将 g_L 中与 p 存在 8 连通关系的所有低阈值像素边界标记为有效边界。遍历 g_H 中的所有像素后，删除 g_L 中未标记为有效边界的所有像素。

通常在第（5）步后，再执行一次边界细化算法，以得到单像素宽的边界。

图 7-17 是利用 Canny 算子检测图 7-15(a) 熊猫图像的边界，可以看出，Canny 算子采用低阈值和高阈值，比 LoG 算子得到了更好的单像素宽边界检测结果。

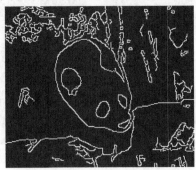

图 7-17　图 7-15(a) 图像的 Canny 算子边界检测结果

7.2.6 边界连接

边界检测只会得到位于边界上的像素集合，相邻点之间的连接关系并未确定。在一个局部区域中，如果相邻点的梯度幅值和梯度方向有一定的相似性，则将其连接起来，否则它们并不是相邻点。如图 7-18 所示，边界像素 q 和 s 均与边界像素 p 相邻，它们的连接关系判断如下。

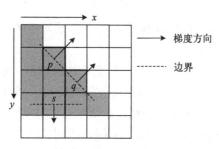

图 7-18　边界连接示例

设深色像素的灰度值为 128，白色像素的灰度值为 255。首先，采用式 (3-30) 和式 (3-32) 计算这 3 个点的梯度：

$$\boldsymbol{G}(p)=\begin{bmatrix} f_x(p) \\ f_y(p) \end{bmatrix}=\begin{bmatrix} 68.5 \\ 68.5 \end{bmatrix}, \quad \boldsymbol{G}(q)=\begin{bmatrix} f_x(q) \\ f_y(q) \end{bmatrix}=\begin{bmatrix} 68.5 \\ 68.5 \end{bmatrix}, \quad \boldsymbol{G}(s)=\begin{bmatrix} f_x(s) \\ f_y(s) \end{bmatrix}=\begin{bmatrix} 0 \\ 68.5 \end{bmatrix}$$

接着，得到这 3 个点的梯度幅值和梯度方向分别为

$$M(\boldsymbol{G}(p))=127, \quad \varphi(\boldsymbol{G}(p))=-45°$$

$$M(\boldsymbol{G}(q))=127, \quad \varphi(\boldsymbol{G}(q))=-45°$$

$$M(\boldsymbol{G}(s))=68.5, \quad \varphi(\boldsymbol{G}(s))=90°$$

显然，p 和 q 在梯度幅值和方向上均相似，它们是位于同一条边界上的 2 个相邻点，而 p 和 s 在梯度幅值和方向上均有明显的差异，显然二者不在同一条边界上。

利用边界连接可以得到有意义的图像边界。对于闭合的图像边界，还可以得到闭合边界所包含的目标区域，以方便后续处理。

7.2.7 霍夫变换直线检测

边界连接虽然能够得到连续的边界，但难以判别边界呈现的几何特征。例如，道路和桥梁呈现为直线形状，而硬币、井盖和眼睛虹膜则呈现为圆形。因此，很多应用场景下都需要准确检测出图像中的特定几何形状。但是，直接检测图像中的几何形状是非常困难的，以直线为例，过任一点的直线有无数条，穷举经过所有边界点任意方向的直线将导致非常大的计算量，这几乎是不可能的。

霍夫变换是一种特征提取手段，它反映图像空间的几何形状与其在参数空间中的映射关系。在图像空间中表示某种几何形状的参数，在参数空间中呈现为一个点。因此，将参数空间用数组表示，图像空间中特定几何形状的检测可转化为参数空间中局部极大值的问题，该局部极大值所对应的参数表示一个特定几何形状。

霍夫变换可以用来检测直线、圆和椭圆等能够用参数方程表示的几何图形。本节讨论利用霍夫变换检测直线。设 (x_i,y_i) 为平面 (x,y) 上的一点，过该点的任一直线都满足：

$$y_i =kx_i +b \qquad\qquad (7\text{-}11)$$

式中，k 表示直线斜率；b 表示截距；(k,b) 称为直角坐标参数空间。

将 (x_i,y_i) 看成已知量，则直线方程可改写：

$$b=-kx_i +y_i \qquad\qquad (7\text{-}12)$$

式 (7-12) 表示经过点 (x_i,y_i) 的所有直线，每条直线对应着直角坐标参数空间的一个点 (k,b)。

如图 7-19(a) 所示，设在图像空间中有 3 个共线的像素，过这 3 个像素的直线参数为 (k_1,b_1)，而经过每个像素的直线又有无穷多条 (图 7-19(b))，每条直线都对应着参数空间中的一个点。式 (7-12) 表明过像素 (x_i,y_i) 的所有直线在参数空间中对应的点将构成一条直线，也就是说过原图像空间 3 个点的所有直线在图 7-19(c) 的参数空间中对应着 3 条直线。由于图像空间中的 3 个点共线，所以它们在参数空间中对应的 3 条直线将交于一点 (k_1,b_1)。因此，可由参数空间中相交于某坐标点的直线数量得出该点在图像空间中所对应的线段所包含的像素数量。显然，直角坐标参数空间中在一个点上相交的直线数越多，图像中该点所表示的线段就越长。

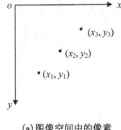
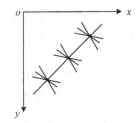
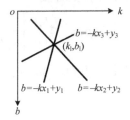

(a) 图像空间中的像素　　　　(b) 过像素的任意直线　　　　(c) 直线在直角坐标参数空间的表示

图 7-19　霍夫变换检测直线示例

当直角坐标系中的直线斜率 k 无穷大时，计算机难以数值化，而采用极坐标表示的霍夫变换则可避免这种情况。如图 7-20 所示，直线 l 经过点 (x_i,y_i)，过原点 o 作直线 l 的垂线，交 l 于 t 点，ot 距离为 ρ，x 轴与 ot 的夹角为 θ，则直线 l 所对应的极坐标方程为

$$\rho = x\cos\theta + y\sin\theta \qquad\qquad (7\text{-}13)$$

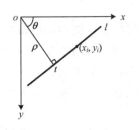

(ρ, θ) 构成了极坐标参数空间。对于一幅分辨率为 $M\times N$、坐标原点在左上角的数字图像，其对应的极坐标参数 ρ 的最大值为 $\rho_{\max}=\sqrt{(M-1)^2+(N-1)^2}$，取值范围为 $[-\rho_{\max},\rho_{\max}]$，$\theta$ 的范围为 $[-\pi/2,\pi/2]$。极坐标参数空间中的点与图像空间中的直线存在一一对应关系。极坐标参数空间中相交于某个坐标点的曲线数量等于该点在图像空间中所对应的直线经过的像素数量。为了实现直线检测，规定极坐标参数空间中所有点对应的取值为该点在图像空间中对应的线段所包含的像素数，这样按

图 7-20　直线的极坐标表示

照 (ρ, θ) 坐标点的取值构成一个二维数组，数组中取值为 0 的元素表示在图像空间中不存在对应直线。

　　例如，在图 7-19(a)的图像空间中，某直线经过 3 个像素，过每个点的所有直线在极坐标参数空间中形成一条曲线(图 7-21)，这 3 条曲线相交于点(ρ_l,θ_l)，那么(ρ_l,θ_l)在极坐标参数空间数组中对应的元素取值为 3。显然，数组中的元素值越大，其对应的图像空间中的直线经过的像素越多。在实际应用中，先提取参数空间数组元素的局部极大值，而大于设定阈值的局部极大值元素在图像空间中对应的直线即为要检测的直线。

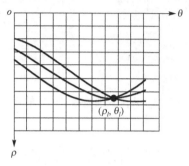

图 7-21　图 7-19(a)过像素的所有直线在极坐标参数空间中的表示

　　图 7-22(a)中有一条包含 8 个像素点的线段，其霍夫变换结果如图 7-22(b)所示，可以看出图 7-22(a)中经过每个点的直线参数在参数空间中形成一条曲线，经过 8 个点的所有直线形成了 8 条曲线，这 8 条曲线的交点对应参数所表示的直线就是图 7-22(a)中的线段。

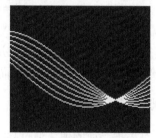

(a)直线　　　　　　　　　　　　　　　(b)霍夫变换结果

图 7-22　经过 8 个点的一条直线及其霍夫直线变换

　　图 7-23 显示了霍夫变换检测农田中的直线。首先通过 Canny 算子检测图像(图 7-23(a))中的边界(图 7-23(b))，接着采用霍夫变换对图像中的边界点进行直线变换，得到其在极坐标参数空间中的对应曲线，并提取极坐标参数空间数组的 10 个局部极大值(图 7-23(c))，最后，基于这 10 个值映射回其在图像空间中对应的 10 条线段(图 7-23(d))。

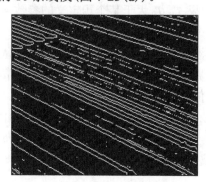

(a)农田图像　　　　　　　　　　　　　　(b)Canny 边界检测

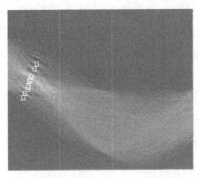

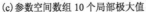

(c) 参数空间数组 10 个局部极大值　　　　　　　　(d) 霍夫变换直线检测结果

图 7-23　霍夫变换检测农田中的直线

7.3　阈 值 分 割

当目标和背景灰度值分布差异明显时，阈值法可得到好的分割结果。通过阈值法，可将灰值图像转化为二值图像，从而实现图像分割。阈值法公式为

$$g(x,y)=\begin{cases} 1, & f(x,y)>T \\ 0, & f(x,y)\leqslant T \end{cases} \tag{7-14}$$

式中，T 是阈值参数。根据 T 在图像中的适用范围，阈值可分为全局阈值和局部阈值(或动态阈值)。对于局部阈值，T 随着图像位置而变化，其值依赖于待处理像素的邻域性质。

7.3.1　迭代阈值法

迭代阈值法是根据当前阈值，通过某种规则估算一个更优的阈值，重复执行该过程，直至相邻两次的阈值差小于某个指定的参数，此时认为算法收敛，否则继续迭代。具体算法如下：

(1) 估计初始阈值 T_0。

(2) 阈值 T_0 将图像灰度值分成 2 类，大于阈值的灰度值组成 C_1，小于阈值的灰度值组成 C_2，分别计算 C_1 和 C_2 的灰度均值 μ_1 和 μ_2。

(3) 计算 μ_1 和 μ_2 的平均值 $T_1 = \frac{1}{2}(\mu_1 + \mu_2)$。

(4) 如果 $T_1 - T_0$ 大于某个预定义的参数 ε，则将 T_1 赋予 T_0，执行第(2)步；否则，算法收敛，根据式(7-14)，采用阈值 T_1 分割图像。

当目标和背景呈现双峰分布时，迭代阈值法一般会得到好的分割结果。合适的初始阈值将会使算法在几次迭代后就会收敛，通常将图像中最小灰度值和最大灰度值的平均值作为初始阈值。

图 7-24(a) 是一幅杂草图像，从直方图(图 7-24(b))可以看出，杂草(灰度值高)和土壤(灰度值低)具有明显的区别，近似服从双峰分布。采用最大灰度值和最小值灰度的平均值作为初始阈值，迭代阈值法 3 次就达到收敛，将杂草和土壤准确分离。

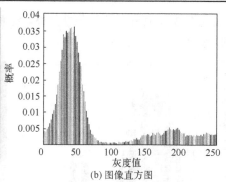

(a) 杂草图像　　　　　　　　　(b) 图像直方图　　　　　　　　　(c) 分割结果

图 7-24　迭代阈值法分割杂草图像

7.3.2　Otsu 阈值法

虽然使用迭代阈值法能通过若干次迭代得到一个阈值，但难以保证它是最优的。Otsu 阈值法认为最优的阈值应使得分割后的两类 (前景和背景) 的类间方差最大。设图像有 L 级灰度、N 个像素，灰度值范围为 $[0,L-1]$，灰度值 i 出现的次数为 n_i，则灰度值 i 的概率密度为 $p_i=n_i/N$，得到图像的规范化灰度直方图。

整幅图像的灰度均值为

$$\mu = \sum_{i=0}^{L-1} i p_i \tag{7-15}$$

选择一个阈值 T，将图像中的像素分成两类，即 C_1 和 C_2。灰度值在 $[0,T]$ 的像素组成 C_1，灰度值在 $[T+1,L-1]$ 的像素组成 C_2。C_1 和 C_2 在图像中的占比分别为

$$w_1 = \sum_{i=0}^{T} p_i, \quad w_2 = \sum_{i=T+1}^{L-1} p_i \tag{7-16}$$

C_1 和 C_2 的均值分别为

$$\mu_1 = \sum_{i=0}^{T} i\, p_i / w_1, \quad \mu_2 = \sum_{i=T+1}^{L-1} i\, p_i / w_2 \tag{7-17}$$

由式 (7-16) 和式 (7-17) 可得

$$\mu = w_1 \mu_1 + w_2 \mu_2 \tag{7-18}$$

C_1 和 C_2 的类间方差定义为

$$\sigma_B^2 = w_1(\mu_1 - \mu)^2 + w_2(\mu_2 - \mu)^2 \tag{7-19}$$

根据上述已知条件，式 (7-19) 可以重写为

$$\sigma_B^2 = w_1 w_2 (\mu_1 - \mu_2)^2 \tag{7-20}$$

对于任意阈值 T，均可以得到一个类间方差。具有最大类间方差的阈值 T^* 作为最优阈值：

$$\sigma_B^2(T^*) = \max_{0 \leqslant T \leqslant L-1} \sigma_B^2(T) \tag{7-21}$$

图 7-25 (a) 是一幅米粒图像，米粒的灰度值明显高于背景，直方图 (图 7-25 (b)) 具有双峰

分布,因此,采用 Otsu 阈值法能够较好地将米粒和背景分离。注意,个别背景点被误分类为目标,它们可通过第 6 章的形态学滤波算法去除。

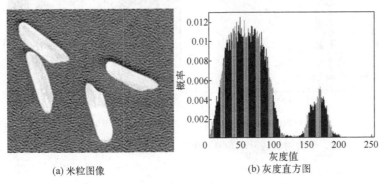

(a) 米粒图像　　　　　　　　(b) 灰度直方图　　　　　　　　(c) Otsu 分割结果

图 7-25　大米籽粒图像 Otsu 阈值分割

7.3.3　基于边界的改进阈值分割

当目标和背景像素数量差别不大,且呈现明显的双峰分布时,迭代阈值法和 Otsu 阈值法均可得到理想的分割结果。然而,当目标和背景的像素数量不在一个量级上时,直接应用阈值法难以进行有效分割。一种改进的思路是仅考虑位于边界附近的像素,利用这些像素进行阈值分割,从而避免大量纯目标和背景像素对阈值分割的影响,基本过程如下:

(1) 采用一阶导数或二阶导数计算图像 $f(x,y)$ 的边界响应 $g(x,y)$。

(2) 设置阈值 T,得到 $g(x,y)$ 大于 T 的结果 $g_T(x,y)$。

(3) 保留 $f(x,y)$ 中对应于 $g_T(x,y)$ 不为零的像素,其他元素置为零,得到修改后的图像 $f_T(x,y)$。

(4) 对图像 $f_T(x,y)$ 采用普通的阈值法进行分割。

7.3.4　动态阈值法

当图像背景存在光照变化或背景灰度值分布较宽时,单阈值不适用于整幅图像。此时,可采用动态阈值。

一个简单的办法是将图像划分成若干子块,每一子块根据图像的局部特征得到一个阈值,以解决单阈值分割带来的问题。相对于单阈值分割,动态阈值(多阈值)分割具有一定的图像内容自适应性,抗噪能力较强。图 7-26(a) 是一幅光照不均的南瓜籽粒图像,将图像划分成 5×5 子块,采用 Otsu 阈值法得到各子块的最优阈值,分割结果如图 7-26(c) 所示,与图 7-26(b) 的全局阈值分割结果相比,动态阈值分割结果更优。

另一个办法是根据每个像素的局部统计特性设置不同的阈值,也就是逐像素设置阈值。均值和标准差分别描述了图像的灰度均值和对比度,是求局部阈值过程中非常重要的参数。

设 s_{xy} 是图像中以 (x,y) 为中心的邻域,u 和 σ 是 s_{xy} 中所有像素的均值和标准差。基于局部区域的 u 和 σ,可以设置相应的通用阈值函数:

$$t_{xy} = T(x,y,f(x,y),\mu(x,y),\sigma(x,y)) \tag{7-22}$$

例如,常用如下的阈值公式:

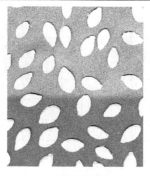 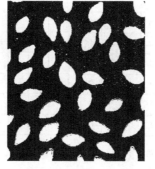 

(a)南瓜籽粒图像　　　　　　　(b)全局阈值分割　　　　　　　(c)动态阈值分割

图 7-26　光照不均的南瓜籽粒图像阈值分割

$$t_{xy} = a\mu(x, y) + b\sigma(x, y) \tag{7-23}$$

根据阈值，可得到分割结果：

$$g(x, y) = \begin{cases} 1, & f(x, y) > t_{xy} \\ 0, & f(x, y) \leq t_{xy} \end{cases} \tag{7-24}$$

有时也根据如下的条件实现分割：

$$g(x, y) = \begin{cases} 1, & f(x, y) > a\mu_{xy} \text{ 且 } f(x, y) > b\sigma_{xy} \\ 0, & \text{其他} \end{cases} \tag{7-25}$$

式中，a 和 b 均为常数。

7.4　基于区域的分割

阈值分割方法根据图像的统计特性选择最优阈值进行分割，但未考虑像素的空间特性，易导致分割结果存在噪声或不连通，如图 7-24 和图 7-25 所示。而基于区域的分割方法则会考虑像素的空间特征，直接得到具有连通性的分割结果，避免了上述问题。

7.4.1　区域生长

区域生长是在图像中选择有代表性的点作为种子点，根据预定义的生长准则，将与种子点具有相似特征的邻域像素聚合，形成增长区域。当邻域点不再满足相似准则时，区域生长停止。度量相似性的准则可以是图像的颜色或纹理特征。

图 7-27 是一幅 6×6 的数字图像，选取图 7-27(a)中的 2 个点作为种子点。相似性准则规定邻近像素与种子点的灰度值之差小于 3。图 7-27(b)是种子点的 4 邻域像素的生长结果。图 7-27(c)以图 7-27(b)中新加入像素作为种子点进行 4 邻域像素生长的结果，图 7-27(d)是第 3 步生长，得到了最终的分割结果。

在区域生长中，种子点的选取是关键的一步，这些种子最好是各个区域的代表性像素。首先，相似性准则的选取依赖于具体问题。例如，当作物与背景差别比较大时，颜色(或灰度)是一个合适的相似性准则。当分割不同类型的作物时，则可将纹理特征作为相似性准则。其

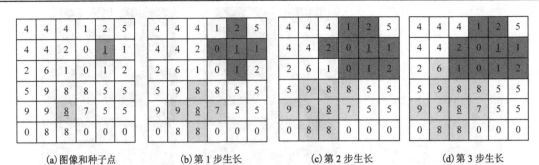

| (a)图像和种子点 | (b)第1步生长 | (c)第2步生长 | (d)第3步生长 |

图 7-27　区域生长示例

次，区域的连通性也要考虑，例如，如果将灰度值相同的像素组合为一个区域，显然它们可能分布在不同的子区域，因此这样的分割结果是无意义的。

7.4.2　区域分裂与区域合并

图像可看成一个整体区域，如果该区域的统计性质满足某种约束，则表示图像灰度值或纹理基本一致。反之，如果该区域的统计性质不满足约束，则将该区域分裂成 4 个子区域。对每个子区域执行同样的判断，若满足条件，则子区域保持不变；若不满足条件，则子区域继续分裂成 4 个子区域，这就是区域分裂。当两个相邻区域的灰度值满足统计约束时，则对

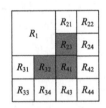

图 7-28　区域分裂与合并示意图

它们进行合并，也就是区域合并。图 7-28 是一个 4×4 图像的区域分裂与合并示意图，假设图像整体不满足约束，被分为 4 个区域。接着，除了左上角区域 R_1 外，其他 3 个区域不满足约束，继续分裂。同时，区域 R_{23}、R_{32} 和 R_{41} 满足合并条件，因此被合并到一起。

标准差是衡量区域灰度值变化程度的一个指标，因此，可用它作为区域分裂的判断标准。当区域分裂到最后一级时，需考虑区域合并处理。均值则用于衡量两个区域内容的一致性，可作为区域合并的判别准则。

图 7-29 是一个区域分裂与区域合并的例子，区域的灰度标准差阈值设置为 $\sigma_T=1.8$，大于 σ_T，则区域分裂，反之，则保持不变；区域的均值阈值设置为 $\mu_T=2$。当相邻区域的灰度均值之差小于 2 时，进行区域合并操作。该图像的区域分割过程如下。

首先，计算图像（图 7-29(a)）的整体标准差 $\sigma_R=5.885$，大于 σ_T，如图 7-29(b) 所示，则图像分裂成 4 个子区域，即 R_1、R_2、R_3 和 R_4（子区域排列顺序见图 7-28）。其次，计算 4 个子区域的灰度均值和标准差，分别为：$\mu_{R_1}=3.25$，$\sigma_{R_1}=0.69$，$\mu_{R_2}=5$，$\sigma_{R_2}=6.5$，$\mu_{R_3}=4.5$，$\sigma_{R_3}=7.25$，$\mu_{R_4}=7.25$，$\sigma_{R_4}=0.69$。由于区域 R_2 和 R_3 的标准差大于标准差阈值 σ_T，其分裂为单个像素，不能再继续分裂，结果见图 7-29(c)。然后，对剩余的不再分裂的区域执行区域合并，显然区域 R_1 与相邻区域 R_{21}、R_{31}、R_{32} 的灰度均值之差均小于 2，满足合并条件。同理，区域 R_4 与 R_{23}、R_{24}、R_{34} 满足合并条件。通过重复执行区域合并，最终的分割结果如图 7-29(d) 所示。

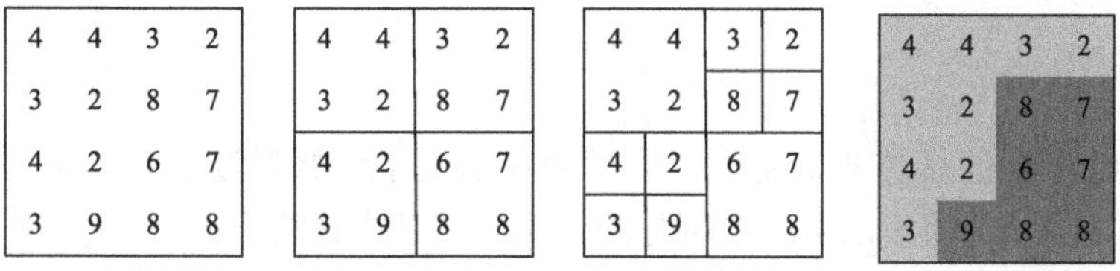

(a)图像区域　　　(b)区域分裂 1　　　(c)区域分裂 2　　　(d)区域合并

图 7-29　区域分裂与区域合并举例

7.5　分水岭分割

分水岭的概念来自地形学和水文学，指分隔相邻两个流域的山岭和高地。如图 7-30 所示，可以将灰值图像(图 7-30(a))看作一幅地形图(图 7-30(b))，像素的灰度值代表该点的地形高度，可用于分析该地形图的地貌特征。借助地形图，分水岭算法模拟地理结构来实现对不同物体的分割。分水岭算法的优点在于会产生连通的分割边界，能够给出两个区域的连续边界。

(a) 灰值图像　　　　　　　　　(b) 地形图

图 7-30　图像作为地形图示例

7.5.1　基本术语

在地形表面上，总会有一些局部最小点，称为低洼，落在这些点的雨水不会流向他处。在一些区域，降落的雨水会沿着地形表面往低处流，最终流向某一个低洼，流向同一个低洼的雨水经过的点构成了一个集水盆地。在两个集水盆地分界处的点上，降落的雨水会等概率地流向不同的低洼，这些点组成的连线称为分水线。

在图 7-31 的一维图像中，有 3 个局部极小值，因此有 3 个低洼，相应地有 3 个集水盆地。分水岭将不同集水盆地分开，因此，有 4 个分水线。

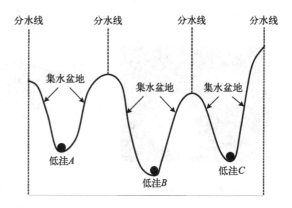

图 7-31　一维分水岭算法举例

7.5.2 淹没法

虽然分水岭算法的思想非常简单，但早期算法由于计算量过大且不精确，效率不高。Vincent 和 Soille 提出的淹没法是一个可行的方案，其基本策略为：

首先，设想每个局部极小值有一个孔，把整个地形逐渐沉入湖中，处在水平面以下的低洼不断涌入水流，逐渐填满与低洼相关的集水盆地；

其次，当来自不同低洼的水即将在某些点汇合时，也就是水将要从一个集水盆地溢出时，就在这些点上筑坝；

最后，当水淹没地形最高点时，筑坝过程停止。所有的水坝形成了分水线，地形被分成了不同的区域或盆地。

7.5.3 应用举例——连接籽粒分割

连接目标分割是分水岭算法的典型应用。在农作物籽粒计数时，需要将连接的籽粒正确分离，才能得到准确的籽粒数量。利用分水岭算法有效分割玉米连接籽粒的过程如图 7-32 所示。首先，采用阈值法将图 7-32(a)转换化成二值图像(图 7-32(b))；其次，对籽粒区域进行距离变换(图 7-32(c))；图 7-32(d)是图 7-32(b)左上角一个区域的距离变换，其灰度反转后的地形图为图 7-32(e)，显然，地形图有两个集水盆，分别对应两个籽粒。最后，图 7-32(f)展示了应用分水岭算法对图 7-32(b)连接籽粒的分割结果。注意，对于底部的两个连接玉米籽粒，由于距离变换的结果未能正确构建地形图，分水线不在两个籽粒的连接处，这使得其分割结果并不合理。

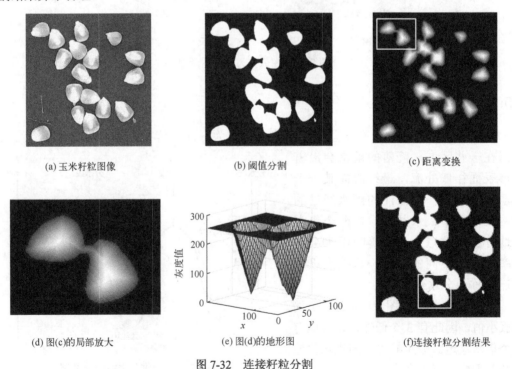

(a) 玉米籽粒图像　　　　　(b) 阈值分割　　　　　(c) 距离变换

(d) 图(c)的局部放大　　　(e) 图(d)的地形图　　　(f)连接籽粒分割结果

图 7-32　连接籽粒分割

7.6 Mean Shift 分割

Mean Shift 即为均值平移，最早是由 Fukunaga 等在 1975 年的一篇关于概率密度函数梯度估计的论文中提出，用于数据聚类分析。1995 年，Cheng 将 Mean Shift 首次引入图像处理领域，通过定义一组核函数，使得随着样本与被偏移点的距离不同，其偏移量对均值偏向量的贡献也不同，另外还设定了一个权重系数，使得不同的样本点的重要性不一样，从而扩大了 Mean Shift 的适用范围。Comaniciu 和 Meer 在 1999 年 IEEE CVPR 会议上的经典论文中，将 Mean Shift 成功地运用于图像平滑和分割领域，获得了该会议的最佳论文奖。

Mean Shift 以图像空间坐标和颜色值作为样本数据，以样本点的收敛结果作为图像平滑和图像分割的依据，在彩色图像分割领域具有非常大的影响力。

7.6.1 Mean Shift 理论

1. 概率密度函数估计

在数据聚类中，通常要寻找样本密度最大的地方，而 Mean Shift 的基本目标就是使搜索方向向局部密度增加的方向移动。设样本所在的搜索区间 R 是一个 d 维的超立方体，带宽 h 表示超立方体边的长度，样本点 x 的通用多维核密度估计公式如下：

$$\hat{f}(\boldsymbol{x}) = \frac{c_{k,d}}{nh^d} \sum_{i=1}^{n} k\left(\left\|\frac{\boldsymbol{x}-\boldsymbol{x}_i}{h}\right\|^2\right) \tag{7-26}$$

式中，$c_{k,d}$ 是一个规范化常数，设点 $\boldsymbol{x}_i$ 到 $\boldsymbol{x}$ 的规范化距离 $\|(\boldsymbol{x}-\boldsymbol{x}_i)/h\|^2$ 为 x，可知 $x \in [0,1]$，而 $k(\cdot)$ 是一个单调递减函数，称为核函数。

式 (7-26) 表示样本点 $\boldsymbol{x}$ 的概率密度可用以 $\boldsymbol{x}$ 为中心的一个体积为 h^d 的超立方体中的样本分布来估计。超立方体中每个点 $\boldsymbol{x}_i$ 对 $\boldsymbol{x}$ 的密度估计的贡献用核函数 $k(x)$ 表示，常用核函数有两种形式，分别是如下的 Epanechnikov 核函数 $k_E(x)$ 和 Gaussian 核函数 $k_N(x)$：

$$k_E(x) = \begin{cases} 1-x, & x < 1 \\ 0, & \text{其他} \end{cases} \tag{7-27}$$

$$k_N(x) = \begin{cases} \exp\left(-\frac{1}{2}x\right), & x < 1 \\ 0, & \text{其他} \end{cases} \tag{7-28}$$

可以看出，样本点 $\boldsymbol{x}$ 的概率密度估计是以 $\boldsymbol{x}$ 为中心的窗口(超立方体)内所有样本点贡献度的加权平均。

2. 概率密度梯度估计

概率密度最大的点可通过概率密度的梯度来迭代估计。根据式 (7-26) 估计样本点 $\boldsymbol{x}$ 的概率密度梯度为

$$\nabla \hat{f}_{h,K}(\boldsymbol{x}) = \frac{2c_{k,d}}{nh^{d+2}} \sum_{i=1}^{n} (\boldsymbol{x} - \boldsymbol{x}_i) k'\left(\left\| \frac{\boldsymbol{x} - \boldsymbol{x}_i}{h} \right\|^2 \right) \tag{7-29}$$

令 $g(\cdot) = -k'(\cdot)$，将其代入式 (7-29)，并进行整理，得到

$$\nabla \hat{f}_{h,K}(\boldsymbol{x}) = \frac{2c_{k,d}}{nh^{d+2}} \sum_{i=1}^{n} (\boldsymbol{x}_i - \boldsymbol{x}) g\left(\left\| \frac{\boldsymbol{x} - \boldsymbol{x}_i}{h} \right\|^2 \right)$$

$$= \frac{2c_{k,d}}{nh^{d+2}} \left[\sum_{i=1}^{n} g\left(\left\| \frac{\boldsymbol{x} - \boldsymbol{x}_i}{h} \right\|^2 \right) \right] \left[\frac{\sum_{i=1}^{n} \boldsymbol{x}_i g\left(\left\| \frac{\boldsymbol{x} - \boldsymbol{x}_i}{h} \right\|^2 \right)}{\sum_{i=1}^{n} g\left(\left\| \frac{\boldsymbol{x} - \boldsymbol{x}_i}{h} \right\|^2 \right)} - \boldsymbol{x} \right] \tag{7-30}$$

$k(\cdot)$ 为单调递减函数，因此 $g(\cdot) > 0$，不改变概率密度梯度的方向。将式 (7-30) 等号右边第三项定义为 Mean Shift 向量，它指向概率密度值增加的方向，定义为 $\boldsymbol{m}_{h,g}(\boldsymbol{x})$，即

$$\boldsymbol{m}_{h,g}(\boldsymbol{x}) = \frac{\sum_{i=1}^{n} \boldsymbol{x}_i g\left(\left\| \frac{\boldsymbol{x} - \boldsymbol{x}_i}{h} \right\|^2 \right)}{\sum_{i=1}^{n} g\left(\left\| \frac{\boldsymbol{x} - \boldsymbol{x}_i}{h} \right\|^2 \right)} - \boldsymbol{x} \tag{7-31}$$

式中，$\sum_{i=1}^{n} \boldsymbol{x}_i g\left(\left\| \frac{\boldsymbol{x} - \boldsymbol{x}_i}{h} \right\|^2 \right) \Big/ \sum_{i=1}^{n} g\left(\left\| \frac{\boldsymbol{x} - \boldsymbol{x}_i}{h} \right\|^2 \right)$ 为从当前搜索区域得到的最优质心估计。特别是当用式 (7-27) 计算核函数时，$g(\cdot)=1$，式 (7-31) 可简化为

$$\boldsymbol{m}_{h,g}(\boldsymbol{x}) = \frac{1}{n} \sum_{i=1}^{n} \boldsymbol{x}_i - \boldsymbol{x} \tag{7-32}$$

即新的质心为

$$\boldsymbol{x} = \frac{1}{n} \sum_{i=1}^{n} \boldsymbol{x}_i \tag{7-33}$$

3. Mean Shift 迭代过程

设在当前窗口中，初始点为 $\boldsymbol{x}$，设定搜索区域的带宽 h，误差阈值为 ε，Mean Shift 寻找概率密度最大值点的过程是一个迭代寻找局部概率密度最大处的过程，具体为：

(1) 根据式 (7-31)，计算 Mean Shift 向量 $\boldsymbol{m}_{h,g}(\boldsymbol{x})$。

(2) 如果 $\| \boldsymbol{m}_{h,g}(\boldsymbol{x}) \| < \varepsilon$，则表示 Mean Shift "爬" 到局部概率密度最大处，算法停止，否则执行第 (3) 步。

(3) 用 $\boldsymbol{m}_{h,g}(\boldsymbol{x}) + \boldsymbol{x}$ 更新 $\boldsymbol{x}$，执行第 (1) 步。

Mean Shift 算法演示如图 7-33 所示。图 7-33 (a) 是样本点分布，图 7-33 (b) 是初始位置①，以②为中心的局部区域为搜索区域，根据式 (7-33) 得到其均值点② (图 7-33 (c))，重复以上迭代过程，得到最终的收敛位置 (图 7-33 (d))。

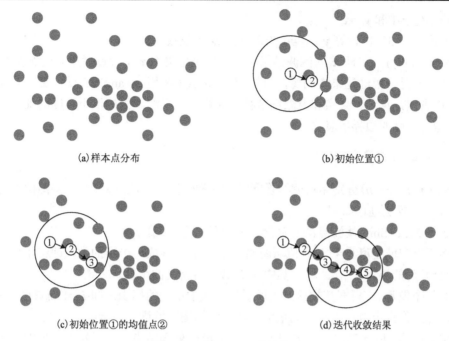

(a)样本点分布　　　　　　　　　　　　　(b)初始位置①

(c)初始位置①的均值点②　　　　　　　　　(d)迭代收敛结果

图 7-33　Mean Shift 算法演示

7.6.2　Mean Shift 图像滤波和分割

Mean Shift 作为一种模式搜索方法，可被广泛地应用到各种计算机视觉任务中。这里介绍 Mean Shift 的两种基本应用：图像滤波(也称为不连续性保护)和图像分割。在图像中，一个像素由位置和颜色值组成，它们分别属于空域和值域，每个像素都可视为特征空间中的一个样本。

例如，对于一幅二维灰值图像，像素位置是二维向量，而其对应的灰度值是一维标量，因此，样本的特征空间是三维的；而对于彩色图像，颜色值是三维的，则样本空间为五维的。设待估计点 $\boldsymbol{x}$ 的空域坐标和颜色值域特征分别为 $\boldsymbol{x}^s$ 和 $\boldsymbol{x}^r$，因为空域和值域属于不同的空间，Mean shift 采用空域核和值域核乘积的多维核函数表示样本的权重：

$$K_{h_s,h_r} = \frac{C}{h_s^2 h_r^p} k\left(\left\|\frac{\boldsymbol{x}_i^s - \boldsymbol{x}^s}{h_s}\right\|^2\right) k\left(\left\|\frac{\boldsymbol{x}_i^r - \boldsymbol{x}^r}{h_r}\right\|^2\right) \tag{7-34}$$

式中，$\boldsymbol{x}_i^s$ 和 $\boldsymbol{x}_i^r$ 分别是搜索区域样本点 $\boldsymbol{x}_i$ 的空域坐标和颜色值域特征，则 $\boldsymbol{x}_i$ 可以表示为 $[\boldsymbol{x}_i^s, \boldsymbol{x}_i^r]$；$k(\bullet)$ 是一个核函数，用于表示 $\boldsymbol{x}_i$ 对于估计点 $\boldsymbol{x}$ 的概率密度权重；h_r 和 h_s 分别是空域和值域的带宽；C 为规范化常数；对于灰值图像，$p=1$，对于彩色图像，$p=3$。通常选择 Epanechnikov 核或 Gaussian 核都会得到好的结果。Mean Shift 图像滤波算法需要用户输入的参数是带宽 $h=(h_r,h_s)$。

1.　Mean Shift 图像滤波

令 $\boldsymbol{x}_i$ 和 $\boldsymbol{z}_i (i=1,\cdots,n)$ 分别表示在 d 维联合空域-值域中的输入图像像素和其对应的滤波输出，对每一个像素 $\boldsymbol{x}_i$，执行下列操作：

(1)初始化 $j=1$ 和 $\pmb{y}_{i,j}=\pmb{x}_i$。

(2)根据式(7-31)，计算 $\pmb{y}_{i,j+1}=\pmb{m}_{h,g}(\pmb{x})+\pmb{y}_{i,j}$，迭代收敛结果为 $\pmb{y}_{i,c}$。

(3)令 $\pmb{z}_i=[\pmb{x}_i^s, \pmb{y}_{i,c}^r]$，即 $\pmb{x}_i$ 的滤波结果 $\pmb{z}_i$ 的空域坐标仍为 $\pmb{x}_i^s$，而颜色值域特征更新为 $\pmb{y}_{i,c}^r$。

图 7-34(a)是一幅红花果实图像，图 7-34(b)显示了利用 Mean Shift 滤波算法对其的滤波结果。可以看出，花蕊、果实和背景细节被不同程度地平滑，去掉了小尺度的细节信息，同时保护图像大尺度的边界信息。

2. Mean Shift 图像分割

令 $\pmb{x}_i$ 和 $\pmb{z}_i(i=1,\cdots,n)$ 分别是待滤波像素的输入和输出，L_i 是像素 i 在分割图像中的标记。Mean Shift 分割算法过程如下：

(1)运行 Mean Shift 滤波算法，存储 $\pmb{x}_i$ 的收敛信息 $\pmb{y}_{i,c}$ 到 $\pmb{z}_i$。

(2)将所有空域距离小于 h_s 且值域距离小于 h_r 的 $\pmb{z}_i$ 聚成一个新的类，即将距离过近的类合并，设合并后的类为 $\{C_p\}_{p=1,\cdots,m}$，其中 m 为合并后新类的个数。

(3)对每个像素 i，根据其收敛结果所属类，赋予不同的标识，即 $L_i=\{p|\pmb{z}_i \in C_p\}$。

(4)优化，像素个数小于一定阈值的区域将和周围区域进一步合并。

图 7-34(c)为 Mean Shift 分割算法对图 7-34(a)的处理结果，可以看出，虽然存在一定过分割，但花蕊、果实和背景仍得到了较好地分割。

  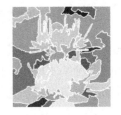

(a)红花果实图像　　　　(b)Mean Shift 滤波　　　　(c)Mean Shift 分割

图 7-34　Mean Shift 图像滤波和图像分割举例

7.7　SLIC 超像素分割

超像素分割是将图像划分成面积大致相等的若干像素块，这些像素块构成的区域在颜色、纹理和亮度等特征上具有相似性。超像素用少量的像素块代替大量的像素，使得图像处理的单位从像素上升到区域，显著降低后续图像处理的复杂度，因此，通常也作为图像分割算法的预处理步骤。超像素方法已广泛应用于图像分割、目标跟踪、目标识别和姿态估计等领域。

超像素本质上是一种基于聚类的图像分割方法，与经典 k 均值聚类有着密切的联系。因此，首先介绍基于 k 均值聚类的图像分割方法，在此基础上介绍超像素分割领域的代表性方法：简单线性迭代聚类(SLIC)。

7.7.1　k 均值聚类图像分割

聚类是指将数据划分成若干簇，簇内数据相似度高，而各簇之间数据相似度低。利用聚类的方法，基于颜色或灰度值也可以实现图像分割。经典的 Otsu 分割本质上就是一种聚类分割方法。

k 均值聚类算法是一种简单的迭代型聚类算法。在 k 均值聚类算法中，每个样本被分配到具有最近均值的类，每个均值称为其聚类的原型。k 均值是一个迭代过程，它不断地更新均值，直至算法收敛。对于一幅分辨率为 $M×N$ 的彩色图像，总计有 $Q=M×N$ 个像素，这些像素的颜色构成样本集合 $\{z_1,z_2,\cdots,z_Q\}$，每个变量 z_q 表示为 $z_q=[r_q,g_q,b_q]$。如果是灰值图像，则 z_q 仅包含灰度值。k 均值聚类是将图像中的所有像素划分成 k 个不相交的子集（簇）$C=\{C_1,C_2,\cdots,C_k\}$，这些子集满足如下最优准则：

$$\arg\min_{C}\sum_{i=1}^{k}\sum_{z_q\in C_i}\left\|z_q-m_i\right\|^2 \tag{7-35}$$

式中，m_i 是第 i 个簇中样本的均值，称为原型；$\left\|z_q-m_i\right\|^2$ 是 C_i 中的一个样本 z_q 到均值 m_i 的欧氏距离。

k 均值聚类算法步骤如下：

（1）初始化 k 个原型 $m_i(i=1,2,\cdots,k)$。

（2）计算每个样本到 k 个原型的距离，将其分配给距离最小的簇 C_i。

（3）更新每个簇的均值，$m_i=\dfrac{1}{|C_i|}\sum_{z_q\in C_i}z_q$, $i=1,\cdots,k$，式中，$|C_i|$ 是聚类集合 C_i 中的样本个数。

（4）当所有类中心的平均变化小于指定阈值或者达到迭代次数时，算法结束，否则返回（2）。

在以上步骤中，分割区域数目 k 和初始种子点是要确定的两个最重要参数。

由于 k 均值聚类算法仅考虑图像的颜色而未考虑空间分布信息，因此如果将其直接应用于图像分割，则得到的分割结果容易产生歧义。

图 7-35（a）～图 7-35（c）是一幅红花果实的红绿蓝三通道图像，图像中主要有花蕊、果实和背景 3 类目标，其中，背景和果实的灰度值有重叠。采用 k 均值聚类将图像聚成 3 个簇，得到的分割结果见图 7-35（d），可以看出，红花花蕊分割效果好，但果实和背景误分严重。

　　(a)红色通道　　　　　　　(b)蓝色通道　　　　　　　(c)绿色通道　　　　　(d)k值聚类分割结果

图 7-35　红花果实图像的 k 均值聚类分割示例

7.7.2　SLIC 超像素分割

与 Mean Shift 类似，超像素是一种结合图像颜色和空间信息的图像分割方法，它根据用户的先验信息，将图像划分成大小均匀的像素块，为后续图像处理提供了一个比单个像素更有感知意义的处理单元。超像素有许多种实现方案，SLIC 是影响最广泛的一种超像素分割方法。

不同于 k 均值聚类算法在整个图像范围内进行聚类，SLIC 仅在一个局部区域中进行聚类，这样极大地缩小了图像的搜索范围。在 SLIC 算法中，由于像素的颜色值和空间坐标构成其样本的维度空间，因此，对于彩色图像，样本的维度是 5，而对于灰值图像，样本维度是 3。考虑到 Lab 颜色模型在颜色表示上的许多优点，SLIC 用 Lab 空间表示颜色。因此，对于一个像素，其特征表示如下：

$$z = [l, a, b, x, y]^{\mathrm{T}} \tag{7-36}$$

SLIC 算法步骤如下。

(1) 初始化种子点。按照设定的超像素个数，在图像内均匀分配种子点。设图像总计有 n_{tp} 个像素点，预分割为 n_{sp} 个相同尺寸的超像素，则每个超像素的大小约为 n_{tp}/n_{sp}，相邻种子点的距离 $s=(n_{tp}/n_{sp})^{1/2}$。计算每个超像素的中心点 $m_k(k=1,2,\cdots,n_{sp})$ 作为种子点。

(2) 优化种子点。为避免种子点落在梯度较大的轮廓边界上，在种子点的 3×3 邻域内重新选择种子点。具体方法为：计算该邻域内所有像素的梯度幅值，将种子点移到该邻域内梯度幅值最小处，以免影响聚类结果。对于图像中的每个像素 p_i，设置初始标签 $L(p_i)=-1$ 和初始距离 $d(p_i)=\infty$。

(3) 将样本分配给聚类中心。在每个种子点周围的邻域内为每个像素分配类标签。与标准的 k 均值聚类算法在整幅图像中搜索不同，SLIC 的搜索范围限制为 $2s×2s$，这样显著减少了计算时间，以加速算法收敛。分配过程如下：

在为样本分配标签时，对于每个像素 p_i，分别计算它和种子点 m_k 的距离。设样本点和种子点对应的特征分别为 $[l_i,a_i,b_i,x_i,y_i]^{\mathrm{T}}$ 和 $[l_k,a_k,b_k,x_k,y_k]^{\mathrm{T}}$，它们的距离由颜色距离 d_c 和空间距离 d_s 组成：

$$d_c = \sqrt{(l_i-l_k)^2 + (a_i-a_k)^2 + (b_i-b_k)^2} \tag{7-37}$$

$$d_s = \sqrt{(x_i-x_k)^2 + (y_i-y_k)^2} \tag{7-38}$$

由于颜色距离和空间距离属于不同类型的特征，SLIC 算法对这两种距离进行规范化，得到最终的距离：

$$D = \sqrt{\left(\frac{d_c}{N_c}\right)^2 + \left(\frac{d_s}{N_s}\right)^2} \tag{7-39}$$

式中，N_s 是类内最大空间距离，定义为 $N_s=s=\sqrt{n_{tp}/n_{sp}}$，适用于每个聚类；最大的颜色距离 N_c 通常取固定常数 10。

分别计算每个像素 p_i 与每个种子点 m_k 之间的距离 $D_k(p_i)$，求出与像素 p_i 具有最小距离的类 k，更新 $d(p_i)=D_k(p_i)$ 和 $L(p_i)=k$。

(4) 更新聚类中心。令 C_k 表示图像中具有标记 $L(p_i)=k$ 的像素集，更新 m_k：

$$m_k = \frac{1}{|C_k|}\sum_{z\in c_k} z, \quad k=1,\cdots,n_{sp} \tag{7-40}$$

式中，z 是 C_k 中像素 p_i 的颜色值和空间坐标构成的五维向量；$|C_k|$ 是类 C_k 中的像素数。

(5)迭代优化。迭代过程中,当所有类中心在相邻两次迭代前后的距离之差的总和小于一个阈值或迭代次数达到最大值(通常取 10)时,算法收敛,否则执行第(3)步。

(6)超像素分割结果。将每个超像素区域中的所有像素颜色值替换为它们的聚类中心 m_k。

SLIC 算法分割的超像素区域通常紧凑整齐,颜色具有一致性,其不仅可以分割彩色图像,也可以分割灰值图像。同时,SLIC 设置的参数非常少,默认情况下只需要设置一个预分割的超像素数量。最后,与其他超像素分割方法相比,SLIC 在运行速度、生成超像素的紧凑度和边界保持方面都具有一定的优势。

图 7-36 是运用 Mean Shift 和 SLIC 算法对一幅奶山羊图像(图 7-36(a))的分割结果。从图 7-36(b)可以看出,Mean Shift 分割结果中的区域大小是任意的,而 SLIC 的分割结果(图 7-36(c))区域大小依赖于初始设置的区域尺寸,每个区域的尺寸在一定的范围内。可以看出,Mean Shift 和 SLIC 都不能得到目标的完整分割,因此,在实际应用中,这些初步分割结果仍需进一步处理。

  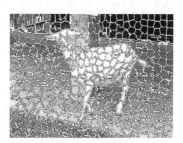

(a)奶山羊图像　　　　　　　　(b)Mean Shift 分割结果　　　　　　　(c)SLIC 分割结果

图 7-36　奶山羊图像 Mean Shift 与 SLIC 分割结果比较

7.8　主动轮廓模型

主动轮廓模型是一种基于偏微分方程的图像分割方法,它在目标周围放置一条闭合的初始曲线,该曲线在一个能量方程的约束下向目标边界收敛,当到达目标边界时,曲线的能量具有最小值。主动轮廓模型是基于偏微分方程图像处理的开创性工作。

7.8.1　能量函数

在主动轮廓模型(也称为蛇模型、Snake 模型)中,定义在图像上的闭合曲线应满足一定的先验结束。首先,这条曲线具有一定的光滑性,这可以通过一阶导数和二阶导数表示,尖锐的曲线能量大,光滑的曲线能量小,其称为内部能量。其次,曲线上的点移动收敛到梯度幅值较大(目标强边界)处时,其外部能量应比较小,反之则能量较大。主动轮廓模型的能量函数定义为

$$E_{\text{Snake}} = \int_0^1 E_{\text{int}}(c(s)) + E_{\text{ext}}(c(s)) \mathrm{d}s \tag{7-41}$$

式中, $E_{\text{int}}(c(s))$ 和 $E_{\text{ext}}(c(s))$ 分别是曲线的内部能量和外部能量; $c(s) = (x(s), y(s))|_{s \in [0,1]}$ 是坐标的参数方程表示的曲线。

内部能量由曲线本身决定,可由权重因子 α、β 联合定义为

$$E_{\text{int}} = \frac{1}{2}(\alpha |c'(s)|^2 + \beta |c''(s)|^2) \qquad (7\text{-}42)$$

式中，一阶导数 $c'(s)$ 和二阶导数 $c''(s)$ 分别表示曲线的弹性和弯曲能量。

外部能量由图像导出，当曲线在边界附近时其值较小，可基于图像 I 的梯度定义为

$$E_{\text{ext}} = -\left| \nabla I(x,y)^2 \right| \qquad (7\text{-}43)$$

另一种常用的外部能量定义为

$$E_{\text{ext}} = -\left| \nabla (G_\sigma(x,y) * I(x,y)) \right|^2 \qquad (7\text{-}44)$$

式中，对图像先用标准差为 σ 的高斯函数 $G_\sigma(x,y)$ 平滑再求导数。较大的 σ 能够扩大蛇模型的捕获范围，但同时又会使图像边界模糊，导致边界定位不准确。

在式(7-41)中，曲线光滑程度越高，内部能量越小，当曲线位于目标边界时，外部能量较小。因此，使得式(7-41)取最小值的曲线应该是收敛于目标边界上的一条光滑曲线。如图 7-37 所示，封闭的参数曲线在外力场的作用下，向目标边界运动。

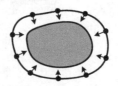

图 7-37   Snake 模型算法演示

为了使式(7-41)最小化，通过变分求导得到相应的欧拉方程为

$$\alpha c''(s) - \beta c''''(s) - \nabla E_{\text{ext}} = 0 \qquad (7\text{-}45)$$

令 $F_{\text{int}} = \alpha''c(s) - \beta c''''(s)$，$F_{\text{ext}} = -\nabla E_{\text{ext}}$，分别由内部能量和外部能量导出，则式(7-45)可以看作是如下的力平衡方程：

$$F_{\text{int}} + F_{\text{ext}} = 0 \qquad (7\text{-}46)$$

式(7-45)可采用常见的偏微分方程进行迭代数值求解，迭代过程就是曲线 $c(s)$ 向目标边界收敛的过程。

7.8.2   局限

在蛇模型中，内力是固定的，外力由图像导出，传统的外力场存在一些局限，需要进一步改进，具体如下。

(1)捕获范围小，算法的收敛结果依赖于初始曲线的位置。当初始曲线离目标边界较远时，难以收敛到边界。例如，图 7-38(a)是一个 U 形曲线，图 7-38(b)显示了作用在其上的传统力场，图 7-38(c)是当初始曲线在力场捕获范围之外时的收敛结果。

(2)力场难以进入目标边界的凹部。例如，在图 7-38(d)中，虽然初始曲线位于力场的捕获范围内，但仍未能收敛到凹部。

(3)曲线容易被噪声干扰，无法收敛到边界。例如，在图 7-39(a)中，图像含有椒盐噪声，力场对噪声敏感(图 7-39(b))，使得曲线被噪点吸引，难以收敛到真实边界(图 7-39(c))。

（4）当初始曲线中包含多个目标时，主动轮廓曲线难以进行自动分裂，这限制了其在多目标分割领域中的应用。

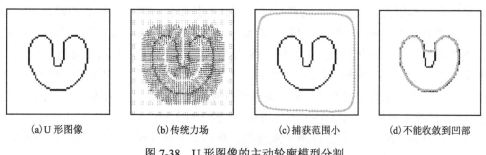

(a)U 形图像　　　(b)传统力场　　　(c)捕获范围小　　　(d)不能收敛到凹部

图 7-38　U 形图像的主动轮廓模型分割

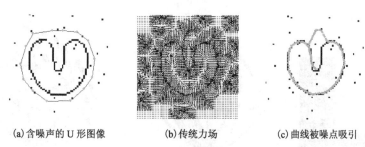

(a)含噪声的 U 形图像　　　(b)传统力场　　　(c)曲线被噪点吸引

图 7-39　含噪声 U 形图像的主动轮廓模型分割

7.9　图　　　割

图割算法将图像组织成一种特殊类型的图，采用最大流/最小割组合优化算法实现图像分割。类似于 Snake 模型，图割也是一种能量优化算法，其在图像分割和立体视觉等领域有着广泛的应用。

7.9.1　硬约束和软约束

图割包含两类约束：一类是硬约束，用户在图像上选择一些种子点，分别表示目标和背景特征，这些种子点所对应的像素称为硬约束，利用硬约束所表示的特征可以分别估计目标和背景的概率密度；另一类是软约束，其可根据图像分割的先验知识得出。例如，如果相邻像素颜色值相近，则它们属于同一个区域的可能性较大；反之，如果相邻像素颜色值相差较大，则它们属于同一个区域的可能性较小。

经典的 S-T 图可用于表示图割的两类约束。S-T 是一种特殊的边带权图，由结点 V 和边 E 构成，即 $G_{S-T}=\{V,E\}$。其中，结点 V 由所有像素连同 S（源点）和 T（汇聚点）这两个特殊的终端结点组成，到 S 的边汇聚了所有像素属于目标的可能性，而到 T 的边汇聚了所有像素属于背景的可能性。边带权图中的 S 或 T 与图像中像素连接的边称为 t-连接，这种连接对应于硬约束。图像中相邻像素连接的边称为 n-连接，主要用于衡量相邻像素的颜色相似性，颜色越相似，对应的权重越大，反之，则越小，它属于软约束。

图 7-40（a）是一个 3×3 的示例图像，根据用户先验信息判断左上角像素 B 和右下角像素

O 分别属于背景和目标(前景),称为种子点,种子点所表示的先验信息为定义连接像素与 S 和 T 的边的权重提供了参考,是硬约束,如果用户指定的先验信息被误分类,则代价很大。接着,根据用户指定的背景和前景的灰度值,估计出其余像素属于目标 S 和背景 T 的概率密度,这一点可分别用 S 和 T 到图像中每个像素对应边的权重表示。S 到所有像素对应边的权重表示该像素属于目标的可能性,T 到所有像素对应边的权重表示其属于背景的可能性。

如图 7-40(b)所示,在硬约束中,S 到目标种子点的边对应最大的权重,对于其他像素,灰度值与目标种子点灰度值越接近,S 到该像素对应边的权重越大。例如,与灰度值 50 相比,灰度值 30 更接近灰度值为 10 的种子点,所以,S 到 30 的边的权重大于 S 到 50 的边的权重。同时,由于灰度值 180 远大于目标种子灰度值,所以,S 到该像素对应边的权重非常小。这一原则对于背景汇聚结点 T 到图像像素的边的权重也成立。

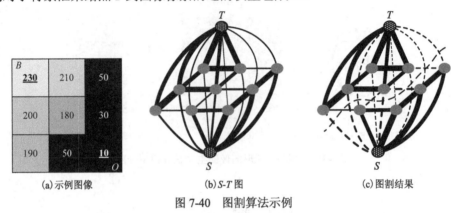

(a)示例图像　　　　　　　(b)$S\text{-}T$ 图　　　　　　　(c)图割结果

图 7-40　图割算法示例

在软约束中,相邻像素灰度值的相近程度是衡量边权重的唯一因素。从图 7-40(b)可以看出,中心像素灰度值(180)与左邻像素灰度值(200)的相近程度远大于其与右邻像素灰度值(30)的相近程度,因此,其到左邻像素对应边的权重远大于其到右邻像素对应边的权重。

7.9.2　能量函数

对于一幅图像,根据硬约束和软约束,可以构造一个 $S\text{-}T$ 图。图中每条边的权重表示删除该边的代价,显然代价越小越好。对于一幅要分割的图像,定义 $A=[A_1, A_2, \cdots, A_n]$ 为一个二值向量,元素值为 0 或 1,n 为图像像素个数。A 表示对图像的一种分割,例如,A_p 为 1 表示像素 p 被划分为目标("obj"),A_p 为 0 表示该像素被划分为背景("bkg")。A 中元素的不同组合都对应于 $S\text{-}T$ 图的一种划分,这个过程用以下能量函数表示:

$$E(A) = \lambda \cdot \sum_{p=1}^{n} R(A_p) + \sum_{(p,q)} B_{p,q} \cdot \delta_{A_p, A_q} \tag{7-47}$$

式中,等号右边第一项称为区域项,第二项称为边界项,λ 是用于平衡两者的权重系数,$B_{p,q}$ 表示连接像素 p 和 q 边的权重。区域项对应于硬约束产生的代价,边界项对应于软约束产生的代价。其中,

$$
\begin{aligned}
R_p(\text{"obj"}) &= -\ln \Pr(I_p \,|\, \text{"obj"}) \\
R_p(\text{"bkg"}) &= -\ln \Pr(I_p \,|\, \text{"bkg"}) \\
\Pr(I_p \,|\, \text{"obj"}) &+ \Pr(I_p \,|\, \text{"bkg"}) = 1
\end{aligned}
\tag{7-48}
$$

式中，$R(\text{"obj"})$ 和 $R(\text{"bkg"})$ 分别表示像素 p 被划分为目标和背景产生的代价；$\Pr(\cdot|\cdot)$ 表示条件概率密度函数。

例如，在图 7-40(a) 中，灰度值为 210 的像素与背景种子点的灰度值接近，则其 $\Pr(I_p|\text{"bkg"})$ 远大于 $\Pr(I_p|\text{"obj"})$，因此，根据式(7-48)，将其划分为背景的代价小于划分为目标的代价；而由于灰度值为 50 的像素与背景种子点的灰度值相差较大，其 $\Pr(I_p|\text{"bkg"})$ 远小于 $\Pr(I_p|\text{"obj"})$，将其划分为背景的代价比较大。

式(7-49)和式(7-50)联合定义了式(7-47)中对于相邻像素 p 和 q 的边界项代价：

$$\delta_{A_p,A_q}=\begin{cases}1, & A_p\neq A_q\\0, & A_p=A_q\end{cases} \tag{7-49}$$

$$B_{p,q}\propto\exp\left(-\frac{(I_p-I_q)^2}{2\sigma^2}\right)\cdot\frac{1}{\text{dist}(p,q)} \tag{7-50}$$

式(7-49)表示，如果 p 和 q 划分为同类型，则代价为 0，只有当 p 和 q 被划分为不同类型时才会产生代价。在式(7-50)中，右边第一项表示相邻像素 p、q 如果颜色相近且被划分为不同类型，产生的代价较大，即倾向于颜色相近的相邻像素应尽可能划分为同一类型，类似地，第二项表示空间距离较近的像素应尽可能划分为同一类型。

显然，对图像所有像素的每一种划分都对应着一个能量，具有最小能量的划分是最优的分割结果。图割在区域项和边界项的联合约束下，采用最大流/最小切算法将每个像素分类为前景或背景，得到能量函数式(7-47)最小化的结果，从而完成对图像的二值分割。图割算法也可以推广到多类图像分割中。

图 7-40(c) 是对图 7-40(b) 的一种最优划分。首先，每个像素仅与一个终端结点相连，必须删除其到另一个终端结点的边。其次，连接一些相邻像素的边也被删除。被删除的边用虚线表示，所有被移除边的权重之和构成了这种分割的代价。

图 7-41 是一幅花朵图像的图割举例。在图 7-41(a) 中，两种不同的线型表示了用户输入的关于目标和背景信息的硬约束。基于硬约束和软约束，建立 $S\text{-}T$ 图后，利用图割算法执行分割，结果如图 7-41(b) 所示。

(a)花朵图像及其前景与背景标记　　　　(b)图割结果

图 7-41　图割举例

习 题

1．简述图像分割的基本准则。

2．图像的边界灰度值分布主要有哪几种类型？简述它们的一阶导数和二阶导数的特点。

3．简述一阶导数和二阶导数检测图像边界的区别。

4．简述 Canny 边界检测算子与普通的基于微分模板的边界检测算子的区别。

5．设一幅分辨率为 61×81 的数字图像，采用霍夫变换检测直线时，令坐标原点位于图像的中心，试计算参数空间 ρ 的取值范围和图像中线段的最大长度。

6．阈值法适用于哪一种情况下的图像分割？

7．对于题 7 图所示的小麦苗期图像，将其转换成灰值图像，采用迭代阈值法进行分割。

8．对于题 8 图所示的朱鹮图像，将其转换成合适的灰值图像，采用 Otsu 阈值法进行分割。

题 7 图 小麦苗期图像

题 8 图 朱鹮图像

9．题 9 图是一幅大熊猫图像，将其缩放成 16×16 分辨率，采用区域分裂与区域合并方法进行分割。

10．解释分水岭算法中的低洼、集水盆和分水线等术语。

11．题 11 图是存在连接情况的米粒图像，采用分水岭对其进行分割，并分析其结果。

题 9 图 大熊猫图像

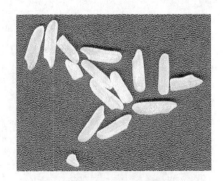

题 11 图 米粒图像

12．简述 Mean Shift 分割算法的基本原理，并给出题 12 图中蝴蝶图像在不同带宽参数下的滤波和分割结果。

题 12 图　蝴蝶图像

13. 简述 SLIC 算法的基本原理，并给出题 12 图中蝴蝶图像在不同种子点数量下的分割结果。

14. 举例说明 k 均值聚类算法与 SLIC 算法的区别与联系。

15. 简述主动轮廓模型的基本思想。

16. 举例说明图割算法的基本思想。

第8章 图像特征提取与描述

图像特征是基于图像数据，采用数学方法提取的用于区分图像或图像集合中不同目标的属性或描述。一般而言，图像特征提取与描述包括特征检测与特征描述两个阶段，特征检测主要用于在图像中发现特征，例如，角点检测主要用于发现被检测图像的特征角，特征描述则是将某种定量描述(如角点位置与方向等)赋值给特征角，二者结合起来用于区分图像中的不同目标。为确保图像特征区分目标的稳健性，好的图像特征一般应该对光照变化，以及平移、旋转和缩放等变换不敏感。

图像特征提取具有成本低、精度高等优势，已在农业工程领域的动植物检测、识别与诊断等方面得到了广泛应用，如作物孢子与水产新鲜度无损检测、果蔬与牧草识别、果蔬病害识别与缺素诊断、作物种植信息与倒伏面积提取、种子杂质分类、作物生物量及产量预测、作物图像拼接与病害表观三维模拟。本章根据图像中被检测目标的颜色、形状和表面纹理将特征分为颜色特征、形状特征和纹理特征三类。此外，图像特征也可分为全局特征和局部特征，全局特征用于描述图像或目标的整体特征，而局部特征指根据图像局部信息计算的具有良好区分性的点集。

8.1 颜 色 特 征

颜色特征描述了图像或图像区域内对应目标的像素颜色，是图像中最简单和最直接的特征，图像的尺寸、方向和旋转等因素对该特征的影响较小，因此颜色特征提取是三类特征提取中最常用的方法之一。其在绿色作物、红色果实与花朵等对象的快速和准确识别中经常用到，例如，基于植物的颜色特征可提取垄行结构或进行植被分析。本节将主要介绍在农业工程领域常用的几种颜色特征，主要包括颜色直方图、颜色矩、颜色聚合向量和植被颜色指数。

8.1.1 颜色直方图

直方图(Histogram)是一种基于统计特性的图像特征描述子，它描述的是不同颜色在对应图像中所占的比例，并不关心每种颜色对应像素所处的空间位置，因此具有旋转、平移不变性，其基本概念和实现方法已在 3.6 节进行介绍。本节主要讨论各种不同颜色模型对应的颜色直方图的差异性，从而便于读者选择不同的颜色模型及分量用于图像分割、检索与识别。

一般而言，数字图像处理对应的主要颜色模型有 RGB、HSV、Lab 和 YCrCb 等四种，上述颜色模型间的转换关系已在 2.2 节介绍，此处不再赘述。在图像处理与分析中，选择不同的颜色模型及其单通道图像可实现不同目标的特征提取与识别。在实际应用中，通常基于不同颜色模型对应的颜色直方图，根据直方图的峰值特点决定颜色模型和最佳颜色分量的选择。在典型的数字图像中，直方图 $H(r)$ 的横坐标对应单通道颜色的灰度值范围，一般取值为 [0,255]，纵坐标对应该灰度值上的像素个数。与用于分割明显的目标和背景的直方图双峰法类似，若某一颜色模型的某一颜色分量直方图出现两个及以上的显著峰值，说明该颜色模型对应的分量适用于区分图像中明显不同的目标或背景区域。

图 8-1 所示为一幅郁金香图像分别采用 RGB、HSV、Lab 和 YCrCb 四种颜色模型表示时的各分量直方图,若需提取图像中郁金香花朵的红色特征,可分别考虑四种颜色模型中与红色关联性强的 R、H、a 和 Cr 分量。从图 8-1 中各分量直方图中可以发现,与 R 分量相比,H、a 和 Cr 分量对应的直方图出现了显著的多峰值,特别是图 8-1(f)对应的 H 分量直方图呈现出了明显的三峰值,因此有助于后期的红色特征提取。图 8-1(a)、图 8-1(e)、图 8-1(i)、图 8-1(m)分别对应 R、H、a 和 Cr 分量灰值图像,从图中可以发现,各分量均能较好地区分出花朵区域和背景区域。另外,其他分量的直方图峰值特性相对不明显,难以有效地分割出花朵区域。

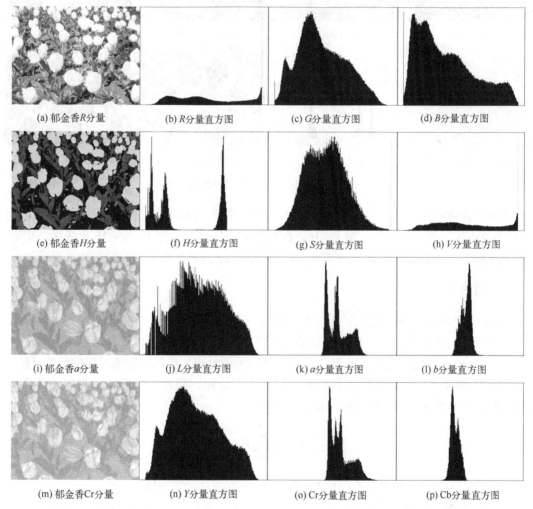

图 8-1 郁金香图像 RGB、HSV、Lab、YCrCb 四种颜色模型对应的颜色分量直方图

为便于从四种颜色模型中选择能提取红色特征的最佳分量,采用 Otsu 阈值法对上述四种分量灰值图像进行自动阈值化后的结果如图 8-2(a)～图 8-2(d)所示,可以发现,R 分量提取了花朵和地面花瓣的红色信息,但同时背景的红色杂质部分也包含其中;H 分量既提取了花朵和花瓣信息,也避免了过多的背景噪声干扰;与 H 分量类似,a 分量主要提取的是花朵的

红色特征，但花朵出现了裂痕，提取的完整度不够；Cr 分量和 a 分量提取的结果类似，但提取的完整度进一步下降。综上所述，H 分量在花朵的目标提取方面表现最优。同时发现 H 分量直方图出现了三峰值，分别以[0,25)、[25,100)、[100,255]为阈值区间对原彩色图像进行阈值化（图 8-2(f)），可以发现基于颜色直方图能够很好地区分出地面、叶子和花朵部分（图 8-2(g)、图 8-2(h)、图 8-2(a)）。

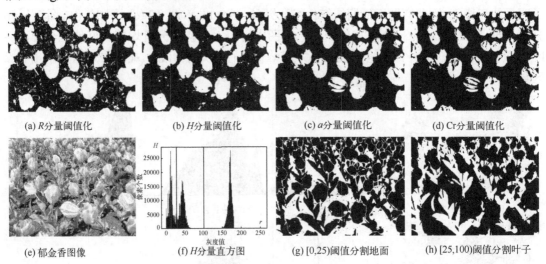

(a) R分量阈值化　　　(b) H分量阈值化　　　(c) a分量阈值化　　　(d) Cr分量阈值化

(e) 郁金香图像　　　(f) H分量直方图　　　(g) [0,25)阈值分割地面　　　(h) [25,100)阈值分割叶子

图 8-2　郁金香图像不同颜色分量阈值化结果对比

在实际图像检索与识别中，可将间隔为 1、灰度值范围为[0,255]的直方图量化为间隔为 s（$s>1$）的直方图以便特征匹配，如 $s = 16$，颜色直方图将被量化为 $256/s = 16$ 个级别，相似级别的灰度值将集中在同一个区间（或簇），不同的量化级别将产生不同的图像特征表示。

8.1.2　颜色矩

1995 年 Stricker 基于颜色的相似性提出了一种简单有效的颜色特征表示方法——颜色矩，与颜色直方图相比，该方法不需要量化颜色空间且特征向量维度低。颜色矩能够全面呈现图像的颜色分布特征，在图像检索与识别中常用的颜色矩主要包括描述平均颜色的一阶矩、描述颜色标准差的二阶矩和描述颜色的偏斜性的三阶矩。假设颜色模型对应的三分量为 i（$i=1,2,3$），像素个数为 N，则颜色一阶矩定义如下：

$$E_i = \frac{1}{N}\sum_{j=1}^{N} p_{ij} \tag{8-1}$$

式中，p_{ij} 为颜色分量 i 对应的第 j 个像素的灰度值。

颜色二阶矩定义为

$$\sigma_i = \sqrt{\frac{1}{N}\sum_{j=1}^{N}(p_{ij} - E_i)^2} \tag{8-2}$$

同理，颜色三阶矩定义为

$$s_i = \sqrt[3]{\frac{1}{N}\sum_{j=1}^{N}(p_{ij} - E_i)^3} \tag{8-3}$$

以此类推可定义更高阶的颜色矩，但高阶矩通常需要更多的信息才能获得对其值的良好估计，因此在实际应用中，一般 1～3 阶低阶矩已足够描述图像特征。

因为颜色矩与像素位置无关，所以与颜色直方图类似，颜色矩也具有旋转、平移不变性，此外，颜色矩对缩放变换不敏感，但颜色直方图 $H(r)$ 若不经过归一化处理，图像缩放前后 $H(r)$ 值将发生变化。以图 8-2(e) 所示分辨率为 1000×750 的郁金香图像为例，将图像缩小一半至 500×375，然后分别计算缩放前后图像 RGB、HSV、Lab 和 YCrCb 四种颜色模型对应的一阶矩、二阶矩和三阶矩，实验结果如表 8-1 所示，从表中可以看出，缩放前后各颜色模型对应的颜色矩变化很小，所以颜色矩具备缩放不变性。

表 8-1　郁金香图像缩放前后(用 "/" 区分)不同颜色模型对应的颜色矩

颜色模型	颜色矩								
	一阶矩			二阶矩			三阶矩		
	E_1	E_2	E_3	σ_1	σ_2	σ_3	s_1	s_2	s_3
RGB	93.9/93.8	102.6/102.4	137.1/136.8	64.3/65.5	51.9/53.6	73.8/74.7	72.9/74.2	58.7/60.5	80.3/81.1
HSV	75.9/76.4	113.9/115.3	142.8/142.6	68.5/68.5	44.7/46.9	71.2/72.1	72.4/72.3	52.0/54.4	77.7/78.6
Lab	119.1/118.8	139.6/139.5	139.9/139.9	56.2/57.6	23.9/24.1	10.9/11.1	63.1/64.5	26.8/27.0	12.3/12.5
YCrCb	111.9/111.7	146.0/145.9	117.8/117.9	55.8/57.2	23.6/23.8	9.3/9.5	62.7/64.2	27.1/27.4	10.6/10.8

8.1.3　颜色聚合向量

颜色直方图和颜色矩虽然具备良好的旋转、平移不变性，但存在无法表达图像空间位置关系的缺点，因此 Pass 等在 1997 年提出了颜色聚合向量的概念。Pass 等根据图像中颜色相似的像素值是否在某一连续区域存在聚合这一特性，定义满足条件的像素为聚合像素，不满足条件的像素为非聚合像素，而颜色聚合向量为图像中不同量化级别下聚合像素与非聚合像素的分布关系提供了一种特征描述。因此，颜色聚合向量可防止图像中颜色相似的聚合像素与非聚合像素的误匹配，从而有效实现图像空间位置关系的表达。

颜色聚合向量的计算步骤如下。

1. 图像模糊与量化

首先通过高斯模糊算法将像素值替换为局部邻域(如 8 邻域)中的平均值，从而消除相邻像素之间的细微差异，然后分别对颜色模型的各分量进行量化，使得图像中仅含有 n 种不同的像素值。如图 8-3(a) 和图 8-3(b) 所示，按照[0,10)、[10,20)、[20,30) 划分进行三级量化，量化后的图像将仅含 3 种不同的像素值。

2. 计算连通分量

根据量化的颜色值在图像空间中的位置计算连通分量，对于任意两个值相同的像素 p_1、p_2，若 p_1、p_2 之间存在一条路径，则 p_1 和 p_2 是连通的，连通分量是满足上述条件的像素 p_i 的最大集合。如图 8-3(c) 所示，在考虑 8 邻域情况下，通过计算连通分量，原始图像将变成含有 A、B、C、D、E 五个连通区域的图像。

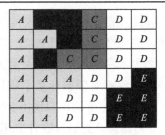

12	0	1	22	5	6
14	11	3	20	4	7
13	7	28	23	7	6
15	15	12	4	5	11
17	12	2	1	11	10
14	11	0	2	12	13

（a）像素位置及灰度值

2	1	1	3	1	1
2	1	1	3	1	1
2	1	3	3	1	1
2	2	2	1	1	2
2	2	1	1	2	2
2	2	1	1	2	2

（b）三级量化结果

A			C	D	D
A	A		C	D	D
A		C	C	D	D
A	A	A	D	D	E
A	A	D	D	E	E
A	A	D	D	E	E

（c）连通分量计算结果

图 8-3　图像量化与连通分量计算示意图

3. 划分聚合与非聚合像素

根据连通图可将像素划分为聚合与非聚合像素，类似于直方图，首先统计各连通分量中像素的个数 x，若像素 p_i 对应的某连通分量 C_j 的像素个数超过某一阈值 τ，即 $x>\tau$，则该像素是聚合像素；反之，若 $x \leqslant \tau$，则该像素是非聚合像素。根据图 8-3（c）所示连通分量计算可得（像素量化值，连通分量标记，像素个数）三元组分别为 $(1,B,4)$、$(1,D,12)$、$(2,A,11)$、$(2,E,5)$、$(3,C,4)$。令 $\tau=4$，则划分后的聚合像素集合为 $(1,D,12)$、$(2,A,11)$、$(2,E,5)$；非聚合像素集合为 $(1,B,4)$、$(3,C,4)$。

4. 生成颜色聚合向量

设 α_i、β_i 分别表示量化后第 i 种颜色对应的聚合像素和非聚合像素的累加数量，则 (α_i,β_i) 构成了第 i 种颜色的聚合对，该图像的颜色聚合向量可表示为 $<(\alpha_1,\beta_1),(\alpha_2,\beta_2),\cdots,(\alpha_i,\beta_i),\cdots,(\alpha_n,\beta_n)>$。因此，图 8-3 生成的颜色聚合向量可表示为 $<(12,4),(16,0),(0,4)>$。

以图 8-2（e）所示分辨率为 1000×750 的郁金香图像为例，提取该图像的 R 分量并进行级别为 8 的量化，然后计算连通分量，设定 $\tau=0.01×1000×750=7500$，基于此阈值划分聚合与非聚合像素集合后生成的颜色聚合向量如表 8-2 所示，从表中可以发现，像素值在[32,128)和[224,256)中的颜色聚集最显著。

表 8-2　量化级别为 8 时郁金香图像 R 分量对应的颜色聚合向量

颜色区间	[0,32)	[32,64)	[64,96)	[96,128)	[128,160)	[160,192)	[192,224)	[224,256)
α_i	0	11438	8717	38267	0	0	0	53529
β_i	15920	113792	108258	104826	83495	50073	61846	99839

图 8-4（a）为基于量化后的郁金香图像 R 分量灰值图像计算生成的连通区域图。经过 8 级量化后，实际生成的连通分量个数为 12432，分别统计各连通分量中的像素个数，生成的与表 8-2 对应的颜色聚合向量分布图如图 8-4（b）所示。可以发现，颜色聚合向量分布图与直方图之间有密切联系，若将 α_i 与 β_i 相加，则 $<(\alpha_1+\beta_1),(\alpha_2+\beta_2),\cdots,(\alpha_i+\beta_i),\cdots,(\alpha_8+\beta_8)>$ 正好对应 8 级量化后的颜色直方图。在实际进行图像匹配或检索时，可直接通过计算两幅图像之间颜色聚合向量的欧式距离判定图像的相似性。

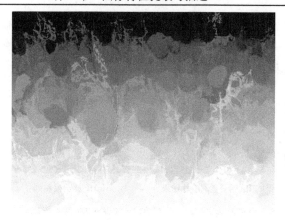

(a) 基于郁金香量化图像计算的连通区域图

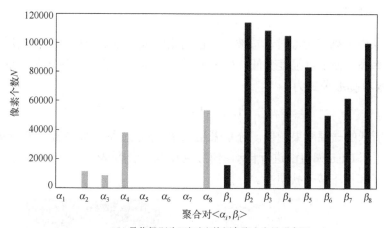

(b) 量化级别为8时对应的颜色聚合向量分布图

图 8-4　郁金香图像连通区域图与颜色聚合向量分布图

8.1.4　植被颜色指数

在农业图像处理与分析中，植被是最常见的研究对象。植被由于叶绿素、水分等物质的吸收特性，呈现出区别于其他地物的光谱特征，对这些光谱图像中的若干个波段反射率进行线性或非线性组合，形成各种植被指数。植被指数也可以看成多光谱数据的一种颜色特征，主要用于简便有效地反映植被覆盖度、作物种类分布与长势等情况。目前常用的植被指数有40多种，影响植被指数的因素包括植物水分、年龄、营养状况、病虫害、叶片色素等生物因素，土壤颜色、亮度、温湿度和大气状况等环境因素，以及传感器定标、光谱效应等设备因素，因此，植被指数的选取非常关键。这里介绍几种常见的与光谱数据相关的植被颜色指数。

1. 超绿植被指数

当处理对象为可见光图像时，绿色的植被在绿色波段反射强度高，在红色和蓝色波段吸收率高，使反射强度变低。为了有效提取遥感图像中的绿色植被，抑制土壤等其他非绿色植被成分，通常采用超绿植被指数(ExG)以达到目的，提取公式为

$$ExG = 2G - R - B \tag{8-4}$$

如图 8-5 所示的一幅苗期农田棉花图像，分别采用 RGB 颜色模型中最显著的 G 分量和 ExG 提取植被信息，并采用 Otsu 阈值法进行自动阈值分割，实验结果表明，ExG 提取的目标信息更清晰，受土壤背景等干扰更少。

(a) G 分量灰值图像　　　(b) G 分量阈值化结果　　　(c) ExG 灰值图像　　　(d) ExG 图像阈值化结果

图 8-5　农田棉花图像 G 分量和 ExG 灰值图像阈值化前后结果对比

2. 超红植被指数

当处理对象为可见光图像时，植被中红色的果实或花朵部分在红色波段反射强度高，在绿色波段吸收率高，使反射强度变低。与 ExG 类似，为有效提取遥感图像中的红色植被，超红植被指数(ExR)提取公式为

$$ExR = 1.4R - G \tag{8-5}$$

如图 8-6 所示的一幅苹果图像，分别采用 RGB 颜色模型中最显著的 R 分量和 ExR 提取苹果信息，并采用 Otsu 阈值法进行自动阈值分割，实验结果表明，ExR 提取的苹果信息明显更清晰，受叶子和枝干等干扰更少。

(a) R 分量灰值图像　　　　　　　　　(b) R 分量阈值化结果

(c) ExR 灰值图像　　　　　　　　　(d) ExR 图像阈值化结果

图 8-6　苹果图像 R 分量和 ExR 灰值图像阈值化前后结果对比

3. 比值植被指数

比值植被指数(RVI)的目的是减少图像反射率的影响。图像反射率指图像整体的平均反射水平，它与土壤的关系最为密切，如果图像中植被覆盖多，植被对图像反射率的贡献也会增加，消除图像反射率的影响事实上是尽可能地扩大地物反射之间的差异。当植被覆盖度较低时(小于 50%)，RVI 的分辨能力很弱，只有在植被覆盖浓密的情况下效果才最好，其通常用于估算和检测绿色植物的生物量。RVI 计算公式为

$$RVI = \frac{\rho_{NIR}}{\rho_R} \tag{8-6}$$

式中，ρ_{NIR} 和 ρ_R 分别表示近红外波段反射率和红外波段反射率，绿色健康植被覆盖地区的 RVI 远大于 1，而无植被覆盖的地面(裸土、人工建筑、水体、植被枯死或严重虫害)的 RVI 在 1 附近。植被的 RVI 通常大于 2。RVI 检测的灵敏度易受大气条件影响，所以在计算前需要进行大气校正。

4. 归一化植被指数

归一化差值植被指数(NDVI)也称为归一化植被指数，它适合监测植被生长早期发展阶段或低覆盖度的生长状态，能够消除部分辐射误差，将植被从水土中分离出来。其计算公式如下：

$$NDVI = \frac{\rho_{NIR} - \rho_R}{\rho_{NIR} + \rho_R} \tag{8-7}$$

NDVI 的取值范围为$-1\sim1$。植被在近红外波段反射率较高，叶绿素在红光波段为强吸收，即反射率较低，因此植被越茂密，NDVI 值越接近 1；云和水体在这两个波段反射率则刚好相反，所以其 NDVI 值为负值；而裸地和岩石在近红外和红外波段反射率接近，故其 NDVI 值接近 0。

5. 增强型植被指数

增强型植被指数(EVI)是对 NDVI 的改进，其红光和近红外探测波段的范围设置得更窄，且引入了蓝光波段以减少土壤背景和水汽的影响，消除了大气传输干扰，解决了 NDVI 容易引起的植被指数饱和问题，能够更清晰地反映高植被覆盖区域的细微变化。令 ρ_{NIR}、ρ_R 和 ρ_B 分别表示近红外波段反射率、红外波段反射率和蓝光波段反射率，EVI 计算公式如下：

$$EVI = 2.5 \frac{\rho_{NIR} - \rho_R}{\rho_{NIR} + 6\rho_R - 7.5\rho_B + 1} \tag{8-8}$$

8.2　形状特征

形状特征一般用于表示从图像中分割出来的二值目标区域的几何形状，与颜色特征和纹理特征不同，形状特征不关心目标的颜色或纹理的粗糙程度等信息，而更关注目标的轮廓及轮廓内的区域及孔洞情况。因此，本节将主要介绍二值图像外轮廓的边界特征、轮廓内覆盖的区域特征及描述图像中形状边界变化剧烈的角点特征。

8.2.1　边界特征

边界特征主要通过对二值目标区域的外轮廓进行描述来获取其形状参数，包括边界的链码、边界长度、曲折度、标记图和傅里叶描述子。

1. 链码

链码是通过具有特定长度和方向的线段序列表示边界的一种编码方法。因为每一线段只需一个不大于 3 位(bit)的方向数就可以代替相应边界点的两个坐标位置,所以采用链码可对区域边界栅格形式的数据表示进行压缩。1961 年,弗里曼(Freeman)提出了一种经典的边界编码方法——弗里曼链码,其实现步骤如下。

1)定义方向数

根据数字图像邻域的连通性,每个边界像素的相邻像素可定义为如图 8-7(a)和图 8-7(b)所示由 4 方向和 8 方向链码确定的 4 连通或 8 连通像素,4 连通像素可用 0~3 四个方向数逆时针定义为 4 方向链码。同理,8 连通像素可用 0~7 八个方向数逆时针定义为 8 方向链码。

2)边界重采样

直接采用原始边界的像素位置计算链码可能会产生大量冗余数据,从而导致编码过长,且易受噪声影响,因此需要对原始边界采用更大的网格进行重采样。如图 8-7(c)所示,对原始边界点依次进行遍历,边界点 $p(x,y)$ 必在某一网格中,若 p 与网格四个顶点中的任一顶点的距离小于某一阈值 t,则该网格顶点被选为新的边界点,重采样的边界可采用 4 方向链码或 8 方向链码进行表示。如图 8-7(d)所示,设定白色圆点(2,6)为起点坐标,采用 8 方向链码表示的弗里曼链码为"2220202000060666664644442422",而采用 4 方向链码表示的弗里曼链码为"11101010003033333323222 1211"。

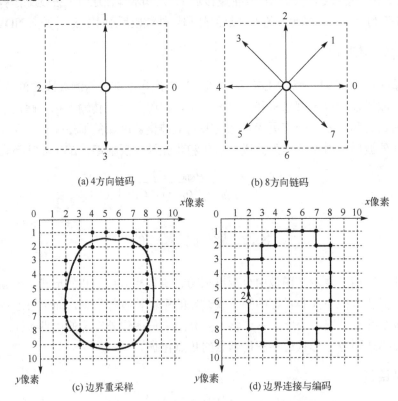

(a) 4方向链码　　　　　　　　　　(b) 8方向链码

(c) 边界重采样　　　　　　　　　　(d) 边界连接与编码

图 8-7　两种方向链码表示法与基于 8 方向链码的边界编码

3)归一化链码

对于图 8-7(d)所示的同一边界,设定不同的起点坐标得到的弗里曼链码可能完全不一样,为确保链码不受起始位置影响,可将链码首尾相连形成一个循环序列,选择不同的起点得到的整数序列中最小的一个被设定为归一化链码,例如,图 8-7(d)所示的 8 方向链码归一化后为"0006066666464444242222220202"，因为该序列形成的整数最小。

4）差分码

归一化链码具有平移不变性，但无法解决区域边界的旋转不变性问题。为解决这一问题，可利用一阶差分对链码进行旋转归一化处理，重新构造一个表示原链码各段之间方向变化的新序列。图 8-8(a) 为旋转前的 8 方向链码"316064"，将链码首尾相连形成循环序列，然后相邻方向数 a_{i+1} 与 a_i 之间执行差分取余操作：$(a_{i+1} - a_i + N) \bmod N (N = 4$ 或 $8)$，将得到新的 8 方向差分码"765266"。图 8-8(a) 对应边界顺时针旋转 90° 后的结果如图 8-8(b) 所示，虽然旋转后以白色圆点为起点的 8 方向链码已变为"174642"，但经过差分取余操作后的链码依然为"765266"，验证了差分码的旋转不变性。

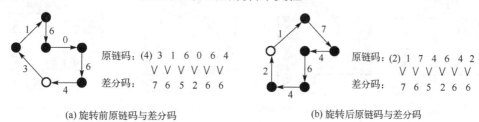

(a) 旋转前原链码与差分码　　　　　　　　(b) 旋转后原链码与差分码

图 8-8　旋转前后原链码与差分码对比

图 8-9(a) 是执行图像分割与轮廓提取后的猕猴桃边界，采用边长为 24 像素的网格对边界进行重采样的结果如图 8-9(b) 所示。对草莓边界（图 8-9(c)）执行同样操作的结果如图 8-9(d) 所示。分别设定边界起点坐标为 (2,6) 和 (1,4)（图 8-9(b) 和图 8-9(d) 中的圆圈），则猕猴桃边界生成的原链码为"2220202000606666664644442422"，对应的差分码为"0062626000626000006260006260 0"；草莓边界生成的原链码为"2020200600600666646446444242232"，对应的差分码为"6262606206206000062602600 06260170"。实验结果表明，采用弗里曼链码仅需 30 个左右的 3 位(bit)方向数约 12 个字节(byte) 即可表示复杂的水果边界，明显减少了边界存储的数据量。

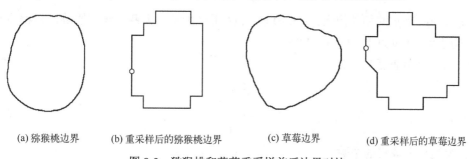

(a) 猕猴桃边界　　　(b) 重采样后的猕猴桃边界　　　(c) 草莓边界　　　(d) 重采样后的草莓边界

图 8-9　猕猴桃和草莓重采样前后边界对比

2. 边界长度

若边界采用如图 8-10(a) 所示的 8 方向链码进行表示，假设每个像素是边长为 1 的正方形，则边界长度（边界周长）可采用三种方式进行简便计算。

（1）正方形外轮廓边长之和。如图 8-10(b) 黑色边框所示，对于所有灰色正方形，边界长度表示为 13 个灰色正方形外轮廓边长之和 =20。

(2)边界像素个数。如图 8-10(c)所示，每个灰色正方形代表一个边界像素，边界像素个数=13。

(3)链码长度。当链码值为奇数时，其长度记作 $\sqrt{2}$；当链码值为偶数时，其长度记作 1。假设 8 方向边界链码中奇数码个数为 N_{odd}，偶数码个数为 N_{even}，则边界长度可表示为 $N_{even}+\sqrt{2}\,N_{odd}$。如图 8-10(d)所示，八方向归一化链码为"0 1 0 7 6 6 6 4 3 4 4 2 2"，其中奇数码个数为 3，偶数码个数为 10，因此链码长度=$10+3\sqrt{2}$。

此外，边界长度也可以直接通过计算边界链码上相邻像素中心点距离之和得到，对于如图 8-10(a)所示的边界链码，其中心点距离之和正好等于链码长度。

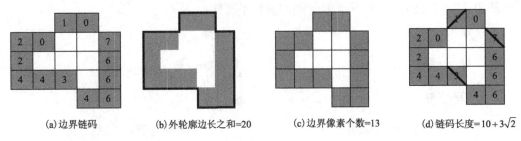

(a)边界链码　　　(b)外轮廓边长之和=20　　　(c)边界像素个数=13　　　(d)链码长度=$10+3\sqrt{2}$

图 8-10　边界长度的三种计算方法

3. 曲折度

曲率定义为曲线上某点的切线方向角对弧长的转动率。对于单位弧长固定的曲线，2013 年 Bribiesca 发现曲线上某点曲率的变化仅与切线方向角相关，可用曲折度近似表示。曲折度可表示为边界上所有像素斜率变化角度(切线方向角)之和。假设闭合边界像素位置序列为 $\{p_0,p_1,p_2,\cdots,p_i,\cdots,p_{n-1}\}$，则像素位置 p_i 的斜率变化角度可定义为

$$\alpha_i = \arccos\left(\frac{(p_{i+t}-p_i)\cdot(p_i-p_{i-t})}{\|p_{i+t}-p_i\|\;\|p_i-p_{i-t}\|}\right) \tag{8-9}$$

式中，p_{i+t}、p_{i-t} 为 p_i 的相邻像素；$\alpha_i\in[0,\pi]$；t 为采样步长，为避免噪声影响，根据原始边界的粗糙程度可将 t 设为 1、2、3、4 等。

归一化的边界曲折度可定义为

$$\tau = \frac{\sum_{i=0}^{n-1}\alpha_i}{n} \tag{8-10}$$

式中，n 为边界上像素的个数。

对于同一闭合边界曲线，τ 值越大，说明边界曲线斜率变化越大。表 8-3 是采用上述公式在不同采样步长下计算的矩形、圆、猕猴桃边界和草莓边界的曲折度，不难发现，无论采用何种采样步长，曲折度均是草莓边界>猕猴桃边界>圆>矩形，从视觉上也可发现，草莓边界的曲率变化大于猕猴桃边界和圆，而矩形除了四个顶点会出现较大的曲率变化，其他地方曲率均为 0，因此曲折度最小。

表 8-3　不同采样步长下四种边界对应的曲折度

t	形状			
2	0.029	0.214	0.256	0.318
3	0.043	0.152	0.181	0.294
4	0.058	0.11	0.143	0.271

4. 标记图

标记图是一种将边界像素在笛卡儿坐标系下的位置 p_i 转换为极坐标系下的位置 (ρ_i,θ_i) 的边界表示方法，可用于直观分析边界位置的变化规律。假设闭合边界质心坐标为 p_c，参考轴为平行于 x 轴的向量 $v_h=[1\quad 0]$，则 $p_i(x,y)$ 对应的极角 θ_i 可表示为

$$
\theta_i = \begin{cases}
\arccos\left(\dfrac{(p_i - p_c)\cdot v_h}{\| p_i - p_c \| \,\| v_h \|}\right), & ((p_i - p_c)\times v_h) \geq 0 \\[3mm]
\arccos\left(\dfrac{(p_i - p_c)\cdot v_h}{\| p_i - p_c \| \,\| v_h \|}\right) + \pi, & ((p_i - p_c)\times v_h) < 0
\end{cases}
\tag{8-11}
$$

极径 ρ_i 可采用两种方式进行转换，最简单的方式是表示为边界像素到质心的欧式距离：

$$
\rho_i = \| p_i - p_c \|
\tag{8-12}
$$

另一种方式是采用式(8-9)中的曲折度表示极径，即 $\rho_i=\alpha_i$。

图 8-11(a)～图 8-11(d)为矩形、圆、猕猴桃边界和草莓边界等四种测试图形与其质心，分别采用欧式距离和曲折度计算边界像素的极径，以极角 θ_i 为横轴、极径 ρ_i 为纵轴的距离标记图和曲折度标记图对应图 8-11(e)～图 8-11(l)。实验结果表明，矩形对应四个角的峰值在两种标记图上均有明显体现；圆的距离标记图上体现其距离变化平缓，但不是理想中的直线，圆的曲折度标记图表明其斜率变化角度多分布在 0.2～0.3 弧度，这是因为数字图像表示的圆和质心位置均有一定误差；猕猴桃边界的距离标记图上体现其距离变化有较大波动，因为猕猴桃边界形状近似椭圆，此外，猕猴桃边界的曲折度标记图表明其斜率变化角度分布在 0.2～0.6 弧度，比圆的曲折度变化范围大，说明其边界曲率变化较大；草莓边界的距离标记图和曲折度标记图最不规则，说明草莓边界的变化在这四种图形中最复杂，规律性也最弱。

(a) 矩形及其质心

(b) 圆及其质心

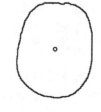

(c) 猕猴桃边界及其质心

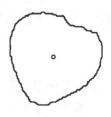

(d) 草莓边界及其质心

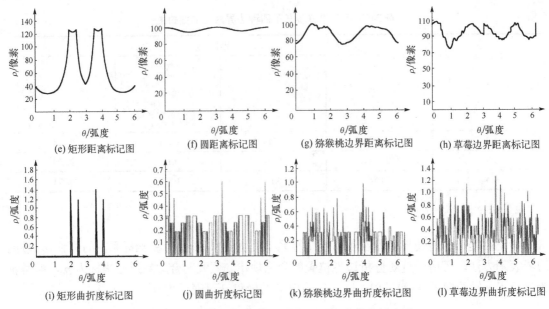

图 8-11　四种图形对应的距离标记图和曲折度标记图

5. 傅里叶描述子

对边界进行离散傅里叶变换(DFT),然后保留不同程度的高频系数,可实现对原始边界不同程度的压缩和重建。假设边界上某一像素 p_i 位置为 (x_i, y_i),将 x_i 和 y_i 视为复平面上的一个实数和虚数,则每个像素位置可表示为一个复数 s_i:

$$s_i = x_i + \mathrm{j}y_i, \quad i = 0, 1, 2, \cdots, n-1 \tag{8-13}$$

s_i 的离散傅里叶变换为

$$a(\omega) = \sum_{i=0}^{n-1} s_i \mathrm{e}^{-\mathrm{j}2\pi\omega i/n}, \quad \omega = 0, 1, 2, \cdots, n-1 \tag{8-14}$$

式中,复数系数 $a(\omega)$ 称为边界的傅里叶描述子。

对 $a(\omega)$ 进行傅里叶逆变换可恢复 s_i:

$$s_i = \frac{1}{n} \sum_{\omega=0}^{n-1} a(\omega) \mathrm{e}^{\mathrm{j}2\pi\omega i/n}, \quad i = 0, 1, 2, \cdots, n-1 \tag{8-15}$$

式(8-15)使用了所有的复数系数,所以在变换前后 s_i 的信息没有任何损失。但有些情况下需要对边界进行压缩或简洁表示,因此不必考虑 $a(\omega)$ 表示的所有系数。假设仅考虑前 m 个系数,可以得到原始信号 s_i 的一个近似:

$$s_i = \frac{1}{n} \sum_{\omega=0}^{m-1} a(\omega) \mathrm{e}^{\mathrm{j}2\pi\omega i/n}, \quad i = 0, 1, 2, \cdots, n-1 \tag{8-16}$$

式中, ω 的范围缩小了,但 i 的范围不变。

离散傅里叶变换后的高频分量决定边界的细节,而低频分量决定边界的总体形状,因此,为对边界进行有效压缩,常通过设置较小的 m 值,删除高频分量而保留更多的低频分量,以近似边界形状。

对图 8-12(a)所示的猕猴桃边界进行离散傅里叶变换，然后选择不同的 m 值进行傅里叶逆变换的结果如图 8-12(b)～图 8-12(d)所示，对草莓边界(图 8-12(e))执行同样操作的结果如图 8-12(f)～图 8-12(h)所示，可以发现，当 $m=32$ 时，重建的猕猴桃边界和草莓边界既能去除边界噪声，还能保持边界的整体凸凹特征，而当 $m=8$ 时，重建的边界将丢失更多的细节，进一步减少 m 至 4，最后将得到两个椭圆，此时已经丢失了太多原始边界的细节。实验结果表明，采用少量的傅里叶描述子即可描述原始边界的基本形状，且傅里叶描述子具有天然的平滑去噪特点。

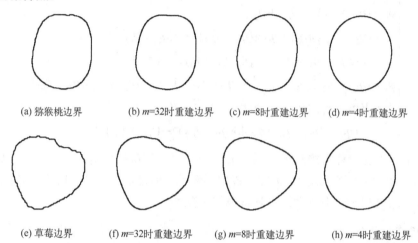

(a) 猕猴桃边界　　　(b) m=32时重建边界　　　(c) m=8时重建边界　　　(d) m=4时重建边界

(e) 草莓边界　　　(f) m=32时重建边界　　　(g) m=8时重建边界　　　(h) m=4时重建边界

图 8-12　猕猴桃边界和草莓边界分别采用 32、8 和 4 个傅里叶描述子重建的边界

8.2.2　区域特征

与图像的边界特征不同，区域特征更多地关注目标边界所包含的区域内部像素的几何特征。当目标从图像中分割出来以后，结合边界特征和区域特征可为区分不同目标提供依据。

1. 矩不变量

独立于图像位置、大小和方向的目标特征提取在图像分类与识别中广泛应用，早在 1962 年 Hu 研究英文字符的模式识别时就提出了对平移、旋转、尺度等变换不敏感的区域特征——矩不变量。

令待检测目标区域对应宽和高分别为 w 和 h 的灰值图像 $I(x,y)$，则对应的 $p+q$ 阶矩定义为

$$m_{pq} = \sum_{x=0}^{h-1} \sum_{y=0}^{w-1} x^p y^q I(x,y) \tag{8-17}$$

式中，$p,q = 0,1,2,\cdots$。

图像 $I(x,y)$ 对应的 $p+q$ 阶中心矩定义为

$$\begin{cases} \mu_{pq} = \sum_{x=0}^{w-1} \sum_{y=0}^{h-1} (x-\bar{x})^p (y-\bar{y})^q I(x,y) \\ \bar{x} = m_{10}/m_{00}, \ \bar{y} = m_{01}/m_{00} \end{cases} \tag{8-18}$$

归一化 $p+q$ 阶中心矩可定义为

$$\eta_{pq} = \mu_{pq} / \mu_{00}^{(p+q)/2+1} \tag{8-19}$$

令 $p+q$=2 或 3，根据 2 个二阶归一化中心矩 η_{02}、η_{11} 和 4 个三阶归一化中心矩 η_{03}、η_{12}、η_{21}、η_{30} 可以定义如下 7 个矩不变量：

$$\begin{cases}
\phi_1 = \eta_{20} + \eta_{02} \\
\phi_2 = (\eta_{20} - \eta_{02})^2 + 4\eta_{11}^2 \\
\phi_3 = (\eta_{30} - 3\eta_{12})^2 + (3\eta_{21} - \eta_{03})^2 \\
\phi_4 = (\eta_{30} + \eta_{12})^2 + (\eta_{21} + \eta_{03})^2 \\
\phi_5 = (\eta_{30} - 3\eta_{12})(\eta_{30} + \eta_{12})[(\eta_{30} + \eta_{12})^2 - 3(\eta_{21} + \eta_{03})^2] \\
\quad + (3\eta_{21} - \eta_{03})(\eta_{21} + \eta_{03})[3(\eta_{30} + \eta_{12})^2 - (\eta_{21} + \eta_{03})^2] \\
\phi_6 = (\eta_{20} - \eta_{02})[(\eta_{30} + \eta_{12})^2 - (\eta_{21} + \eta_{03})^2] + 4\eta_{11}(\eta_{30} + \eta_{12})(\eta_{21} + \eta_{03}) \\
\phi_7 = 3(\eta_{21} - \eta_{03})(\eta_{30} + \eta_{12})[(\eta_{30} + \eta_{12})^2 - 3(\eta_{21} + \eta_{03})^2] \\
\quad + (\eta_{30} - 3\eta_{12})(\eta_{21} + \eta_{03})[3(\eta_{30} + \eta_{12})^2 - (\eta_{21} + \eta_{03})^2]
\end{cases} \tag{8-20}$$

式中，前 6 个矩不变量称为绝对正交矩，最后一个矩不变量称为斜正交矩，对于目标区域图像，前 6 个矩均具备平移、缩放、旋转和镜像不变性，但是最后一个矩因不具备绝对正交性，只具备平移、缩放和旋转不变性，不具备镜像不变性。

2. 常用区域特征

1) 面积和质心

基于矩不变量，可以定义区域的质心和面积，设 $I(x,y)$ 为二值图像，区域内部点记为 1，区域外部点记为 0，则区域面积 A 可用零阶矩表示为

$$A = m_{00} = \sum_{x=0}^{w-1} \sum_{y=0}^{h-1} I(x,y) \tag{8-21}$$

质心坐标(cx,cy)可结合零阶矩和一阶矩表示为

$$\begin{cases} cx = m_{10} / m_{00} \\ cy = m_{01} / m_{00} \end{cases} \tag{8-22}$$

2) 紧密度与圆度

紧密度定义为区域周长的平方与面积之比：

$$compactness = \frac{p^2}{A} \tag{8-23}$$

式中，p 为区域周长，若区域形状为圆形，紧密度取最小值 4π。圆度与紧密度成反比，定义为

$$circularity = \frac{4\pi A}{p^2} \tag{8-24}$$

若区域形状为圆形，圆度取最大值 1。

3) 偏心率

偏心率定义为对区域进行椭圆拟合后的椭圆焦距与长轴之比：

$$\text{eccentricity} = \frac{c}{a} = \sqrt{1 - (b/a)^2}, \quad a > b \tag{8-25}$$

式中，$2c$ 为焦距；$2a$ 为椭圆长轴；$2b$ 为椭圆短轴。

区域的椭圆拟合可基于区域位置的主成分分析实现，设区域内像素坐标位置向量 $z_k = (x_k, y_k)$，则对应的协方差矩阵 C 可表示为

$$\begin{cases} C = \dfrac{1}{N-1} \sum_{k=1}^{N} (z_k - \overline{z})(z_k - \overline{z})^{\mathrm{T}} \\ \overline{z} = \dfrac{1}{N} \sum_{k=1}^{N} z_k \end{cases} \tag{8-26}$$

式中，N 为二值图像区域内部点的总数。

协方差矩阵 C 的两个特征值对应椭圆的长半轴 a 和短半轴 b。若区域形状为圆形，偏心率取最小值 0。协方差矩阵 C 的特征向量可用于表示目标区域的方向。

4）矩形度

矩形度反映目标区域相对其外接最小矩形的充满程度，用区域面积 A 与其最小外接矩形面积 $A_{\min\_rect}$ 之比来描述：

$$\text{rectangularity} = \frac{A}{A_{\min\_rect}} \tag{8-27}$$

当区域为矩形时，矩形度取最大值 1。区域的最小外接矩形可采用凸包（Convex Hull）和旋转卡尺算法（Rotating Calipers）进行求解，与区域的拟合椭圆类似，外接矩形的长宽方向也可用于表示区域方向。

表 8-4 为猕猴桃、梨和草莓三种水果经过分割和阈值化处理后形成的二值图像，采用上述公式分别计算三种水果的紧密度、圆度、偏心率和矩形度，实验结果表明，在紧密度上，猕猴桃<梨<草莓，而在圆度上，猕猴桃>梨>草莓，说明猕猴桃形状最规整，更贴近于圆；在偏心率上，草莓<猕猴桃<梨，说明草莓进行椭圆拟合后的长半轴与短半轴的值非常接近，即拟合椭圆更趋近于圆形，而梨的拟合椭圆更扁长；在矩形度上，猕猴桃>草莓>梨，说明猕猴桃形状最贴近于矩形，而梨的形状与矩形差异最大。

表 8-4　猕猴桃、梨和草莓形成的二值图像对应的描述子

描述子	图像		
紧密度	14.703	15.62	16.111
圆度	0.854	0.805	0.78
偏心率	0.591	0.598	0.353
矩形度	0.834	0.746	0.758

3. 拓扑描述子

拓扑描述子来源于拓扑学，对于形变过程中不会出现撕裂或折叠的某一目标区域，拓扑

描述子定义为该区域内孔洞的数量。因此，拓扑描述子并不考虑区域的形状和大小，而主要关注区域的连通性和区域中的孔洞数量。在拓扑学中，孔洞数量 H 和连通分量(或碎片)的数量 C 可用于定义欧拉数：

$$E = C - H \tag{8-28}$$

如图 8-13(a)所示，对于内部有两个连通分量的区域，其中一个连通分量有一个孔洞，另一个连通分量有两个孔洞，采用欧拉数进行表示可得 $E = 2 - 3 = -1$。对于连通分量一定的目标区域，孔洞数量越多，对应的欧拉数越小。在形状识别与分类中，相同欧拉数的目标拥有同一拓扑结构。

如图 8-13(b)所示，若对某一区域采用点、线、面等元素进行离散化处理，形成的区域称为多边形网格。针对多边形网格，欧拉数可采用欧拉公式表示为

$$E = V - Q + F \tag{8-29}$$

式中，V 表示顶点数；Q 表示边数；F 表示面数。

图 8-13(b)所示的多边形网格中 $V = 8$，$Q = 14$，$F = 2$，$C = 1$，$H = 5$，根据欧拉公式计算可得 $E = 8 - 14 + 2 = -4$。根据欧拉数的定义，可以验证 $E = C - H = -4$。可以证明，对于所有多面体(不含孔洞)，不论形状多复杂，其欧拉数始终为 2；而对于所有简单闭合的多边形(不含孔洞)，不论边界形状多复杂，其欧拉数恒为 1。

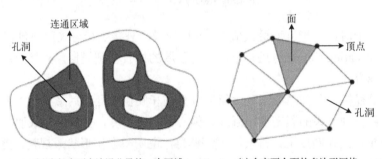

(a) 内部有两个连通分量的一个区域　　　(b) 含有两个面的多边形网格

图 8-13　连续区域和离散多边形网格示意图

图 8-14(a)是一幅 256×256 的莲藕切片图像，通过阈值化处理后将得到如图 8-14(b)所示的二值图像，然后采用 Bolelli 等于 2019 年提出的连通分量标记算法计算可得孔洞数量 $H = 21$。因此，图 8-14(b)所示藕片区域对应的欧拉数为 20；计算每个孔洞的面积并设定某一阈值 t，然后仅保留面积 $>t$ 的孔洞，如图 8-14(c)所示，采用上述方法可以过滤掉藕片中的小孔洞而仅仅保留特征明显的大孔洞，保留的孔洞数量 $H = 10$，对应的欧拉数为 9，该欧拉数可作为识别如七孔藕或九孔藕的重要特征描述子。

(a) 莲藕切片图像　　　　　(b) 阈值化后结果　　　　(c) 提取孔洞面积大于某一阈值后的图像

图 8-14　莲藕切片图像欧拉数计算

8.2.3 角点特征

角点是图像边界曲线上曲率最大的像素，角点利用极少的像素描述了图像中重要的形状信息，具有旋转不变性和对光照变化不敏感的优势，在立体机器视觉和自动导航跟踪等领域中常用于匹配图像特征。最早的 Moravec 角点检测算法基于局部区域高对比度的灰度值进行检测，但该算法计算量大且对噪声敏感，误检测率高。1988 年，Harris 和 Stephens 考虑角点区梯度的变化提出了一种快速的且对噪声不敏感的角点检测算法。

令 I 表示一幅灰值图像，Harris 考虑了检测器窗口从 (x,y) 位置移动到 $(x+u,y+v)$ 位置后窗口中灰度值变化的统计量：

$$\begin{cases} E(u,v) = \sum_x \sum_y w(x,y)(I(x+u,y+v) - I(x,y))^2 \\ w(x,y) = e^{-(x^2+y^2)/(2\sigma^2)} \end{cases} \tag{8-30}$$

式中，$w(x,y)$ 为抑制噪声影响的高斯核函数。

移动后的窗口图像 $I(x+u,y+v)$ 用泰勒级数展开可近似为

$$I(x+u,y+v) \approx I(x,y) + uI_x(x,y) + vI_y(x,y) \tag{8-31}$$

则有

$$E(u,v) = \sum_x \sum_y w(x,y)(uI_x(x,y) + vI_y(x,y))^2 \tag{8-32}$$

采用矩阵形式可表示为

$$\begin{cases} E(u,v) = [u,v] M \begin{bmatrix} u \\ v \end{bmatrix} \\ M = \sum_x \sum_y w(x,y) \begin{bmatrix} I_x^2 & I_xI_y \\ I_xI_y & I_y^2 \end{bmatrix} = \begin{bmatrix} A & C \\ C & B \end{bmatrix} \end{cases} \tag{8-33}$$

式中，矩阵 M 称为 Harris 矩阵，实际等价于高斯平滑后梯度 (I_x,I_y) 的协方差矩阵。

设 α 和 β 是矩阵 M 的两个特征值，则 α 和 β 表示平滑后梯度 (I_x,I_y) 经过主成分分析（PCA）后对应置信椭圆的长半轴和短半轴。

如图 8-15(a) 所示，对于 3 幅带噪声的平坦区、边界区和角点区窗口图像，分别计算其水平和垂直方向的梯度，然后进行主成分分析，(I_x,I_y) 梯度分布的外接椭圆为对应置信椭圆，其长、短半轴为矩阵特征值 α 和 β，观察发现，不同区域的梯度分布截然不同：对于平坦区，α 和 β 小且 α/β 接近 1；对于边界区，α 和 β 中一个值较小而另一个值较大；对于角点区，α 和 β 大且 α/β 接近 1。根据 α 和 β 的特点，可采用如图 8-15(b) 所示的二维分布图表示上述三个窗口区域，如何寻找一个函数来设置相应阈值以区分出平坦区、边界区和角点区是一个难点，Harris 和 Stephens 提出了下列角点响应函数：

$$R(\alpha,\beta) = \alpha\beta - k(\alpha+\beta)^2 \tag{8-34}$$

式中，k 为调节系数。

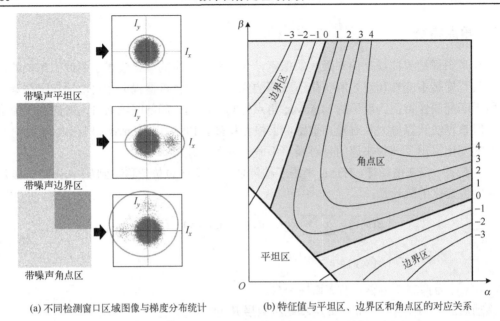

(a) 不同检测窗口区域图像与梯度分布统计　　　(b) 特征值与平坦区、边界区和角点区的对应关系

图 8-15　Harris 矩阵梯度、特征值与不同检测窗口区域的对应关系

式 (8-34) 对应的等值线如图 8-15(b) 所示，设 ε 表示一个极小正值，可以发现，选择合适的 k 值，当 $R(\alpha,\beta)>\varepsilon$ 时，说明检测窗口为角点区；当 $R(\alpha,\beta)<-\varepsilon$ 时，说明检测窗口为边界区；当 $|R(\alpha,\beta)|<\varepsilon$ 时，说明检测窗口为平坦区。在实际应用中，直接计算 Harris 矩阵的特征值所需时间开销较大，为提高计算效率，根据"矩阵所有特征值之积等于矩阵行列式的值"和"实对称矩阵的特征值之和等于矩阵对角线上的元素之和"两条性质可得

$$R(\alpha,\beta)=(AB-C^2)-k(A+B)^2 \tag{8-35}$$

不同的 k 值生成的角点区的大小也不一样，如图 8-16 所示，$k=0.04$ 时，满足 $R(\alpha,\beta)>0$ 的角点区远大于 $k=0.1$ 时的角点区，即设置较小的 k 值能够检测到较大的角点区，在实际应用中，一般 k 的取值范围为 $(0,0.25)$；此外，阈值 ε 的设置也很重要，如图 8-16 所示，ε 可设为某一等值线上的数值，一般设为 $0.01\times\max\{R(\alpha,\beta)\}$，$\varepsilon$ 值越大，检测到的角点越少。

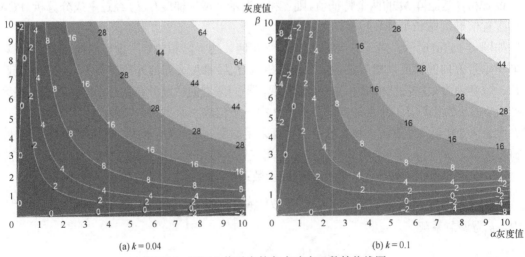

(a) $k=0.04$　　　　　　　　　　　(b) $k=0.1$

图 8-16　不同 k 值对应的角点响应函数等值线图

图 8-17(a) 为一幅奶牛图像，将 ε 值设为 $0.01\times\max\{R(\alpha,\beta)\}$，图 8-17(b) 为选择 $k = 0.04$ 时检测到的 Harris 角点图像，图 8-17(c) 为选择 $k = 0.1$ 时检测到的 Harris 角点，实验结果表明，设置较小的 k 值可以检测出更多的角点，从而验证了上述基于等值线图的分析结论。

(a)奶牛图像　　　　　(b)$k = 0.04$ 时检测到的角点　　　　　(c)$k = 0.1$ 时检测到的角点

图 8-17　选择不同 k 值检测到的奶牛图像 Harris 角点

8.3　纹　理　特　征

不同于颜色和形状，纹理是用来描述图像中某一小范围内像素灰度空间分布的图案。在图像处理中，图像纹理通常可提供平滑度、均匀性和周期性等测度。如图 8-18 所示，棉花苗（图 8-18(a)）、猕猴桃（图 8-18(b)）和梨（图 8-18(c)）表面纹理体现的平滑度、均匀性和周期性均有一定差别，如何采用数学方法描述上述纹理的差异性是一个难题，本节主要讨论基于统计方法和谱方法的纹理特征描述。

(a)棉花苗　　　　　　　(b)猕猴桃　　　　　　　(c)梨

图 8-18　棉花苗、猕猴桃和梨的纹理

8.3.1　灰度直方图统计矩

灰度直方图统计矩是描述图像纹理的最简单的统计方法，与颜色矩不同，直方图统计矩基于灰度直方图而非直接基于图像颜色进行计算。令 r 对应单通道颜色的灰度值范围为 $[0,L)$，灰度直方图的 n 阶矩可表示为

$$\mu_n = \sum_{r=0}^{L-1}(r-E)^n h(r) \tag{8-36}$$

式中，$h(r)$ 为直方图 $H(r)$ 归一化为[0,1]的函数；μ 为灰度均值：

$$\begin{cases} \mu = \sum_{r=0}^{L-1} rh(r) \\ h(r) = H(r) \bigg/ \sum_{r=0}^{L-1} H(r) \end{cases} \tag{8-37}$$

式中，一阶矩 $\mu_1=0$，因此一阶矩无法用于描述纹理特征，一般用灰度均值 μ 表示图像灰度的明暗程度；二阶矩 μ_2 为平滑度描述子，是灰度对比的一个测度，可以表示为标准差的平方，即 $\mu_2=\sigma^2$；三阶矩 μ_3 为偏斜度描述子；与颜色矩类似，更高阶矩很难描述直方图的分布特征，因此一般采用的统计矩阶数不超过 3。此外，基于上述公式，还可定义灰度直方图的一致性纹理描述子为

$$U = \sum_{r=0}^{L-1} h^2(r) \tag{8-38}$$

对于灰度值全相同的纹理，一致性纹理描述子取最大值 1，而对于一致性差的纹理，一般 $U<1$。为体现纹理混乱程度的状态，可定义熵描述子为

$$S = -\sum_{r=0}^{L-1} h(r)\log_2 h(r) \tag{8-39}$$

对于灰度值全相同的纹理，熵描述子取最小值 0，而对于混乱程度高的纹理，一般 $S>0$。

令 $L=64$，分别对图 8-18 所示的棉花苗、猕猴桃和梨的纹理采用灰度直方图统计矩计算的数值如表 8-5 所示：①灰度均值 μ 按照从大到小的顺序排列分别对应梨、棉花苗和猕猴桃，μ 越大，说明图像灰度均值越大，图像越亮，否则图像越暗，与实际纹理表现出的明暗情况吻合；②二阶矩 μ_2 反映出的是纹理的平滑度，其值越小，纹理越平滑，可以发现梨纹理的平滑度>猕猴桃>棉花苗，与实际纹理情况吻合；③三阶矩 μ_3 反映出纹理的整体灰度偏向均值 μ 左侧或右侧的程度，可以发现梨纹理的偏斜度<猕猴桃<棉花苗；④一致性纹理描述子 U 值中梨最大，棉花苗最小，说明梨纹理的灰度值分布更均匀，而棉花苗纹理的灰度值一致性较差；⑤最后，发现熵描述子 S 值与 U 值的变化趋势相同，即纹理越均匀，一致性越好，S 值越小，纹理混乱程度越低，否则纹理混乱程度越高。

表 8-5　基于灰度直方图的棉花苗、猕猴桃和梨纹理特征统计矩描述子

纹理		μ(灰度均值)	μ_2(平滑度描述子)	μ_3(偏斜度描述子)	U(一致性纹理描述子)	S(熵描述子)
	棉花苗	24.1094	50.6061	59.654	0.040062	4.84423
	猕猴桃	19.6705	11.4199	27.9007	0.090634	3.73876
	梨	40.4714	1.84727	−0.87052	0.212761	2.4707

8.3.2　灰度共生矩阵

灰度直方图统计矩仅考虑了像素值分布的统计规律，具有良好的旋转和平移不变性，但未考虑像素间的空间位置关系。灰度共生矩阵（GLCM）是最早提出的纹理特征提取方法之一，该特征矩阵既考虑了像素值的分布，也考虑了其空间位置关系，目前已广泛用于纹理分析领域。设图像 I 有 L 个灰度值，灰度共生矩阵 G 中的元素 g_{ij} 可定义为图像 I 中以灰度值（像素值）i 为起点，以灰度值 j 为终点的相邻像素对 (i,j) 出现的次数。

如图 8-19（a）和图 8-19（b）所示，令 $L = 4$，相邻像素对 (i,j) 定义为 j 在 i 的紧邻右侧，则输入图像 I 中的所有灰度值均被量化为 1～4。以图 8-19（b）所示 (2,3) 像素对为例，该像素对在图像 I 中出现的次数为 2，因此对应的灰度共生矩阵 G 中的元素 $g_{23}=2$，即在共生矩阵位置为 (2,3) 的地方设定像素值为 2（图 8-19（c）），依次类推，可以发现像素对 (1,1) 出现的次数为 3，像素对 (3,1) 出现的次数为 6。设图像 I 宽和高分别为 w 和 h，则满足条件的像素对的数量 $n = (w-1)\times h$，因此灰度共生矩阵 G 中所有元素值之和 $\sum g_{ij}$ 正好可用像素对的数量表示为 $n = \sum g_{ij}$。

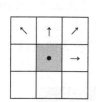

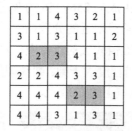

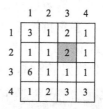

(a) 右邻、右上邻、上邻、左上邻等 4　　　(b) 输入图像 I　　　　　(c) 灰度共生矩阵 G
种主要相邻像素的位置关系

图 8-19　灰度共生矩阵构建图例

与灰度直方图类似，灰度共生矩阵一般不直接作为区分纹理的特征，而是基于其统计特征进行纹理分析或图像检索，1973 年 Haralick 等定义了 14 个灰度共生矩阵统计描述子，但常用的描述子主要包括对比度、相关度、逆差矩、能量和熵。

令 $p_{ij} = g_{ij} / n$，则对比度可表示为

$$f_{\text{con}} = \sum_{i=1}^{L}\sum_{j=1}^{L}(i-j)^2 p_{ij} \tag{8-40}$$

相关度定义为

$$f_{\text{corr}} = \frac{\sum_{i=1}^{L}\sum_{j=1}^{L}(i-\mu_x)(j-\mu_y)p_{ij}}{\sigma_x \sigma_y} \tag{8-41}$$

式中，μ_x、μ_y 及 σ_x、σ_y 分别表示均值和方差：

$$\begin{cases} \mu_x = \sum_{i=1}^{L} i\sum_{j=1}^{L} p_{ij}, \quad \mu_y = \sum_{j=1}^{L} j\sum_{i=1}^{L} p_{ij} \\ \sigma_x = \sum_{i=1}^{L}(i-\mu_x)^2\sum_{j=1}^{L} p_{ij}, \quad \sigma_y = \sum_{j=1}^{L}(j-\mu_y)^2\sum_{i=1}^{L} p_{ij} \end{cases} \tag{8-42}$$

逆差矩定义为

$$f_{\text{idm}} = \frac{\sum\limits_{i=1}^{L}\sum\limits_{j=1}^{L} p_{ij}}{1+(i-j)^2} \tag{8-43}$$

能量定义为

$$f_{\text{asm}} = \sum\limits_{i=1}^{L}\sum\limits_{j=1}^{L} (p_{ij})^2 \tag{8-44}$$

熵定义为

$$f_{\text{ent}} = -\sum\limits_{i=1}^{L}\sum\limits_{j=1}^{L} p_{ij} \log_2 p_{ij} \tag{8-45}$$

令 $L=256$，相邻像素对 (i,j) 定义为 j 在 i 的紧邻右侧，图 8-20(a)～图 8-20(c) 分别为图 8-18 中棉花苗、猕猴桃和梨的纹理图像对应生成的 256×256 的灰度共生矩阵图像。可以发现，棉花苗纹理的共生矩阵数值较大的点在对角线附近的分散范围最大，说明其纹理亮度覆盖范围广且纹理粗糙；猕猴桃纹理的共生矩阵数值较大的点集中在对角线偏上区域，但比梨纹理的共生矩阵发散，说明纹理偏暗且纹理粗糙程度大于梨；梨纹理的共生矩阵数值较大的点(白色点)集中在对角线偏下区域，说明纹理偏亮且变化缓慢。

(a)棉花苗的灰度共生矩阵图像　　　(b)猕猴桃的灰度共生矩阵图像　　　(c)梨的灰度共生矩阵图像

图 8-20　三种图像对应的灰度共生矩阵图像

分别基于图 8-20 所示棉花苗、猕猴桃和梨的灰度共生矩阵 G_1、G_2 和 G_3 图像计算的 5 个特征描述子如表 8-6 所示：①对比度反映的是纹理的随机性程度，梨的对比度最小，猕猴桃的对比度最大，说明梨纹理的规律性最强，而猕猴桃纹理的随机性最强；②相关度反映的是相邻像素之间的相关性，梨的相关度最大，棉花苗的相关度最小，说明梨纹理相邻像素之间高度相关，而棉花苗纹理相邻像素之间的相关性不大；③逆差矩反映的是纹理共生矩阵向主对角线的集中程度，也间接反映了纹理的平滑度，显然，梨的逆差矩最大，棉花苗的逆差矩最小，说明梨纹理最平滑，而棉花苗纹理最粗糙；④能量反映的是纹理中灰度值分布的均匀性，能量越大，纹理的一致性越强，可以发现梨的能量最大，棉花苗的能量最小，说明梨纹理的一致性最强，而棉花苗纹理的一致性最弱；⑤熵间接反映的是纹理的随机性程度，熵值越大，纹理的随机性越强，梨的熵值最小，棉花苗的熵值最大，说明梨纹理的随机性最弱，而棉花苗纹理的随机性最强。事实上，直接观察表面纹理可以发现，上述定量化描述结果与观察结果吻合。

表 8-6　棉花苗、猕猴桃和梨对应的灰度共生矩阵描述子

灰度共生矩阵	f_{con}（对比度）	f_{corr}（相关度）	f_{idm}（逆差矩）	f_{asm}（能量）	f_{ent}（熵）
棉花苗 G_1	319.803	0.000926064	0.0973569	0.000559918	7.49119
猕猴桃 G_2	340.923	0.00102809	0.0754673	0.000726394	7.24289
梨 G_3	15.5579	0.0188473	0.244558	0.00325302	5.80357

8.3.3　Tamura 纹理

为体现与人的视觉感知相对应的纹理特征，Tamura 等在 1978 年提出了粗糙度、对比度、方向度、线性度、规整度和粗略度等 6 个特征来表征纹理特性。一般在图像分析和检索的应用中常使用前 3 个特征，因为这些特征较好地捕捉了纹理的感知属性。下面对这 3 个特征进行介绍。

粗糙度与纹理单元的尺寸和非重叠窗口的平均信号之间的差异相关，定义 $2^k \times 2^k (k=0,1,2,3,4,5)$ 的活动窗口中每个像素 (x,y) 处的灰度均值为

$$\mu_k(x,y) = \sum_{i=x-2^{k-1}}^{x+2^{k-1}-1} \sum_{j=y-2^{k-1}}^{y+2^{k-1}-1} \frac{f(i,j)}{2^{2k}} \qquad (8\text{-}46)$$

式中，$f(i,j)$ 表示像素在图像 (i,j) 处的灰度值。基于灰度均值，计算像素 (x,y) 在水平和垂直方向的灰度差值：

$$\begin{cases} E_{k,v} = |\mu_k(x,y+2^{k-1}) - \mu_k(x,y-2^{k-1})| \\ E_{k,h} = |\mu_k(x+2^{k-1},y) - \mu_k(x-2^{k-1},y)| \end{cases} \qquad (8\text{-}47)$$

然后选择一个使得水平或垂直方向灰度差值最大的窗口 2^{k_best} 作为 (x,y) 处的最佳窗口：

$$E_{k\_best} = \max\{E_{0,v}, E_{1,v}, \cdots, E_{5,v}, E_{0,h}, E_{1,h}, \cdots, E_{5,h}\} \qquad (8\text{-}48)$$

最后，粗糙度可表示为宽和高分别为 w 和 h 的图像上所有像素对应的最佳窗口尺寸的平均值：

$$F_{crs} = \frac{1}{wh} \sum_{i=1}^{w} \sum_{j=1}^{h} 2^{k\_best(i,j)} \qquad (8\text{-}49)$$

对比度描述了一幅图像灰度的反差程度，定义如下：

$$\begin{cases} F_{con} = \dfrac{\sigma^2}{\sqrt[4]{\mu_4}} \\ \mu_4 = \dfrac{1}{wh} \sum_{i=1}^{w} \sum_{j=1}^{h} (f(i,j) - \mu_0)^4 \\ \sigma^2 = \dfrac{1}{wh} \sum_{i=1}^{w} \sum_{j=1}^{h} (f(i,j) - \mu_0)^2 \\ \mu_0 = \dfrac{1}{wh} \sum_{i=1}^{w} \sum_{j=1}^{h} f(i,j) \end{cases} \qquad (8\text{-}50)$$

式中，μ_0 为灰度均值；σ 为标准差；μ_4 为四阶矩。

　　方向度用图像局部边界的频率分布与其方向角的比值表征纹理的分布情况，首先需采用水平与垂直两个 3×3 边界检测算子定义梯度大小 $G(x,y)$ 与方向 $\theta(x,y)$ 为

$$\begin{cases} G(x,y) = (|G_x(x,y)| + |G_y(x,y)|)/2 \\ \theta(x,y) = \arctan(|G_y(x,y)|/|G_x(x,y)|) + \pi/2 \end{cases} \qquad (8\text{-}51)$$

式中，$\theta(x,y) \in [0,\pi]$，计算梯度方向 $\theta(x,y)$ 对应的直方图 H，设定量化级别为 L，则梯度方向被划分为 L 个大小为 π/L 的区间，其中，第 φ $(\varphi = 0,1,\cdots,L-1)$ 个区间 $H(\varphi)$ 可定义为 $[(2\varphi-1)\pi/(2L),(2\varphi+1)\pi/(2L))$，设定梯度大小阈值为 t，若某个区间内像素梯度大小满足 $G(x,y) \geq t$，则该像素被计入 $H(\varphi)$，然后对直方图进行归一化处理使得 $H(\varphi) \in [0,1]$，最后方向度可用直方图峰值的尖锐程度表示为

$$F_{\text{dir}} = 1 - rn_p \sum_{p=1}^{n_p} \sum_{\varphi \in w_p} (\varphi - \varphi_p)^2 H(\varphi) \qquad (8\text{-}52)$$

式中，p 为直方图峰值；n_p 为直方图峰值个数；φ_p 为峰值 p 处对应的梯度方向；w_p 为直方图从峰值 p 到左右两侧谷底跨越的梯度方向范围；r 为与方向角 φ 相关的归一化因子。

　　表 8-7 为采用上述公式计算的棉花苗、猕猴桃和梨纹理对应的粗糙度、对比度、方向度数值，实验结果表明，梨的粗糙度和对比度最小，说明其纹理较平滑；猕猴桃的粗糙度最大，说明其纹理粗糙；棉花苗的对比度最大，说明其灰度值分布最不均匀；棉花苗的方向度最大，而猕猴桃的方向度最小，说明棉花苗纹理的方向性最强，猕猴桃纹理的方向性最弱。

表 8-7　棉花苗、猕猴桃和梨对应 Tamura 纹理描述子

纹理		F_{crs}(粗糙度)	F_{con}(对比度)	F_{dir}(方向度)
	棉花苗	7.08897569	21.83880777	871.68916155
	猕猴桃	7.11734694	9.48730194	519.64165733
	梨	6.71050347	4.02088486	703.9255814

8.3.4　局部二值模式

　　局部二值模式(LBP)是由 Ojala 等在 1996 年提出的一种用来描述局部纹理特征的描述子。LBP 对图像光照变化不敏感且计算效率高，已在人脸识别、果蔬种类识别、目标检测等领域得到广泛应用。

　　LBP 先比较输入图像某一中心像素与相邻像素的灰度值，然后按照一定规则分配一个二进制数来标记相邻像素的灰度值。经典 LBP 定义为一个 3×3 的邻域，因此中心像素的相邻像素可形成 8 位二进制数，以邻域中心像素灰度值为阈值，依次比较相邻像素灰度值与邻域中心像素灰度值，若相邻像素灰度值大于中心像素灰度值，则像素位置被标记为 1，否则标记

为 0，然后依次排列 8 位二进制数，形成的新二进制数即为中心像素的 LBP 值。对输入图像中除边界外所有像素进行 LBP 运算，将形成 LBP 特征图，LBP 特征图的灰度值范围为[0,255]，基于 LBP 特征图生成的直方图为 LBP 直方图，LBP 特征图和直方图均可用作图像分类的特征向量。LBP 值的计算可定义为

$$\text{LBP}(x_c,y_c)=\sum_0^{N-1}f(g_p-g_c)2^p,\quad f(x)=\begin{cases}0,&x<0\\1,&x\geqslant0\end{cases} \tag{8-53}$$

式中，(x_c,y_c)、g_c 分别为中心像素的位置与灰度值；g_p 为中心像素的相邻像素的灰度值；$f(x)$ 为符号函数；p 的取值范围为[0,N–1]，对于 3×3 的邻域，p 的取值范围为[0,7]。

图 8-21(a)为一个 3×3 的邻域，根据 LBP 计算公式，首先比较相邻像素灰度值与中心像素灰度值 4 的大小，若 $g_p<4$，则对应的相邻像素位置编码赋值为 0，否则为 1，采用符号函数计算的结果如图 8-21(b)所示；然后以邻域左上角像素为起点顺时针定义每个二进制编码的权重为 2^p（图 8-21(c)）；最后二进制编码与对应权重相乘并累加求和得到中心像素的 LBP 为 154(图 8-21(d))。

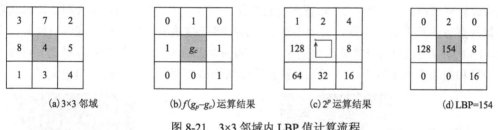

图 8-21　3×3 邻域内 LBP 值计算流程

经典的 LBP 特征描述子存在覆盖区域小和对旋转变换敏感等问题，难以满足不同尺度纹理的旋转不变性的要求。为表示不同尺度纹理的旋转不变性特征，Ojala 等在 2002 年对经典的 LBP 特征描述子进行了改进：一方面，将 3×3 正方形邻域扩展到任意大小的环形邻域；另一方面，对环形邻域绕中心像素进行旋转变换，然后取一系列 LBP 值中的最小值作为中心像素的 LBP 值。如图 8-22(a)~图 8-22(i)所示，设 R 为半径，N 为圆环上均匀分布的相邻像素的个数，改进的 LBP 特征描述子首先计算初始状态的 $\text{LBP}^0=154$，然后依次将圆环上的像素绕中心像素旋转 45°,90°,…,315°，并分别计算 $\text{LBP}^1,\text{LBP}^2,\cdots,\text{LBP}^7$ 值，最后取 LBP^0,$\text{LBP}^1,\cdots,\text{LBP}^7$ 中的最小值作为当前中心像素的 LBP 值(图 8-22(j))。根据上述描述，改进的 LBP 值计算可定义为

$$\begin{cases}\text{LBP}_{R,N}(x_c,y_c)=\min\{\text{LBP}_{R,N}^i,i=0,1,\cdots,N-1\}\\\text{LBP}_{R,N}^i=\sum_0^{N-1}f(g_p^i-g_c)2^p\\g_p^i=\text{GetPixel}\left(x_p+R\cos\left(\frac{2\pi i}{N}\right),y_p-R\sin\left(\frac{2\pi i}{N}\right)\right)\end{cases} \tag{8-54}$$

式中，(x_p,y_p)、g_p^i 表示相邻像素的位置与灰度值；GetPixel 函数用于返回像素(x_p,y_p)经旋转变换后新位置处的灰度值。

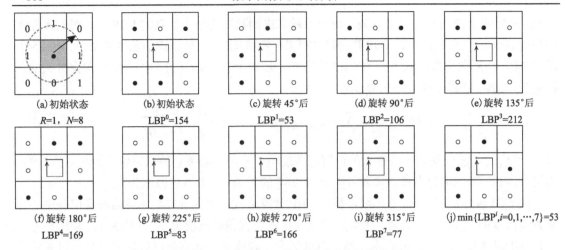

(a) 初始状态 $R=1$, $N=8$ (b) 初始状态 LBP^0=154   (c) 旋转 45°后 LBP^1=53   (d) 旋转 90°后 LBP^2=106   (e) 旋转 135°后 LBP^3=212

(f) 旋转 180°后 LBP^4=169   (g) 旋转 225°后 LBP^5=83   (h) 旋转 270°后 LBP^6=166   (i) 旋转 315°后 LBP^7=77   (j) min{LBP^i, i=0,1,···,7}=53

图 8-22 改进的 LBP($R=1$, $N=8$)值计算流程

为测试 LBP 特征描述子的旋转不变性，如图 8-23 所示，对一幅猕猴桃图像进行旋转变换，然后计算旋转前后图像的 LBP 特征图及直方图。可以发现，当 $R=1$，$N=8$ 时，旋转前后两幅图像的直方图几乎完全相同，说明改进的 LBP 特征描述子具备旋转不变性。此外，当 $R=3$，$N=16$ 时计算的 LBP$_{3,16}$ 特征图如图 8-23(d)和图 8-23(h)所示，与 LBP$_{1,8}$ 对比，可以发现增加半径和相邻像素个数后，特征图中猕猴桃图像的边界和斑点部分被加粗放大了。

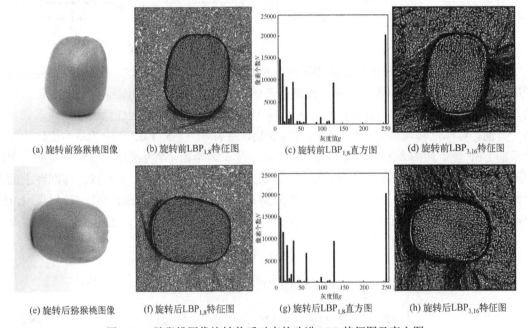

(a) 旋转前猕猴桃图像   (b) 旋转前LBP$_{1,8}$特征图   (c) 旋转前LBP$_{1,8}$直方图   (d) 旋转前LBP$_{3,16}$特征图

(e) 旋转后猕猴桃图像   (f) 旋转后LBP$_{1,8}$特征图   (g) 旋转后LBP$_{1,8}$直方图   (h) 旋转后LBP$_{3,16}$特征图

图 8-23 猕猴桃图像旋转前后对应的改进 LBP 特征图及直方图

8.3.5 傅里叶谱

傅里叶谱是基于频率的纹理特征描述方法，由于多数纹理在空间分布上具有一定的周期性，采用傅里叶谱非常适合描述纹理的周期性和粗糙性，低频信号较多的纹理频谱主要集中在离傅里叶谱中心位置较近的区域，高频信号较多的纹理频谱主要集中在离傅里叶谱中心位

置较远的区域。为便于特征提取与分析，如图 8-24 所示，傅里叶谱一般采用极坐标表示为谱函数 $S(r,\theta)$，其中 r、θ 分别表示极坐标中的半径和方向，对于某个方向（角度）θ，可以定义该方向上所有半径扫描到的谱函数对应值的累加和 $S(\theta)$：

$$S(\theta) = \sum_{r=1}^{R} S(r,\theta) \tag{8-55}$$

其中，R 为频谱图的宽与高中的最大值。

图 8-24　傅里叶谱的极坐标表示法

同理，对于某个半径（频率）r，可以定义该半径约束的圆上所有谱函数对应值的累加和 $S(r)$：

$$S(r) = \sum_{\theta=0}^{\pi} S(r,\theta) \tag{8-56}$$

上述两个函数的主要作用是将二维谱函数 $S(r,\theta)$ 降为一维的谱特征描述函数，从而简化对纹理特征的分析。

图 8-25(b) 和图 8-25(f) 分别为图 8-25(a) 和图 8-25(e) 所示猕猴桃和农田图像经傅里叶变换后得到的频谱图，基于频谱图在极坐标下计算的傅里叶谱特征 $S(r)$ 和 $S(\theta)$ 如图 8-25(c)、图 8-25(d)、图 8-25(g)、图 8-25(h) 所示，观察可以发现，猕猴桃 $S(r)$ 特征仅在原点附近有一个峰值，但农田 $S(r)$ 特征除在原点附近外，在 $r=4$ 和 $r=9$ 处分别体现了一个强峰值和弱峰值，这是因为农田图像中田垄之间具有明显的周期性特征；对于 $S(\theta)$ 特征，两幅图像均在原点、90°和 180°方向上体现了高频特征，但猕猴桃 $S(\theta)$ 特征在以 90°为分界线处体现了明显的对称性，而农田 $S(\theta)$ 特征则不具备明显的对称性，特别是在 $[90°,180°]$ 内，$S(\theta)$ 的随机性变强，与观察到的原始图像规则性相吻合。

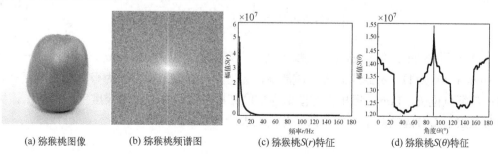

(a) 猕猴桃图像　　　　(b) 猕猴桃频谱图　　　　(c) 猕猴桃 $S(r)$ 特征　　　　(d) 猕猴桃 $S(\theta)$ 特征

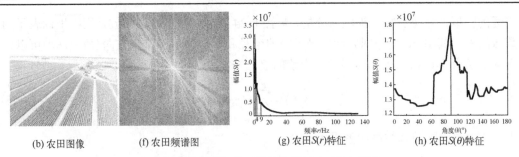

(b) 农田图像　　　　(f) 农田频谱图　　　　(g) 农田$S(r)$特征　　　　(h) 农田$S(\theta)$特征

图 8-25　猕猴桃和农田图像的傅里叶谱特征描述

8.4　现代特征描述子

前述经典的图像特征提取多针对目标的全局特征，在有些情况下，当目标受到部分遮挡时，全局特征将难以定位目标，因此在一定局部区域内能够稳定出现且具有可分离性的局部特征将发挥重要作用；另外，图像特征的稳定性可能受到光照、缩放、平移、选择和仿射变换等因素的影响，如何实现不同光照、尺度下目标的准确检测是一个难题。本节介绍的三种现代特征描述子均基于局部区域实现特征表示，其中尺度不变特征变换(SIFT)和加速稳健特征(SURF)适用于不同尺度下目标特征的准确、高效检测，方向梯度直方图(HOG)特征对图像光照变化不敏感，且在一定程度上可以抑制图像平移和旋转的影响。

8.4.1　尺度不变特征变换

8.2.3 节介绍的角点检测算法虽具有旋转不变性，但如果对图像进行缩放或仿射变换，采用同一尺度的检测窗口将难以保证正确提取同一目标的特性信息。Lowe 在 2004 年提出了一种尺度不变特征变换(SIFT)算法，该算法具有旋转和缩放不变性，且对仿射变换、噪声和光照变换等具有很强的稳健性。其具体实现步骤主要包括尺度空间构造、特征点检测、方向赋值和特征点描述子生成。

1. 尺度空间构造

尺度空间通过将输入图像转化为一系列平滑后的图像序列以模拟图像尺度减小时可能出现的细节损失。Lowe 采用高斯差分(DoG)函数识别不随比例和方向变化的潜在特征点，宽和高分别为 w 和 h 的图像 $I(x,y)$ 尺度空间的核函数采用高斯函数定义为

$$\begin{cases} L(x,y,\sigma_i) = G(x,y,\sigma_i) * I(x,y) \\ G(x,y,\sigma_i) = \dfrac{1}{2\pi\sigma_i^2} e^{-(x^2+y^2)/2\sigma_i^2} \end{cases} \tag{8-57}$$

式中，*表示卷积操作；σ_i 表示第 i 个尺度参数（其中 $\sigma_{i+1}=2\sigma_i$，$i = 1,2,\cdots$，$m = \lfloor \log_2(\min\{w,h\}-2) \rfloor$），$\sigma_i$ 越小，图像越清晰，σ_i 越大，图像越模糊。为有效检测尺度空间中稳定的特征点位置，Lowe 提出在与图像卷积的高斯差分函数中使用尺度空间极值，该极值可由常数因子 k_j 分隔的两个相邻高斯差分函数表示为

$$D(x,y,\sigma_i) = (G(x,y,k_j\sigma_i) - G(x,y,k_{j-1}\sigma_i)) * I(x,y)$$
$$= L(x,y,k_j\sigma_i) - L(x,y,k_{j-1}\sigma_i)$$

(8-58)

式中，L 表示高斯平滑后的图像，DoG 函数是对归一化高斯拉普拉斯算子 (LoG) 的近似，但相比 LoG，DoG 效率更高。在实际应用中，第 i 个尺度为 σ_i 的图像将根据 k_j 值分成 n 层图像（其中 $k_j = 2^{(j-1)/(n-3)}$，$j = 1,2,\cdots,n$），对相邻的高斯图像进行相减即可快速求得高斯图像差。

图 8-26(a) 和图 8-26(b) 分别对应一幅 353×323 的奶牛图像经过高斯平滑和高斯差分函数运算后的结果，观察可以发现，随着图像大小在垂直方向按 1/2 的倍数进行下采样，尺度 σ_i 按照 2 的倍数由小到大变化（$\sigma_i = 1.6, 3.2, 6.4, \cdots$），图像将逐级模糊，其中 DoG 图像的细节逐级下降；而对于同一组大小一致的图像，水平方向尺度 $k_j\sigma_i$ 由小到大变化（$k_j\sigma_i = \sigma_i, 1.26\sigma_i,$ $1.587\sigma_i, \cdots$），图像变得更加平滑。

(a)奶牛图像高斯平滑结果

(b)奶牛图像 DoG 函数运算结果

图 8-26　奶牛图像对应的 6×7 个尺度高斯平滑和 5×7 个尺度 DoG 函数运算结果

2. 特征点检测

SIFT 在 DoG 尺度空间中寻找特征点，对于尺寸一致的同一组图像，每个采样像素均与它所有的相邻像素进行比较，判断其是否是相邻的图像域和尺度域上的极值点。如图 8-27 所示，图像采样像素 p 与当前图像的 8 个相邻像素和左右相邻的 DoG 图像的 9×2 个像素进行比较，若该 p 的像素值大于或小于所有 26 个像素值，则该像素被设为极大值或极小值特征。提取的特征点可能存在精度低、边界效应等问题，为改进特征点提取位置的精度，SIFT 基于泰勒级数展开

（Taylor Series Expansion）计算采样像素对应的梯度，然后基于 3×3 海森矩阵计算极值 p 的精确位置：

$$\begin{cases} p' = -\boldsymbol{H}^{-1}([\partial D/\partial x, \partial D/\partial y, \partial D/\partial \sigma]^{\mathrm{T}}) \\ \boldsymbol{H} = \begin{bmatrix} \partial^2 D/\partial x^2 & \partial^2 D/\partial x \partial y & \partial^2 D/\partial x \partial \sigma \\ \partial^2 D/\partial y \partial x & \partial^2 D/\partial y^2 & \partial^2 D/\partial y \partial \sigma \\ \partial^2 D/\partial \sigma \partial x & \partial^2 D/\partial \sigma \partial y & \partial^2 D/\partial \sigma^2 \end{bmatrix} \end{cases} \tag{8-59}$$

式中，D 为 $D(x,y,\sigma)$，表示 DoG 尺度空间图像。另外，为消除边界响应，突出角状特征，SIFT 采用主曲率描述边界和角点的差异性，因为通过 DoG 提取的特征点在顺着边界方向上的主曲率偏大，但在垂直于边界方向上的主曲率偏小，主曲率可采用 2×2 海森矩阵进行计算：

$$\begin{cases} \dfrac{(\boldsymbol{H}_{1,1} + \boldsymbol{H}_{2,2})^2}{\boldsymbol{H}_{1,1}\boldsymbol{H}_{2,2} - \boldsymbol{H}_{1,2}^2} < \dfrac{(r+1)^2}{r} \\ \boldsymbol{H} = \begin{bmatrix} \partial^2 D/\partial x^2 & \partial^2 D/\partial x \partial y \\ \partial^2 D/\partial y \partial x & \partial^2 D/\partial y^2 \end{bmatrix} \end{cases} \tag{8-60}$$

其中，曲率与 $\boldsymbol{H}$ 的特征值成正比，借助 Harris 角点检测思想，令 r 表示最大特征值与最小特征值之比，则满足上述公式的 r 最小值即为所求，例如，$r=10$ 时，表明所有最大特征值与最小特征值之比大于 10 的边界特征点均被剔除。

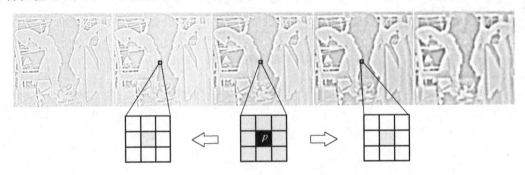

图 8-27　第 i 组奶牛图像 DoG 尺度空间像素 p 极值检测示意图

3. 方向赋值

为确定特征点的大小和方向，实现特征的旋转不变性，对于某一尺度的高斯平滑后的图像 $L(x,y)$，SIFT 采用方向直方图进行计算。首先定义特征点 p 所在位置处的梯度大小 $M(x,y)$ 和方向角 $\theta(x,y)$ 为

$$\begin{cases} M(x,y) = \sqrt{(L(x+1,y) - L(x-1,y))^2 + (L(x,y+1) - L(x,y-1))^2} \\ \theta = \arctan((L(x,y+1) - L(x,y-1))/(L(x+1,y) - L(x-1,y))) \end{cases} \tag{8-61}$$

然后，使用方向直方图统计邻域内像素的梯度方向，在每个方向上统计的样本根据梯度大小和一个圆形高斯函数加权后累加形成，其中高斯函数的标准差为该尺度对应高斯函数标准差的 1.5 倍。此处引入高斯平滑的目的是使特征点附近的梯度幅值有较大权重，从而减小仿射变换对特征点的影响。最后，将该直方图 0°～360° 的范围分为 36 个区域（或簇），方向直方图的峰值方向代表该特征点的主方向。为增强匹配的稳健性，保留峰值大于直方图峰值 80%的方向作为该

特征点的辅助方向，通常仅有 15%的特征点被分配多个方向，但可以明显提高图像匹配的稳健性。图 8-28（a）所示奶牛图像采用 SIFT 算法检测出的特征点位置见图 8-28（b），此外，每个特征点均包含梯度大小、主方向和辅助方向，对应的完整检测结果如图 8-28（c）所示。

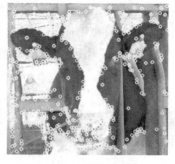

(a)输入奶牛图像　　　　　(b)SIFT 特征点位置　　　　　(c)SIFT 特征点位置、大小和方向

图 8-28　奶牛图像的 SIFT 特征点位置、大小与方向检测结果

4. 特征点描述子生成

在确定每一个特征点的位置、大小及方向后，需为每个特征点建立一个描述子用于图像匹配。因此，该描述子应该具有较高的独特性。SIFT 描述子对特征点周围图像区域进行分块，计算块内梯度直方图，将每块的梯度直方图组成一个向量，用于表示特征点邻接区域的结构信息。SIFT 在特征点尺度空间 4×4 的窗口中计算 8 个方向的梯度信息，共计 128 维向量用于生成特征点描述子。计算过程如下。

（1）将坐标轴旋转为特征点方向，使得描述子具有旋转不变性。

（2）确定计算描述子图像区域。特征点所在尺度空间决定了计算特征点描述子所需的图像区域，将特征点邻域划分为 4×4 个子区域。

（3）将特征点邻域内的像素分配到对应子区域内，统计每个子区域的梯度及方向并将其分配到 8 个方向上，生成一个 128 维的特征向量。

（4）对特征向量进行归一化处理，去除光照变化的影响。

8.4.2　加速稳健特征

8.4.1 节中介绍的 SIFT 具有尺度、旋转和仿射变换不变性等优势，但其计算速度相对较慢。2006 年 Bay 等提出了一种 SIFT 的快速检测算法——加速稳健特征（SURF）检测算法，其主要改进步骤如下。

1. 建立尺度空间

与 SIFT 特征检测算法相同，SURF 特征极值点的提取也基于尺度空间理论。不同的是 SIFT 基于 DoG 的特征点检测子，而 SURF 用海森矩阵的行列式作为检测子，并由此建立尺度空间。图像 I 中任意一点(x,y)在尺度 σ 下的海森矩阵定义为

$$\boldsymbol{H}(x,y,\sigma)=\begin{bmatrix} L_{xx}(x,y,\sigma) & L_{xy}(x,y,\sigma) \\ L_{xy}(x,y,\sigma) & L_{yy}(x,y,\sigma) \end{bmatrix} \tag{8-62}$$

其中，$L_{xx}(x,y,\sigma)$ 表示图像 I 与尺度为 σ 的高斯二阶导数的卷积，定义如下：

$$L_{xx}(x,y,\sigma) = \frac{\partial^2}{\partial x^2} G(x,y,\sigma) * I(x,y) = G_{xx}(x,y,\sigma) * I(x,y) \qquad (8\text{-}63)$$

类似可定义二阶偏导 $L_{xy}(x,y,\sigma)$ 和 $L_{yy}(x,y,\sigma)$。直接求图像在各个尺度下的二阶导数的计算复杂度高，因此，SURF 引入了盒滤波器将高斯二阶导数 G_{xx}、G_{xy} 和 G_{yy} 分别近似为 D_{xx}、D_{xy} 和 D_{yy}（图 8-29），并利用该近似和原始图像的积分图像做滤波计算，极大地减少了运算量。

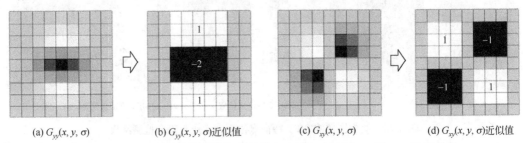

(a) $G_{yy}(x, y, \sigma)$　　　(b) $G_{yy}(x,y,\sigma)$近似值　　　(c) $G_{xy}(x, y, \sigma)$　　　(d) $G_{xy}(x, y, \sigma)$近似值

图 8-29　盒滤波器分别将高斯二阶导数 G_{yy} 和 G_{xy} 近似为 D_{yy} 和 D_{xy} 的示意图

为便于后期尺度与位置计算，海森矩阵行列式可近似为

$$\det(\boldsymbol{H}) = D_{xx}D_{yy} - (wD_{xy})^2 \qquad (8\text{-}64)$$

式中，w 用来平衡高斯核与近似高斯核之间的能量差异，通常取 0.9。与 SIFT 类似，SURF 基于海森行列式图像构建了一个金字塔式的尺度空间。SIFT 的尺度空间通过对单幅图像进行下采样并重复利用高斯滤波对采样图像进行平滑，从而形成尺度不断变化的动态分析框架以便获取图像的本质特征，SURF 主要通过改变高斯滤波器的尺度，而不是改变图像本身，来构成对不同尺度的响应。

2. 特征点检测

与 SIFT 类似，海森行列式图像的每个像素与其三维邻域的 26 个点进行大小比较，若为极大值，则保留，然后采用三维线性插值方法得到亚像素级的特征点，同时去掉特征点梯度小于一定阈值 t 的点（t 越大，剔除的特征点越多，否则剔除的特征点越少）。

3. 方向赋值

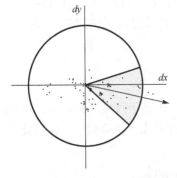

图 8-30　通过统计扇形区域内所有点的响应之和形成矢量方向示意图

为保证旋转不变性，需确定特征点的主方向，与 SIFT 采用的梯度直方图不同，SURF 使用水平和垂直方向的 Haar 小波响应来表示大小为 $6s$（s 为特征点所在的尺度）的邻域，通过统计 60° 扇形内所有点的 Haar 小波响应之和，并给靠近特征点的像素赋予较大权重，形成一个新的矢量，表示该扇形方向（图 8-30）。遍历所有扇形区域，选择最长矢量方向作为该特征点的方向。在一些不需要旋转不变性的应用中，该方向赋值可以不予计算，从而提高计算速度。

4. 构造 SURF 特征点描述算子

以特征点为中心，以主方向为主轴，取一个边长为 $20s$（s 为特征点对应的尺度）的正方形，然后将该正方形划分为 16 个子区域，每个子区域统计 25 个像素的水平和垂直方向的 Haar 小波特征，设 dx 为水平方向的 Haar 小波响应，dy 为垂直方向的 Haar 小波响应，则每个子区域的特征向量可表示为一个四维向量：

$$v = \left(\sum dx, \sum dy, \sum |dx|, \sum |dy| \right) \tag{8-65}$$

该特征点共有 16 个子区域，因此，特征向量长度为 64 维。

一般而言，SURF 算法的执行速度比 SIFT 快约 3 倍，而结果与 SIFT 相当，SURF 适合处理模糊和旋转的图像，但不适合处理受视点变化和光照变化影响的图像。如图 8-31 所示草莓图像，SURF 特征较好地保留了草莓表面的凸凹特征，设置较小的特征点检测阈值 t 将得到较多的草莓 SURF 特征，反之得到的特征少。

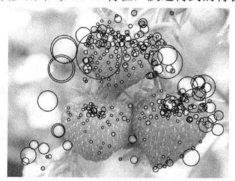

(a)特征点数量=326　　　　　　　　　　　(b)特征点数量=62

图 8-31　设置不同的特征点检测阈值 t 得到的草莓图像 SURF 特征

8.4.3　方向梯度直方图特征

SIFT 在尺度图像上使用方向直方图实现了特征点的方向赋值，2005 年，Dalal 和 Triggs 等将 SIFT 中面向整幅尺度图像的方向直方图的使用扩展到分布更加密集的局部方向梯度直方图（HOG），这一扩展有助于有效描述图像中目标物体的表观和形状，且弱化了光照对图像的影响。HOG 特征描述子的计算步骤如下。

1. 颜色归一化和 γ 校正

将彩色图像转换为灰值图像，采用颜色归一化和 γ 校正对输入图像进行归一化处理，目的是调节图像的对比度，降低图像阴影和光照变化对 HOG 特征描述子的影响，同时可以抑制噪声，设宽和高分别为 w 和 h 的离散化后的灰值图像为 $f(x,y)$，则归一化后的像素值可表示为

$$g(x,y) = \left(\frac{f(x,y)}{\max\{f(x,y); x \in [0, w-1], y \in [0, h-1]\}} \right)^{\gamma} \tag{8-66}$$

2. 梯度计算

根据图像灰度值分布计算像素 $g(x,y)$ 在水平和垂直方向的梯度，因为梯度不仅能够有效

捕获目标轮廓，还能进一步弱化光照的影响，为便于计算，梯度方向检测常采用 Sobel 算子，然后计算每一个像素对应的梯度大小 $M(x,y)$ 和方向角 $\theta(x,y)$：

$$\begin{cases} M(x,y) = \sqrt{G_x(x,y)^2 + G_y(x,y)^2} \\ \theta(x,y) = \arctan\left(\dfrac{G_y(x,y)}{G_x(x,y)}\right) \end{cases} \qquad (8\text{-}67)$$

3. 构建子区域梯度直方图

定义一个表示子区域的胞体(cell)，一般胞体大小设为 8×8 个像素，胞体中每个像素包含梯度大小 $M(x,y)$ 和方向角 $\theta(x,y)$ 两个值，然后采用量化级别为 8 的直方图对胞体中的梯度进行统计，即将胞体的梯度方向 360° 分成 8 个方向块(在某些情况下，为增强检测的稳健性，梯度方向被约束到[0°,180°]，[181°,360°)的方向角经 $\theta(x,y)-180°$ 运算也被统计到 [0°,180°])，再对胞体内每个像素的梯度大小在直方图中进行投影形成方向梯度直方图，因此，每个胞体可用一个八维特征向量进行表示。

4. 混叠块区域并归一化

定义一个表示包含若干个邻接胞体(cell)的块区域(block)，一般块区域大小设为 2×2 个胞体，对应一个 2×2×8=32 维特征向量。为应对局部光照以及前景-背景对比度的影响，块区域采用混叠方式进行设置，设 cell(i,j) 表示第 i 行第 j 列胞体，则混叠块区域可表示为 block$(i,j)=$[cell(i,j),cell$(i+1,j)$；cell$(i,j+1)$,cell$(i+1,j+1)$]。对于一幅分辨率为 128×64 的图像，每个胞体大小若为 8×8 个像素，则可得到 16×8=128 个胞体；每个块区域大小若为 2×2 个胞体，采用混叠方式，则可得到(16−1)×(8−1)=105 个块区域。然后采用 l_1 范数或 l_2 范数分别对块区域内的 32 维特征向量进行归一化处理，一般而言，l_1 范数归一化提升效果低于 l_2 范数。

5. 计算 HOG 特征描述子

在得到归一化的块区域向量后，将其进行合并，可得到描述图像的特征向量。例如，对于一幅分辨率为 128×64 的图像,构成的特征向量维度=105×32=3360,即对应该幅图像的 HOG 特征描述子。图 8-32 为一幅奶山羊图像经颜色归一化、γ 校正、梯度计算和构建子区域梯度直方图后的结果，可以发现，梯度计算得到的梯度(或强度)图较好地体现了奶山羊的边界特征，通过构建子区域梯度直方图得到的胞体梯度方向图能够更加有效地区分目标边界走向，使得梯度方向产生明显的灰度和长度差异，凸显了梯度的变化，因此能较好地描述目标特征。

　(a)奶山羊图像　　　　　　　　　(b)奶山羊梯度图　　　　　　　　　(c)胞体梯度方向图

图 8-32　奶山羊 HOG 特征检测结果

习　题

1．读入一幅灰值图像，验证其对应颜色直方图具有旋转不变性；若对直方图进行归一化处理，验证其具有缩放不变性。

2．题 2 图是一幅 8×8 的数字图像，将其灰度值量化 3 级，对应的区间分别为[0,10)、[10,20)、[20,30)，计算其 8 连通分量。若聚合与非聚合像素划分阈值为 5，试计算该图像生成的聚合向量。

12	0	1	22	5	6	27	24
14	5	3	20	4	7	3	28
13	7	21	23	7	6	25	26
15	15	12	4	5	11	22	23
17	12	2	1	11	10	15	13
14	11	0	2	12	13	14	12
13	4	4	3	25	24	12	11
8	6	7	16	23	22	13	12

题 2 图　灰度值范围为[0,30)的数字图像

3．如题 3 图所示的数字图像边界，白色圆点表示起点，试计算采用 8 方向链码表示的弗里曼链码、归一化链码和弗里曼链码的差分码。

4．将题 3 图逆时针旋转 90°后如题 4 图所示，重新计算采用 8 方向链码表示的弗里曼链码、归一化链码和弗里曼链码的差分码，并与第 3 题结果进行比较。

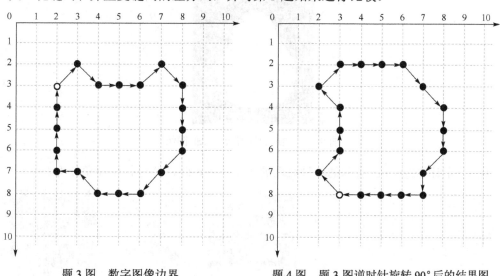

题 3 图　数字图像边界　　　　　　　题 4 图　题 3 图逆时针旋转 90°后的结果图

5．提取题 5 图所示的椭圆和三角形的边界和质心，并绘制其对应的距离标记图和曲折度标记图。

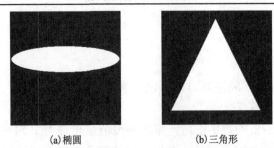

(a)椭圆　　　　　　　　(b)三角形

题 5 图　椭圆和三角形二值图像

6．分别计算题 6 图所示的 6 种不同形状区域的紧密度、圆度、偏心率和矩形度，并进行比较和分析。

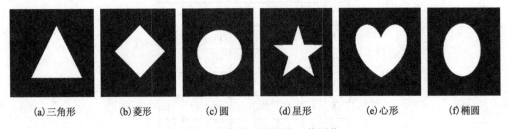

(a)三角形　　(b)菱形　　(c)圆　　(d)星形　　(e)心形　　(f)椭圆

题 6 图　6 种不同形状的二值图像

7．分别计算题 5 图中的 2 种形状区域垂直镜像前后的 7 个矩不变量，并进行比较和分析。

8．采用 Harris 角点检测算法对题 6 图中的形状进行角点检测，并测试选择不同 k 值的检测结果。

9．设置不同级别的高频系数个数 m，试采用傅里叶描述子对题 9 图所示的梨形边界进行不同精细程度的重建。

题 9 图　梨形边界对应的二值图像

10．分别计算题 10 图所示的 5 种纹理的灰度共生矩阵，并进行比较和分析。

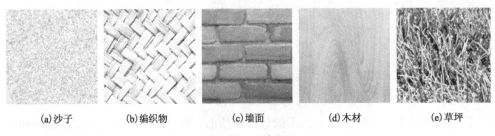

(a)沙子　　　(b)编织物　　　(c)墙面　　　(d)木材　　　(e)草坪

题 10 图　5 种纹理

11．分别绘制题 10 图中的 5 种纹理对应的傅里叶谱的 $S(r)$ 和 $S(\theta)$ 特征图，并进行比较和分析。

12．采用 OpenCV 提供的 SIFT 检测函数，编程实现题 12 图中两幅图像的匹配与拼接。

(a) 图像 1　　　　　　　　　　　　　　　　　(b) 图像 2

题 12 图　两幅不同视觉下拍摄的同一树木图像

第9章 图像压缩

在智慧农业领域，作物生长、家畜养殖和大田病虫害监控等产生的海量图像、视频数据及多媒体数据处理的应用需求，对存储容量、信道带宽和计算能力提出了更高的要求，迫切需要针对图像和视频的特点对其数据进行压缩编码，以提高存储、传输和处理效率。本章将介绍图像压缩的基本原理、无损压缩编码和常见的国际图像压缩标准。

9.1 概　述

图像压缩又称为图像编码，是一种在满足一定保真度条件下通过编码和变换等方式去除冗余或无关数据，从而减少表示图像所需数据量的技术。数据是信息的载体，相同数量的信息可以用不同数量的数据来表示。令 n_1 和 n_2 分别表示相同信息的压缩前和压缩后的数据容量，那么压缩率可以定义为

$$C = \frac{n_1}{n_2} \tag{9-1}$$

信息的相对冗余 R 为

$$R = 1 - \frac{1}{C} \tag{9-2}$$

根据是否存在信息损失可将压缩模型分为有损编码和无损编码。无损编码又称为无失真编码、信息保持编码、可逆编码，编码时仅去除冗余信息，解码时能够精确复原图像。有损编码又称为有失真编码、保真度编码、不可逆编码，编码时去除冗余信息、无关信息或不重要的信息，不能精确复原图像。无损编码的压缩比低，主要应用于医学图像等数据质量要求较高的场合。有损编码允许在一定的保真度准则下，去除无关信息或不重要的信息，可以实现较大的压缩比。本章主要介绍无损编码方法。

9.1.1 图像数据冗余

智慧农业、遥感监测和智慧畜牧等现代农业应用会产生海量的图像数据，这使得存储、通信和计算等硬件面临巨大挑战。例如，在植物工厂中经常会安装监控相机，以监测果蔬的生长情况。设相机的分辨率为 2048×3072，颜色深度为 24 位，每秒拍摄 24 帧，对圣女果的生长情况进行监控，1h 可产生视频数据量 (2048×3072×3×24×60×60)/(1024×1024×1024)＝1518.75GB。图像往往存在大量冗余或无关数据，为编码提供了可能性。图像数据的冗余形式主要有空间冗余、时间冗余、编码冗余、结构冗余、视觉冗余和知识冗余。

1. 空间冗余和时间冗余

空间冗余指图像内部相邻像素之间存在较强的相关性所造成的冗余。物体表面的物理特

征(如反射率)具有一定的空间相关性,其图像结构趋于有序和平滑,表现为空间冗余。时间冗余是指图像序列中的相邻两帧之间存在较强的相关性而造成的冗余。图像序列中相邻两帧的场景内容一般变化较小,因而存在大量重复数据。

图 9-1 展示了一幅奶山羊图像,草地、水泥地、奶山羊身体和背景环境都表现为颜色均匀的区域,存在较大的空间冗余。

2. 编码冗余

编码冗余指用于表示信源符号的平均比特数大于信源信息熵时所产生的冗余。信息熵是数据无损压缩的极限,信源均匀分布时其信息熵达到最大值。但实际应用中难以准确估计图像像素的概率分布,常依据最大熵对像素进行编码,致使平均比特数大于信源信息熵而存在编码冗余。

3. 结构冗余

结构冗余指图像中存在较强的纹理结构或自相似性,如农田图像和果树图像等。图 9-2 展示了一处农田无人机遥感图像,不同类型的农田地块表现为规则的纹理结构,存在较大的结构冗余。

图 9-1　图像数据冗余示例　　　　　图 9-2　图像结构冗余示例

4. 视觉冗余和知识冗余

视觉冗余指人眼不能感知或不敏感的图像信息,知识冗余是指图像中包含与某些先验知识相关的信息。例如,在图 9-1 中,奶山羊属于敏感信息,对其的压缩比应低,而周围的背景属于不敏感信息,压缩比可适当提高。

9.1.2　编码冗余基础

压缩比是描述图像压缩编码性能的重要参数,等于压缩前后的数据量之比。下面介绍几个图像压缩编码中常用的概念。

1. 码字和码长

码字是指图像信息编码中,每个灰度值的二进制编码值。码字的长度简称码长,用其二进制编码的位数表示,即比特数。

2. 平均码长

对于分辨率为 $M \times N$ 的灰值图像，其概率密度函数为

$$p(k) = \frac{n_k}{MN} \tag{9-3}$$

式中，k 为灰度值；n_k 为灰度 k 出现的次数；$p(k)$ 为相应的概率密度。

设图像的灰度值范围为 $[0, L-1]$，若每个灰度值 k 的编码长度为 $l(k)$，则平均码长为 L_{avg} 为

$$L_{avg} = \sum_{k=0}^{L-1} l(k) p(k) \tag{9-4}$$

因此，对于 $M \times N$ 的图像，其压缩编码后所需比特数（数据量）为 MNL_{avg}。如果每个灰度值的编码长度固定为 $l(k)=m$，考虑到 $\sum\limits_{k=0}^{L-1} p(k) = 1$，则平均码长 $L_{avg}=m$。

3. 变长码字

若根据灰度值概率 $p(k)$ 的大小赋予灰度值 k 不同的码字，对 $p(k)$ 大的灰度值赋予短码字，对 $p(k)$ 小的灰度值赋予长码字，有

$$L_{avg} \leqslant m \tag{9-5}$$

9.1.3 图像压缩基本过程

如图 9-3 所示，图像压缩系统由编码器和解码器组成，前者执行压缩，后者执行解压。编码器包含转换器、量化器和符号编码器，解码器包含逆转换器和符号解码器。转换器是可逆的，通过对原始图像进行时空或频域变换，将其转换为可以减少数据冗余的形式，主要用于减少空间冗余、时间冗余、视觉冗余。量化器是不可逆的，通过将高精度连续量映射为低精度离散量而减少数据量，主要用于减少视觉冗余。对于无损编码，量化器可以略去。符号编码器是可逆的，基于符号统计特性生成较小平均码长的编码，主要用于减少信息熵冗余。通过解码器中的符号解码器、逆转换器反序执行编码器中的符号编码器和转换器的操作，可得到解压后的图像。

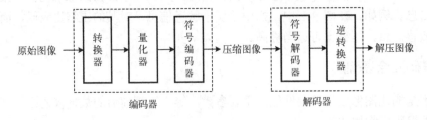

图 9-3 一个典型的图像压缩系统

9.1.4 图像压缩质量评价

度量解压图像与原始图像偏离度的准则称为保真度准则，可分为主观保真度和客观保真

度准则，用于评价压缩图像质量。主观质量评价能够与人的视觉效果相匹配，是指由一批观察者对压缩图像进行观察并打分，然后综合所有人的评判结果给出质量评价。客观质量评价以解压后的图像和压缩前的原始图像之差为基础，采用一定的指标度量保真度。

尽管客观质量评价提供了一种简单的信息损失评价表示方法，但客观质量评价误差的大小并不反映人的视觉感受。因此，通常也采用主观质量评价准则进行评价。

1. 主观质量评价

常见的方法为综合评价法，该方法将所有观察者给出的评价结果进行平均，作为最终的评价结果。表 9-1 列出了电视图像质量的评价标准。

表 9-1　电视图像质量评价标准

评分值	定性评价	详细描述
1	优秀	图像质量非常好，和用户期望结果一致
2	良好	图像质量高，用户感觉舒适，干扰未产生不适
3	较好	图像质量可令人接受，干扰未产生不适
4	一般	图像质量差，用户期望改进，对干扰有点不适
5	较差	图像质量很差，但用户仍能观看，令人不适的干扰明显存在
6	很差	图像已损坏，用户不能观看

2. 客观质量评价

客观质量评价指标主要有均方误差(Mean Square Error，MSE)和峰值信噪比(Peak Signal to Noise Ratio，PSNR)，能够快速有效地评价压缩图像的质量，但不一定具有较好的主观质量。

设图像大小为 $M \times N$，$f(i,j)$ 为编码前的原始图像，每像素 k 比特，$\hat{f}(i,j)$ 为解码后的重建图像，则均方误差定义为

$$\text{MSE} = \frac{1}{MN} \sum_{i=0}^{M-1} \sum_{j=0}^{N-1} (\hat{f}(i,j) - f(i,j))^2 \tag{9-6}$$

如果把重建图像 $\hat{f}(i,j)$ 看作原始图像 $f(i,j)$ 与误差或噪声信号 $e(i,j)$ 的和，则可以用均方信噪比(Signal to Noise Ratio，SNR)评价图像的编码质量。均方信噪比定义为

$$\text{SNR} = \frac{\frac{1}{MN} \sum_{i=0}^{M-1} \sum_{j=0}^{N-1} (\hat{f}(i,j))^2}{\text{MSE}} \tag{9-7}$$

9.2　基本编码定理

9.2.1　信息量

如果随机事件 x 出现的概率为 $p(x)$，则该事件包含的信息量为

$$I(x) = -\log_a p(x) \tag{9-8}$$

式中，底数决定了用于度量信息的单位。如果 $a=2$，则信息量单位为比特(bit)，即

$$I(x) = -\log_2 p(x) \tag{9-9}$$

如果 $a=e$，则称为奈特(nat)，若 $a=10$，则为哈特(hart)。一般以 2 为底数，则定义的信息量等于描述该信息所用的最少二进制位数。

9.2.2　熵

如果已知统计独立事件的一个信源，其信源符号集 $A=\{a_1,a_2,\cdots,a_J\}$，由 J 个符号组成，各符号出现的概率为 $p(A)=\{p(a_1),p(a_2),\cdots,p(a_J)\}$，且 a_i 与 $a_j(i\neq j)$ 不相关，则每个信源的平均信息(也称为信源的熵)表示为

$$H(A) = -\sum_{i=1}^{J} p(a_i)\log_2(p(a_i)) \tag{9-10}$$

式(9-10)是信源中每个符号的信息量按其出现概率加权平均得到的结果。在数字图像中，a_i 相当于灰度值，$p(a_i)$ 相当于该灰度值出现的频率(概率)。因此，图像的熵为各灰度值的平均比特数或图像的平均信息量。

9.2.3　无损编码术语

在无干扰条件下，存在一种无失真的编码方法，使编码的 L_{avg} 与信源的熵 $H(A)$ 任意接近，即

$$L_{avg} = H(A) + \varepsilon \tag{9-11}$$

式中，ε 为任意小的正数。

式(9-11)为香农的无失真编码定理，表明编码的平均码长 L_{avg} 以 $H(A)$ 为下界。该定理指出了无失真编码所需要的平均码长下限。好的编码方法的 L_{avg} 等于或接近 $H(A)$，但如果 $L_{avg}<H(A)$，则会出现失真，这时编码方法称为有损编码。

该定理提供了一个评价无失真编码的标准，下面给出描述无失真编码性能的 4 个参数。

1. 编码效率

编码效率定义为信源的熵除以平均码长，定义如下：

$$\eta = \frac{H(A)}{L_{avg}} \tag{9-12}$$

2. 冗余度

冗余度与编码效率成反比，编码效率越高，冗余度越低，定义如下：

$$R_D = (1-\eta)\times 100\% \tag{9-13}$$

3. 压缩比

压缩比为信源压缩前的码长 m 与压缩后的平均码长 L_{avg} 的商，定义为

$$C_R = \frac{m}{L_{\text{avg}}} \tag{9-14}$$

当 L_{avg} 等于熵 $H(A)$ 时，则达到无损压缩的最大压缩比：

$$C_R^{\max} = \frac{m}{H(A)} \tag{9-15}$$

将熵应用到数字图像领域，从式(9-8)可以看出，灰度值出现的概率越大，该灰度值包含的信息量就越少，用短码字表示较好；反之，对于出现概率小的灰度值，其包含的信息量就大，需要长码字来描述，这显然需要变长编码定理。

4. 变长编码定理

以数字图像为例，在变长编码中，对出现概率大的灰度值(信源符号)赋予短码字，而对出现概率小的灰度值赋予长码字。如果码长严格按照所对应灰度值(信源符号)的出现概率大小逆序排列，则编码的平均码长不会大于任何其他排列方式，即若 $p(a_i) \geq p(a_j)$，则 $l(a_i) \leq l(a_j)$。

9.3 无损压缩编码

无损压缩编码主要基于统计编码，它是建立在图像的统计特性基础上的压缩编码方法，信源统计编码方法的核心在于去除冗余度。本节主要介绍香农-范诺编码、霍夫曼编码、算术编码和 LZW 编码。

9.3.1 香农-范诺编码

1948 年，克劳德·艾尔伍德·香农提出了无失真变长编码定理，信源符号的码长完全由符号的概率决定，称为香农编码。1949 年，罗伯特·范诺从符号概率匹配角度构建二叉树来获得符号的前缀码，称为香农-范诺编码或范诺编码。

1. 香农编码

香农编码的基本步骤如下。
(1)将信源符号按其出现概率从大到小排序。
(2)依据概率计算信源符号 s_i 的码长(向上取整)：
$$-\log_2 p(s_i) \leq L(s_i) < -\log_2 p(s_i) + 1 \tag{9-16}$$
(3)计算信源符号 s_i 的累加概率 p_i：
$$p_i = \sum_{k=1}^{i-1} p(s_k) \tag{9-17}$$
(4)将累加概率 p_i 转换为二进制数，取小数点后 $L(s_i)$ 位作为 s_i 的码字。
对图 9-4 所示的离散无记忆信源进行香农编码，编码过程如表 9-2 所示。

$$\begin{bmatrix} S \\ P \end{bmatrix} = \begin{bmatrix} s_1 & s_2 & s_3 & s_4 & s_5 & s_6 & s_7 & s_8 \\ 0.2 & 0.19 & 0.18 & 0.17 & 0.1 & 0.08 & 0.06 & 0.02 \end{bmatrix}$$

图 9-4 离散无记忆信源示例

表 9-2 香农编码示例

信源符号 s_i	符号概率 $p(s_i)$	$-\log_2 p(s_i)$	码长 $L(s_i)$	累加概率 p_i	码字 B_i
s_1	0.2	2.32	3	0	000
s_2	0.19	2.4	3	0.2	001
s_3	0.18	2.47	3	0.39	011
s_4	0.17	2.56	3	0.57	100
s_5	0.1	3.32	4	0.74	1011
s_6	0.08	3.64	4	0.84	1101
s_7	0.06	4.06	5	0.92	11101
s_8	0.02	5.64	6	0.98	111110
平均码长 $L_{avg}=3.36$		信息熵 $H=2.78$		编码效率 $\eta=82.74\%$	

以 s_3 为例，由其符号概率 0.18 计算得到码长为 3，累加概率 0.39 的二进制数为 0.01100011110101110000，取小数点后 3 位即得符号 s_3 的码字为 011。

2. 范诺编码

范诺编码的基本步骤如下：
(1)将信源符号按其出现概率从大到小排序；
(2)将符号分成两组，使两组的概率和尽可能接近，每组分别赋予码元 0 和 1；
(3)对每组重复步骤(2)，直到每组只有一个符号为止；
(4)将逐次分组过程的码元连接起来即可得到各个符号的码字。

对图 9-4 所示的信源进行范诺编码，其编码过程如图 9-5 所示。编码后的平均码长 L_{avg} 和编码效率 η 分别为

$$L_{avg} = \sum_{i=1}^{8} p(s_i)L(s_i) = 0.2\times 2 + 0.19\times 3 + 0.18\times 3 + 0.17\times 2 + 0.1\times 3 + 0.08\times 4 + 0.06\times 5 + 0.02\times 5$$
$$= 2.87$$

$$\eta = \frac{H}{L_{avg}} \times 100\% = \frac{2.78}{2.87} \times 100\% = 96.86\%$$

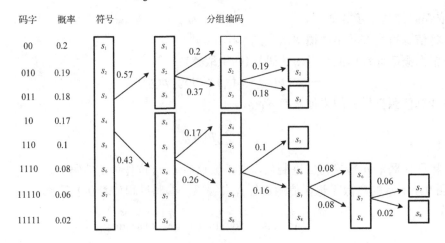

图 9-5 范诺编码示例

范诺编码构造的码字是即时码,但不一定是最佳码,其码长不完全遵守式(9-16),有时会出现概率小的符号反而码长小的情况,如符号 s_3、s_4。范诺编码对每次分组概率均很接近的信源才可达到最高的编码效率,其编码效率比香农编码稍高,比霍夫曼编码略低。

9.3.2 霍夫曼编码

1952 年大卫·艾尔伯特·霍夫曼(David Albert Huffman)提出了一种构造最佳码的方法,该方法称为霍夫曼编码。霍夫曼编码的基本步骤如下:

(1)将信源符号按出现概率递减次序排列;

(2)将概率最小的两个信源符号合并为一个符号,形成新的信源符号集;

(3)对于合并的两个符号,给概率大的赋码元 0,小的赋码元 1(或者相反);

(4)对新的信源符号集重复步骤(2)和(3),直到只剩下一个信源符号为止;

(5)沿合并路径逆序排列赋予的码元,即得到各信源符号对应的码字。

对图 9-4 所示的信源进行霍夫曼编码,其编码过程如图 9-6 所示。编码后的平均码长 L_{avg} 和编码效率 η 分别为

$$L_{\text{avg}} = \sum_{i=1}^{N} p(s_i)L(s_i) = 0.2 \times 2 + 0.19 \times 2 + 0.18 \times 3 + 0.17 \times 3 + 0.1 \times 3 + 0.08 \times 4 + 0.06 \times 5 + 0.02 \times 5$$
$$= 2.85$$

$$\eta = H / L_{\text{avg}} \times 100\% = 2.78 / 2.85 \times 100\% = 97.54\%$$

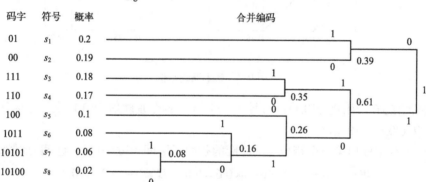

图 9-6　霍夫曼编码示例

霍夫曼编码保证了"出现概率大的符号赋予短码字,出现概率小的符号赋予长码字",是一种最佳码。对于二元编码,当信源符号概率为 2 的负幂时,霍夫曼编码效率可达 100%,平均码长也很短,而当信源符号概率均匀分布时,虽然霍夫曼编码效率为 100%,但压缩率为 1,压缩效果明显降低。霍夫曼编码存在以下问题:

(1)编码不是唯一的,概率相等的两个符号合并时的码元赋值是随机的。

(2)抗误码能力弱,很难随意查找或调用压缩数据中的内容。

(3)编码效率依赖于信源统计特性,需要有信源概率分布的先验知识。

9.3.3 算术编码

霍夫曼等变长编码方法对每个信源符号赋予一个码字,而算术编码将信源符号序列整体

映射为 0~1 的子区间，再将该子区间内的一个代表性小数转换为二进制编码输出。信源符号序列越长，映射的子区间就越小，编码所需的二进制位数就越多。

算术编码的基本步骤如下。

(1) 将信源符号序列的编码区间$[L,H)$初始化为$[0,1)$，按照信源符号的出现概率将编码区间分割为互不重叠的系列子区间$[L(s_i),H_i)$，子区间的长度等于信源符号的概率。

(2) 逐个取出信源符号，依据该符号对应的初始子区间$[L_i,H_i)$更新编码区间$[L,H)$。

① 更新编码区间的长度：$W = H-L$；

② 更新编码区间的界限：$H \leftarrow L + W \times H_i$，$L \leftarrow L + W \times L_i$。

(3) 重复第(2)步，直到信源符号序列中没有符号为止。

(4) 从最终的编码区间选择一个小数(如区间的下界)的二进制编码作为序列的编码输出。

设信源 $S=\{s_1,s_2,s_3,s_4\}$ 的符号概率为 $\{0.4,0.2,0.2,0.2\}$，输入的信源符号序列为 $s_3 s_2 s_1 s_4 s_1$，其算术编码过程如图 9-7 所示。

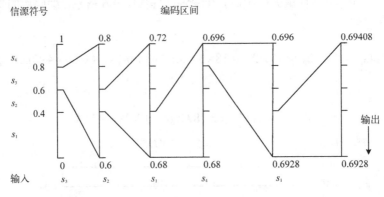

图 9-7　算术编码示例

编码区间$[L,H)$初始化为$[0,1)$，符号 s_1、s_2、s_3、s_4 分别映射为$[0,1)$上的子区间：$[0,0.4)$、$[0.4,0.6)$、$[0.6,0.8)$、$[0.8,1)$。

从符号序列中取出第一个符号 s_3，对应的初始子区间为$[0.6,0.8)$，区间更新如下：

$$W = 1-0 = 1, \quad L = 0 + 1 \times 0.6 = 0.6, \quad H = 0 + 1 \times 0.8 = 0.8$$

从符号序列中取出下一个符号 s_2，对应的初始子区间为$[0.4,0.6)$，区间更新如下：

$$W = 0.8-0.6 = 0.2, \quad L = 0.6 + 0.2 \times 0.4 = 0.68, \quad H = 0.6 + 0.2 \times 0.6 = 0.72$$

从符号序列中取出下一个符号 s_1，对应的初始子区间为$[0,0.4)$，区间更新如下：

$$W = 0.72-0.68 = 0.04, \quad L = 0.68 + 0.04 \times 0 = 0.68, \quad H = 0.68 + 0.04 \times 0.4 = 0.696$$

从符号序列中取出下一个符号 s_4，对应的初始子区间为$[0.8,1)$，区间更新如下：

$$W = 0.696-0.68 = 0.016, \quad L = 0.68 + 0.016 \times 0.8 = 0.6928, \quad H = 0.68 + 0.016 \times 1 = 0.696$$

从符号序列中取出下一个符号 s_1，对应的初始子区间为$[0,0.4)$，区间更新如下：

$$W = 0.696-0.6928 = 0.0032,$$
$$L = 0.6928 + 0.0032 \times 0 = 0.6928, \quad H = 0.6928 + 0.0032 \times 0.4 = 0.69408$$

以此类推，信源符号序列 $s_3 s_2 s_1 s_4 s_1$ 最终被映射到实数区间$[0.6928,0.69408)$，该区间内的任一实数均可作为该符号序列的编码，如该区间内的最短二进制数 0.101100011（实数 0.693359375）作为编码输出。

解码是编码的逆过程，步骤如下。

(1)判断编码 c 对应的初始子区间 $[L_i, H_i]$，输出该子区间对应的符号 s_i。

(2)更新编码：$c \leftarrow (c - L_i) / (H_i - L_i)$。

(3)重复第(1)和第(2)步，直到解码长度等于信源符号序列长度为止。

以上面的输出编码 0.101100011（c=0.693359375）为例，编码 c 位于 s_3 的初始子区间 $[0.6, 0.8]$，故输出符号 s_3，迭代更新编码 c 并输出对应符号：

$$c = (0.693359375 - 0.6) / (0.8 - 0.6) = 0.466796875 \Rightarrow s_2$$

$$c = (0.466796875 - 0.4) / (0.6 - 0.4) = 0.333984375 \Rightarrow s_1$$

$$c = (0.333984375 - 0) / (0.4 - 0) = 0.834960938 \Rightarrow s_4$$

$$c = (0.834960938 - 0.8) / (1.0 - 0.8) = 0.174804688 \Rightarrow s_1$$

由于算术编码器对整个信源只产生一个码字，因此解码器在收到码字的所有位之前不能进行解码。此外，算术编码器对错误也很敏感，如果有一位发生错误，就会导致整个译码错误。

算术编码有两种模式：一种是基于信源概率统计特性的固定编码模式；另一种是基于信源上下文的自适应编码模式。自适应编码模式中各个符号概率的初始值均相同，其在编码过程中依据出现的符号而相应改变。如果编码器和解码器都使用相同的初始值和相同的改变值的方法，那么它们的概率模型将保持一致。QM 编码器和 MQ 编码器两种自适应算术编码技术已被纳入 JBIG、JPEG 2000 图像压缩标准。在未知信源概率分布的情况下，算术编码一般要优于霍夫曼编码。

9.3.4 LZW 编码

有些应用场合下可能并不清楚信源的统计特性，需要一种能够自适应数据流的通用编码技术。词典编码（Dictionary Encoding）就是一种通用编码技术，也是一种无损编码技术，它基于数据本身包含重复代码的特性进行编码。词典编码的基本思想是动态创建一个词典，将编码过程中出现的新词加入词典，而将编码过程中遇到的词典中已经存在的词的指针或索引输出。

1977 年 Abraham Lempel 和 Jakob Ziv 提出了基于词典编码的 LZ77 算法，1982 年 Storer 和 Szymanski 提出了改进的 LZSS 算法。1978 年 Abraham Lempel 和 Jakob Ziv 提出了输出词索引的词典编码算法，1984 年 Terry A. Welch 对其进行了改进，改进后的算法称为 LZW（Lempel-Ziv-Welch）算法，可以同时减少编码冗余和空间冗余。Internet 上流行的 GIF 文件格式采用了改良的 LZW 算法，支持多达 256 种的颜色，具有极佳的压缩效率。

1. LZW 编码步骤

LZW 编码的基本思想是不断从待编码的字符流中提取新词（字符串）并扩充词典，将词在词典中对应的索引（或称为码字）作为编码输出。LZW 编码步骤如下。

(1)初始化词典，为字符流中可能出现的字符在词典中分配索引。

(2)初始化前缀变量 P 和字符变量 C 为空，输出表示编码开始的特殊码字。

(3) 从字符流中读入下一个字符并赋予 C。

(4) 如果 $P+C$ 已在词典中，则用 C 扩展 P，即 $P=P+C$；否则输出 P 在词典中的索引，并将 $P+C$ 添加到词典中，令 $P=C$。

(5) 如果字符流中还有未读字符，则返回步骤(3)；否则输出 P 在词典中的索引，结束编码。

对于一幅 8 位灰值图像，词典索引可以用 9 位或更多二进制位表示。例如，用 12 位表示词典索引，前 256 个索引表示可能出现的 256 个灰度值，剩余的 3840 个索引分配给在压缩过程中出现的新词。词典是在编码过程中动态生成的，不需要保存在压缩文件里，因为解码时可以由压缩文件中的信息重新生成。

例如，对字符流 abbababac 进行 LZW 编码，编码过程如表 9-3 所示。

表 9-3 LZW 编码过程

字符变量 C	$P+C$	输出码字	前缀变量 P	词典(索引→词)
				$0 \to a$ $1 \to b$ $2 \to c$ $3 \to LZW\_CLEAR$ $4 \to LZW\_EOI$
NULL		3	NULL	
a	a		a	
b	ab	0	b	$5 \to ab$
b	bb	1	b	$6 \to bb$
a	ba	1	a	$7 \to ba$
b	ab		ab	
a	aba	5	a	$8 \to aba$
b	ab		ab	
a	aba		aba	
c	abac	8	c	$9 \to abac$
		2		
		4		

由于字符流中只有 3 个基本字符，因此词典初始化如表 9-3 中的第 1 行，其中 LZW_CLEAR 和 LZW_EOI 分别表示编码开始和编码结束标志。编码开始时，输出 LZW_CLEAR 对应的索引 3。读入当前的字符 $C \leftarrow a$，由于 $P+C=a$ 已在词典中，故用 C 扩展 P 为 a。读入下一字符 $C \leftarrow b$，由于 $P+C=ab$ 不在词典中，故输出 $P=a$ 的索引 0，将 ab 添加到词典并赋予索引 5，P 更新为 b。所有字符处理完毕后，输出 $P=c$ 的索引 2，然后输出编码结束标志的索引 4。于是，字符流 abbababac 的编码为 30115824。

2. LZW 解码步骤

LZW 解码步骤如下。

(1) 读到编码开始的码字，用与编码相同的方法初始化词典。

(2) 从码字流中读取当前码字 cW，输出码字 cW 在词典中对应的词 cW.string。

(3) 读取下一码字 W，更新先前码字 pW 和当前码字 cW，即 $pW \leftarrow cW$ 和 $cW \leftarrow W$。

(4) 如果 cW 已在词典中，则输出 cW 在词典中对应的词 cW.string，更新前缀变量 P 和字

符变量 C, 即 $P \leftarrow pW$.string 和 $C \leftarrow cW$.firstChar, 并将 $P+C$ 添加到词典中; 否则, $P \leftarrow pW$.string, $C \leftarrow pW$.firstChar, 输出 $P+C$ 并将其添加到词典中。

(5) 如果读到 LZW_EOI 的码字, 则结束解码, 否则返回步骤(3)。

对于前面的 LZW 编码 30115824, LZW 解码过程如表 9-4 所示。读到 LZW_CLEAR 的码字 3 后, 词典初始化如表 9-4 中的第 1 行。读入第一个码字 $cW \leftarrow 0$, 输出 cW 在词典中对应的词 a。读入下一码字 $W \leftarrow 1$, 更新 $pW \leftarrow cW$ 和 $cW \leftarrow W$, 由于 cW 已在词典中, 故输出 cW 在词典中对应的词 b, 将 pW.string+cW.firstChar 即 ab 添加到词典并赋予索引 5。读到码字 $W \leftarrow 8$ 时, 更新 $pW \leftarrow cW$ 和 $cW \leftarrow W$, 由于 cW 不在词典中, 故输出 pW.string+pW.firstString 即 aba 并将其添加到词典。碰到编码结束标志 LZW_EOI 后, 结束解码, 最终的解码结果为 abbababac。

表 9-4 LZW 解码过程

当前码字 cW	先前码字 pW	$P+C$	输出字符	词典(索引→词)
3				0 → a 1 → b 2 → c 3 → LZW_CLEAR 4 → LZW_EOI
0			a	
1	0	ab	b	5 →ab
1	1	bb	b	6 → bb
5	1	ba	ab	7 →ba
8	5	aba	aba	8 → aba
2	8	abac	c	9 →abac
4				

9.4 JPEG 图像压缩标准简介

采用无损编码压缩后的图像通过解压算法可以完全恢复为原始图像, 但其压缩率低。因此与之对应的有损编码应运而生, 采用有损压缩编码压缩后的图像通过解压算法不能完全恢复为原始图像, 但具有压缩率高的优势。为在保证图像质量的条件下提高压缩率, 有损编码常与无损编码结合使用。最经典的有损编码标准是基于离散余弦变换(DCT)的 JPEG 和基于离散小波变换(DWT)的 JPEG 2000, 一般而言, 上述标准在保证图像质量的条件下的压缩比高达 10:1。

表 9-5 列出了常见的无损压缩和有损压缩图像文件格式, 本节将重点介绍 JPEG 和 JPEG 2000 两种有损压缩标准。

表 9-5 常用图像文件格式及压缩标准

格式扩展名	压缩标准	特点	是否无损压缩
.bmp	无	Windows 位图文件, 用于存储未压缩的原始图像	是
.gif	LZW	将真彩色图像用 256 色压缩表示, 常用于互联网小动画和低分辨率图片	否
.png	LZ77	一种含透明色彩分量的无损压缩便携网络图像格式	是
.tif	JPEG/JPEG 2000/JBIG2	一种融合多种压缩格式的灵活标记图像格式	否

续表

格式扩展名	压缩标准	特点	是否无损压缩
.webp	WebVP8	结合有损压缩和 LZW、霍夫曼编码等无损压缩编码实现的网络图像格式	否
.jpg	JPEG	结合 DCT、霍夫曼编码和块变换技术实现的网络图像格式	否
.jp2	JPEG 2000	使用算术编码和 DWT 的 JPEG 后续图像压缩格式	否

9.4.1　JPEG

由国际标准化组织(International Standard Organization，ISO)和国际电工委员会(International Electrotechnical Commission，IEC)组成的联合图像专家组(JPEG)1992 年发布了静态图像压缩标准 ISO/IEC 10918(又称为 JPEG 标准)。JPEG 标准利用了人眼的视觉特性，采用变换编码、量化编码、预测编码和熵编码相结合的方式去除冗余信息。

JPEG 压缩的主要步骤如下。

(1)将图像分量分割为 8×8 的图像块，对图像块进行正向离散余弦变换。

(2)对正向离散余弦变换后的系数进行量化，基于人眼视觉特性对亮度和色差分量分别采用不同的量化表。

(3)按 Z 字形重新排列量化后的系数，以增加连续 0 系数的数量。

(4)使用差分脉码调制对直流系数进行预测编码。

(5)使用行程长度编码对交流系数进行编码。

(6)使用霍夫曼编码对编码后的直流系数和交流系数再次进行压缩。

图 9-8 是一幅荷叶图像按 80%、50% 和 20% 品质保留压缩解压后的结果，随着压缩比不

(a)荷叶图像　　　　　　　　　　　　　(b)80%品质保留压缩解压结果

(c)50%品质保留压缩解压结果　　　　　　　　(d)20%品质保留压缩解压结果

图 9-8　荷叶图像的不同品质保留 JPEG 压缩解压结果

断增加，占用的存储空间从原始的 140KB，逐渐降为 6.30KB、3.83KB 和 3.09KB，压缩比越来越高，但是图像的恢复质量降低，荷花边界和叶子的脉络信息也越来越模糊。

9.4.2 JPEG 2000

为进一步提高压缩比，联合图像专家组于 2000 年开始推出新一代静态图像压缩标准 ISO/IEC 15444（又称为 JPEG 2000）。JPEG 2000 标准仍在不断发展和完善中，目前包括 17 部分，其中第 1 部分为核心编码系统，规定了 JPEG 2000 的编码/解码步骤、码流语法和 JP2 基本文件格式。

JPEG 2000 致力于创建一个统一和集成的图像压缩系统，允许使用不同的图像模型(如客户/服务器、实时传输、图像库、有限缓冲和带宽资源等)，能够对不同类型(如二值、灰度、多分量图像)、不同特征(如自然图像、医学影像、遥感图像、复合文本、计算机图形等)的静态图像进行压缩。JPEG 2000 统一了二值图像编码标准 JBIG、无损压缩标准 JPEG-LS 以及 JPEG 基线编码标准，具有下列优良特性。

(1) 良好的低比特率压缩性能：在低比特率情况下(如低于 0.25 比特/像素的高分辨灰值图像)，JPEG 失真严重，而 JPEG 2000 能获得更好的率失真性能和主观图像质量，更能适应网络、移动通信等有限带宽的应用需要。

(2) 良好的连续色调和二值图像压缩性能：JPEG 压缩计算机图形和二值文本时性能变差，而 JPEG 2000 能够以相似的方法对自然图像、复合文本、医学图像、计算机图形等具有不同特性的图像进行压缩且获得较好的性能。

(3) 兼具有损和无损压缩：在同一个压缩码流中，JPEG 不能同时提供有损和无损压缩，而 JPEG 2000 能够兼具有损和无损压缩，可以满足图像质量要求很高的医学图像、图像库等方面的处理需求。

(4) 按照像素精度或者分辨率进行渐进式传输：渐进式传输允许图像按照所需的分辨率或像素精度进行重构，用户可以根据需要对图像传输进行控制，在获得所需的图像分辨率或质量要求后终止解码，不必接收整个图像压缩码流。

(5) 随机访问和处理码流：在不解压的情况下，可随机获取特定图像区域的压缩码流，并进行几何变换、特征提取等处理。

(6) 抗误码特性好：通过设计适当的码流格式和相应的编码措施，对差错的鲁棒性高，可以在噪声干扰大的无线通信信道上进行传输。

(7) 支持大图像和多分量图像：允许的最大图像尺寸为 $(2^{32}-1)\times(2^{32}-1)$，最大图像分量为 2^{14}，图像分量的最大颜色深度为 38 位。

(8) 适应带宽、存储资源受限场合：通过分块技术和速率控制，允许指定压缩文件的期望大小，易于硬件实现，能够应用于带宽资源和存储空间有限的场合。

(9) 允许感兴趣区域编码：允许对指定的感兴趣区域采用低压缩比，而其他区域采用高压缩比，进而实现交互式压缩。

9.4.3 JPEG 2000 编码实例

JPEG 2000 的编解码器实现相当复杂，开源程序主要有 OpenJPEG、JasPer、Kakadu 和 JJ2000。Kakadu 是 EBCOT 的发明者 David Taubman 编写的功能齐全、性能良好的 JPEG 2000

开发包,具备 ROI 压缩功能。下面以 Kakadu 中的压缩程序 kdu_compress 为例,简要分析 JPEG 2000 的压缩性能。

图 9-9(a)为一幅含有菜青虫的油菜植株图像,利用 kdu_compress 压缩程序将其分为 4 个质量层以进行无损编码,前 3 个质量层的目标码率分别为 0.02bpp、0.1bpp 和 1bpp,基于 Le Gall 5/3 样条滤波器进行 5 级离散小波变换。对菜青虫所在的矩形区域进行基于 Maxshift 的 ROI 编码,保持 4 个质量层的目标码率同前。

图 9-9(b)和图 9-9(c)分别为无 ROI 编码时的第一质量层和第二质量层的解码结果,图 9-9(d)～图 9-9(f)分别为 ROI 编码时的第一、第二和第三质量层的解码结果。由图 9-9 可见,在 0.1bpp 的低码率情形下,依然具有很好的图像质量,码率达到 1bpp 时的图像质量与原始图像几乎没有差别;即使在 0.02bpp 的低码率情形下,ROI 中的图像依然清晰可见,表明 JPEG 2000 的 ROI 编码可以在较低的码率要求下使得感兴趣区域目标具有较高的图像质量。

(a)原始图像　　　　(b)无 ROI 第一质量层　　　　(c)无 ROI 第二质量层

(d)ROI 第一质量层　　　　(e)ROI 第二质量层　　　　(f)ROI 第三质量层

图 9-9　JPEG 2000 ROI 编码实例

9.5　视　频　编　码

视频是一帧帧静态图像构成的连续动态图像序列,视频压缩编码既要考虑帧内图像编码,又要考虑帧间图像编码。与静态图像编码关注帧内冗余不同,视频压缩编码的核心在于去除帧间图像的冗余度。本节主要介绍视频编码基本方法及常用的 MPEG 视频编码标准。

9.5.1　帧间编码

视频中的当前帧图像和前一帧图像的内容具有相似性,根据这一性质,编码过程中主要应考虑两幅相邻帧图像之间的变化部分。帧间编码是采用差分法对两帧相邻图像进行编码的方法，若某一时刻 t 的帧图像(x,y)处的像素值为 $f(x,y,t)$，$t+1$ 时刻对应位置处的像素值为 $f(x,y,t+1)$，则差分值 $d(x,y,t)$ 可表示为

$$d(x,y,t) = f(x,y,t+1) - f(x,y,t)\qquad(9\text{-}18)$$

帧间编码主要对非 0 差分值进行存储编码，在相邻帧图像变化较小的情况下，帧间编码可取得很高的压缩率。

9.5.2　运动补偿编码

将视频中的每帧图像分成目标和背景两部分，相邻帧图像之间若背景不变，目标只发生少量平移，如图 9-10 所示相邻帧图像之间的目标 T_1、T_2 和 T_3，采用帧间编码后将得到 8 个非 0 差分值。观察可以发现，仅目标 T_2 发生了平移，若直接存储 T_2 的平移坐标 dx 和 dy，仅需 2 个值。上述根据前一帧图像和当前帧图像中记录的移动目标平移位置计算当前帧图像的编码方法称为运动补偿编码。

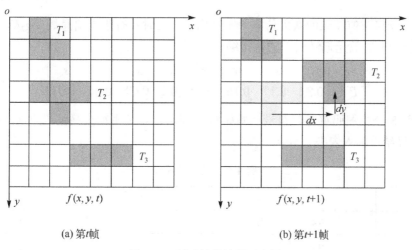

|(a) 第t帧|(b) 第$t+1$帧|

图 9-10　运动补偿编码示意图

9.5.3　MPEG

常用的视频编码格式（及扩展名）包括 AVI(.avi)、Windows Media(.wmv)、Real Media(.rm)、Quick Time(.mov)、MPEG-1 和 MPEG-2(.mpg)、MPEG-4(.mp4)和 DivX Media Format(.div 或.divx)。其中，最常见的视频编码格式为 MPEG，其全称为运动图像专家组。MPEG 由 IOS/IEC 制定，编码方法主要采用 DCT 和运动补偿编码，其中图像序列的第一帧帧内编码采用类似于 JPEG 的 DCT 编码，后续帧与帧间的压缩主要采用运动补偿编码。

最早的 MPEG-1 编码仅支持非隔行扫描，适用于视频传输速率高达 1.5Mbit/s 的 CD-ROM 应用；MPEG-2 是 MPEG-1 的扩展，其视频传输速率提高到 15Mbit/s，支持隔行扫描和 HDTV，曾广泛应用于 DVD；MPEG 最新的扩展为 MPEG-4 和 MPEG-4AVC，该编码支持可变块大小和帧内预测差分，满足窄带宽通信网络中对图像进行高品质传输的要求。

另一种常见的视频压缩标准 H.264 是 ISO/IEC 和 ITU-T 联合推出的高压缩视频编解码器，H.264 是 MPEG-4 编码的扩展，其数据压缩率在同等图像质量的条件下约为 MPEG-4 的 1.5 倍，而传输速率则约为 MPEG-4 的 1/3，因此常用于视频会议等实时通信领域；H.265 是在 H.264 的基础上的最新扩展，H.265 标准支持最新的 4K(4096×2160) 和 8K(8192×4320) 超高清视频，与 H.264 相比，H.265 引入了可扩展的宏块(Macroblock)和新的帧内预测技术来降低码率，在传输同等质量的网络视频条件下 H.265 仅需 H.264 约一半的带宽，从而为智能手机、平板电脑等移动设备在线播放 1080p 高清视频提供了技术支持。

习 题

1. 为了监控苹果的生长状况，在一个苹果园架设了一台监控摄像机，设图像分辨率为 1024×2048，真彩色，每秒 24 帧，按未压缩格式存储监控数据，试计算 1h 的视频数据量。

2. 证明 N 级灰值图像的灰度值概率服从均匀分布时具有最大信息熵 $\log_2 N$。

3. 求出如下离散无记忆信源的范诺编码。

$$\begin{bmatrix} S \\ P \end{bmatrix} = \begin{bmatrix} s_1 & s_2 & s_3 & s_4 & s_5 & s_6 & s_7 & s_8 \\ 0.32 & 0.17 & 0.16 & 0.14 & 0.1 & 0.04 & 0.06 & 0.01 \end{bmatrix}$$

4. 现有 8 个待编码符号，符号概率如题 4 表所示。利用霍夫曼编码方法求出其编码及码长，将计算结果填入表中。

题 4 表 霍夫曼编码

符号	概率	码字	码长
s_0	0.4		
s_1	0.2		
s_2	0.15		
s_3	0.1		
s_4	0.07		
s_5	0.04		
s_6	0.03		
s_7	0.01		
平均码长：		编码效率：	

5. 写出字符流 ababcbababaabaaa 的 LZW 编码。

6. 已知信源{a,b,c,d}，符号概率为{0.1,0.4,0.3,0.2}，对序列 bbadca 进行算术编码。

7. JPG 是手机拍摄的图像文件的常用格式，对其采用的压缩标准进行简要介绍。

8. 对题 8 图所示的大田作物和水果图像，分别按 100%、80%和 50%的品质进行 JPEG 压缩，写出压缩后的图像占用的存储空间大小。

(a)大田作物   (b)水果

题8图   大田作物和水果图像

9. 通过查阅文献和实验分析，将 BMP、GIF、PNG、JPEG 和 TIFF 格式的部分特性填入题9表。

题9表   常见图像格式的特性

图像格式	是否有损压缩	支持的最大颜色数	是否支持 α 通道
BMP			
GIF			
PNG			
JPEG			
TIFF			

10. 查阅文献，解释 MPEG 视频压缩标准中 I 帧、P 帧和 B 帧的概念及其作用。

第 10 章 机器学习基础

机器学习是当代农业图像分析的关键技术之一。基于大规模图像或视频数据训练机器学习模型，为智慧农业相关研究和应用提供图像中感兴趣目标的检测、分割与识别技术支持，已成为未来农业发展的一个显著趋势。

本章介绍"有监督机器学习"的基本理论与方法，分为 4 部分内容：首先，讨论如何用机器学习的方式对农业图像分析问题进行数学建模，并介绍经典的模型参数优化求解方法与性能评估指标；其次，介绍 BP 神经网络基础理论与反向传播算法；然后，在 BP 神经网络的基础上，讲述机器学习领域的前沿技术——卷积神经网络；接着，介绍卷积神经网络在农业图像分析中的重要应用；最后，简要介绍 Transformer 网络及其应用。

10.1 有监督机器学习

分类与回归是有监督学习的两个基本问题。给定训练图像数据和特征提取算法，如何训练一个分类器？如何评价分类器的优劣？如何为训练算法选择合适的超参数？本节将围绕这些主要问题进行介绍。

10.1.1 线性预测器

对于图像处理而言，分类即为输入图像预测一个类别标签，而回归则需要预测一个或一组浮点数值，农业图像分析中的典型分类与回归问题如图 10-1 和图 10-2 所示。前者是鸢尾花种类预测问题，图 10-1(a)～图 10-1(c)依次为山鸢尾(Iris-Setosa)、变色鸢尾(Iris-Versicolor)和弗吉尼亚鸢尾(Iris-Virginica)。而后者是果实成熟度预测问题，假设成熟度可用[0,1]内的小数表示(1 表示完全成熟)，则该问题是一个典型的回归问题。

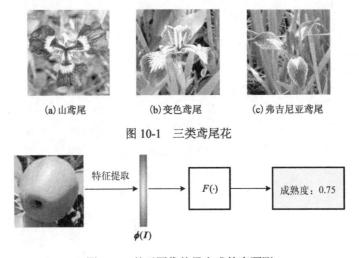

(a)山鸢尾　　　　(b)变色鸢尾　　　　(c)弗吉尼亚鸢尾

图 10-1　三类鸢尾花

图 10-2　基于图像的果实成熟度预测

对于图 10-1 所示的分类问题，给定输入图像 I，目标是基于一组包含 N 个样本的训练数据集 $D_{\text{train}} = \{(I^{(i)}, y^{(i)}) \mid y \in \mathcal{Y}\}_{i=1}^{N}$，学习一个函数 $F: I \mapsto \mathcal{Y}$，使得该函数输出的预测类别尽可能准确。对于图 10-2 所示的回归问题，给定输入图像 I，目标是基于一组包含 N 个样本的训练数据集 $D_{\text{train}} = \{(I^{(i)}, y^{(i)}) \mid y \in \mathbb{R}\}_{i=1}^{N}$，学习一个函数 $F: I \mapsto \mathbb{R}$，使得该函数输出的果实成熟度尽可能准确。利用机器学习模型进行图像分析的一般框架如图 10-3 所示。

图 10-3　机器学习框架

记 $\phi(I)$ 为图像 I 的特征向量。对于二分类问题而言，其线性预测器定义如下：

$$F(I) = \text{sign}(w^{\text{T}}\phi(I) + b) = \begin{cases} 1, & (w^{\text{T}}\phi(I) + b) > 0 \\ -1, & (w^{\text{T}}\phi(I) + b) \leqslant 0 \end{cases} \tag{10-1}$$

对于回归问题，其线性预测器定义如下：

$$F(I) = w^{\text{T}}\phi(I) + b \tag{10-2}$$

由式 (10-1) 和式 (10-2) 可知，线性预测器基于线性函数 $w^{\text{T}}\phi(I) + b$ 计算预测结果。线性回归模型的预测结果即为该线性函数的输出，而线性分类模型根据函数值的正负确定预测结果。

10.1.2　损失函数及其最小化

针对上述预测问题，有监督机器学习的目标是基于大量训练样本学习合适的参数 w 和 b。为定量评估模型参数的优劣，为参数学习提供指导，需设计一个损失函数。对于二分类问题，当输入为 I，真实分类输出为 y 时，一种最直观的损失函数 $\text{Loss}_{0\text{-}1}(I, y, w, b)$ 定义如下：

$$\text{Loss}_{0\text{-}1}(I, y, w, b) = \delta[F(I) \neq y] \tag{10-3}$$

式中，$\delta[\cdot]$ 为指示函数，当括号内测试条件成立时输出 1，否则输出 0。该损失函数可改写为如式 (10-4) 所示的等价形式：

$$\text{Loss}_{0\text{-}1}(I, y, w, b) = \delta[(w^{\text{T}}\phi(I) + b) \cdot y \leqslant 0] \tag{10-4}$$

这里，$(w^{\text{T}}\phi(I) + b) \cdot y$ 称为分类器的"代数间隔"，简称"间隔"。从图 10-4 可知，当间隔大于 0 时，0-1 损失函数输出 0，否则输出 1。

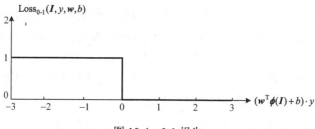

图 10-4　0-1 损失

对于回归问题，可采用平方损失函数，定义如下：

$$\text{Loss}_{\text{squared}}(\boldsymbol{I},y,\boldsymbol{w},b)=(F(\boldsymbol{I},\boldsymbol{w})-y)^2 \tag{10-5}$$

例如，设 $\boldsymbol{w}=[2\ \ -1]$，$b=-0.1$，$\boldsymbol{\phi}(\boldsymbol{I})=[0.1\ \ 0.2]$，$y=0.1$，则对应的平方误差为 0.04。

有监督机器学习的主要目的之一是最小化在一批训练数据（可能为整个训练数据集）上的平均损失。对于线性回归问题，相应的数学优化问题为

$$\underset{\boldsymbol{w}}{\arg\min}\frac{1}{N}\sum_{i=1}^{N}\text{Loss}_{\text{squared}}(\boldsymbol{I}^{(i)},y^{(i)},\boldsymbol{w},b) \tag{10-6}$$

式(10-6)的含义是，寻找合适的参数向量 $\boldsymbol{w}$ 和 b，使模型在 N 个训练样本上的平均平方损失最小。注意，该最小值可能为非零值。

为简化表达，可以采用扩展参数向量表达，使 $\boldsymbol{w}=[\boldsymbol{w}\ \ b]$，$\boldsymbol{\phi}(\boldsymbol{I})=[\boldsymbol{\phi}(\boldsymbol{I})\ \ 1]$，则线性预测函数可简化为 $\boldsymbol{w}^{\text{T}}\boldsymbol{\phi}(\boldsymbol{I})$。因此，除特别说明，本章后续内容均采用此类扩展形式来表示线性预测函数。

10.1.3　梯度下降算法

梯度下降算法是机器学习模型训练的经典方法，具有通用、高效和易于编程实现的优势。它不仅广泛运用于传统机器学习模型的训练，还是深度学习模型训练的最常用算法之一。本节介绍基本梯度下降算法及其改进。

函数在某一点的梯度是函数在此处的最快增长方向。因此，为优化求解式(10-6)，实现损失函数的最小化，可从 $\boldsymbol{w}$ 的一个初始解出发，不断沿着损失函数对 $\boldsymbol{w}$ 的梯度的相反方向移动，直到满足一定的停止条件。梯度下降算法如算法 10-1 所示。

算法 10-1：梯度下降算法

初始化 $\boldsymbol{w}_0=[0,0,\cdots,0]$、$\eta$
For $t=1,2,\cdots,T$：
　　$\Delta\leftarrow 0$
　　For $i=1,2,\cdots,N$
　　$\Delta=\Delta+\nabla_{\boldsymbol{w}}\text{Loss}(\boldsymbol{I}^{(i)},y^{(i)},\boldsymbol{w}_{t-1})$
$\boldsymbol{w}_t\leftarrow\left\{\boldsymbol{w}_{t-1}-\eta\dfrac{1}{N}\Delta\right\}$

可以看出，梯度下降算法的关键在于计算损失函数对参数向量 $\boldsymbol{w}$ 的导数。假设使用式(10-6)中的平方误差损失，可导出

$$\nabla_{\boldsymbol{w}}\text{Loss}_{\text{squared}}(\boldsymbol{w}_{t-1})=2[F(\boldsymbol{I},\boldsymbol{w}_{t-1})-y]\cdot\boldsymbol{\phi}(\boldsymbol{I}) \tag{10-7}$$

η 为梯度下降算法的学习率，用于控制参数向量迭代更新的幅度，η 越大，优化求解速度越快，但有可能跳过最优解；而 η 越小，优化求解速度越慢。通常将其设置为 $0\leq\eta\leq 1$，如 $\eta=0.01$，也可采用自适应 η，使其值随迭代次数的增加而减小。

然而，对于二分类问题，$\text{Loss}_{0\text{-}1}(\boldsymbol{w})$ 是不可微的。为采用梯度下降算法训练线性分类器，可将式(10-4)中的 0-1 损失修改为以下铰链损失：

$$\text{Loss}_{\text{hinge}}(\boldsymbol{I},y,\boldsymbol{w})=\max(0,1-\boldsymbol{w}^{\text{T}}\boldsymbol{\phi}(\boldsymbol{I})\cdot y) \tag{10-8}$$

该函数的形状如图 10-5 所示。可以看出,铰链损失是 0-1 损失的一个上界,有非平凡梯度,对 w 求导,可得

$$\nabla_w \text{Loss}_{\text{hinge}}(w_{t-1}) = \begin{cases} 0, & w^{\text{T}}\boldsymbol{\phi}(\boldsymbol{I}) \cdot y > 1 \\ -\boldsymbol{\phi}(\boldsymbol{I}) \cdot y, & w^{\text{T}}\boldsymbol{\phi}(\boldsymbol{I}) \cdot y \leqslant 1 \end{cases} \tag{10-9}$$

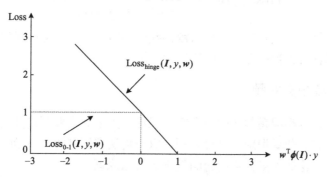

图 10-5 铰链损失(实线)与 0-1 损失(虚线)对比

将算法 10-1 中的梯度通过式(10-7)或式(10-9)实现,则可实现对应的线性回归或分类模型的训练。然而,为实现一次模型参数更新,该算法需要在所有样本上计算一次梯度,当样本数量很大时,计算量很大。为提升效率,可采用改进的随机梯度下降算法,其伪码如算法 10-2 所示。

算法 10-2:随机梯度下降算法

初始化 $w = [0, 0, \cdots, 0]$、η

For $t = 1, 2, \cdots, T$:

    For $i = \text{RandPermu}(1, 2, \cdots, N)$:

        $w \leftarrow \{w - \eta \nabla_w \text{Loss}(\boldsymbol{I}^{(i)}, y^{(i)}, w)\}$

这里,$\text{RandPermu}(\cdot)$ 表示生成输入整数序列的一个随机排列。同算法 10-1 相比,算法 10-2 中每次参数更新仅需在一个样本上计算梯度,能够在很大程度上加速算法收敛。

10.1.4 逻辑回归

逻辑回归模型是另一种常用的线性机器学习模型。需要注意的是,尽管称作逻辑回归模型,该模型仍用于求解分类问题。在某一样本 $(\boldsymbol{I}, y)$ 上,分别定义标签为正类和负类的概率密度函数如下:

$$p(y = 1 | \boldsymbol{I}) = \frac{1}{1 + \exp(-w^{\text{T}}\boldsymbol{\phi}(\boldsymbol{I}))} \tag{10-10}$$

$$p(y = 0 | \boldsymbol{I}) = 1 - \frac{1}{1 + \exp(-w^{\text{T}}\boldsymbol{\phi}(\boldsymbol{I}))} = \frac{1}{1 + \exp(+w^{\text{T}}\boldsymbol{\phi}(\boldsymbol{I}))} \tag{10-11}$$

将式(10-10)、式(10-11)进行整合可得

$$p(y | \boldsymbol{I}) = \frac{1}{1 + \exp(-y \cdot w^{\text{T}}\boldsymbol{\phi}(\boldsymbol{I}))} \tag{10-12}$$

基于式(10-12)，逻辑回归模型的损失函数可定义为

$$\text{Loss}_{\text{logistic}}(\boldsymbol{I}, y, \boldsymbol{w}) = -\ln(P(y|\boldsymbol{I})) = \log(1 + \exp(-y \cdot \boldsymbol{w}^{\text{T}} \boldsymbol{\phi}(\boldsymbol{I}))) \tag{10-13}$$

基于该损失函数，对模型参数 $\boldsymbol{w}$ 进行求导可得

$$\nabla_{\boldsymbol{w}} \text{Loss}_{\text{logistic}}(\boldsymbol{w}_{t-1}) = \frac{-y \cdot \exp(-y \cdot \boldsymbol{w}^{\text{T}} \boldsymbol{\phi}(\boldsymbol{I}))}{1 + \exp(-y \cdot \boldsymbol{w}^{\text{T}} \boldsymbol{\phi}(\boldsymbol{I}))} \cdot \boldsymbol{\phi}(\boldsymbol{I}) \tag{10-14}$$

因此，类似于平方损失(式(10-5))与铰链损失(式(10-8))，逻辑回归模型的参数训练也可以基于梯度下降算法或随机梯度下降算法优化求解。

10.1.5 图像的多分类问题

目前仅讨论了二分类问题的建模与训练。然而，大多数农业图像分析和识别问题为多分类问题，如家畜分类、杂草识别、昆虫识别、农作物病害识别等。本节基于此前介绍的二分类逻辑回归模型，讨论处理多分类问题的基本方法与原理。

第一个策略是直接训练 K 个二分类器，这里 K 是类别的个数。例如，为训练第 k 个分类器，将训练集中的所有 k 类样本作为正类，其余样本作为负类，在此基础上可训练获得一个关于类别 k 的二分类逻辑回归模型。最终分类结果可使用 K 个分类器进行投票获得。设第 k 个分类器所输出的关于样本属于类别 k 的概率为 $p_k(y=1)$，则最终分类结果为

$$k^* = \arg\max_{k=1,\cdots,K} p_k(y=1) \tag{10-15}$$

这里，$\arg\max_k(\cdot)$ 表示取使得概率值最大的 k 值。

第二个策略是直接训练一个可用于多分类问题的分类器。为此，可定义如下多分类问题的概率密度函数：

$$p(y=k \mid \boldsymbol{w}, \boldsymbol{I}) = \frac{\exp(\boldsymbol{w}_k^{\text{T}} \boldsymbol{\phi}(\boldsymbol{I}))}{\sum_{c=1}^{K} \exp(\boldsymbol{w}_c^{\text{T}} \boldsymbol{\phi}(\boldsymbol{I}))} \tag{10-16}$$

这里，$k \in \{1, 2, \cdots, K\}$。对该概率密度函数取负对数，可得

$$-\log\{p(y=k \mid \boldsymbol{w}, \boldsymbol{I})\} = -\boldsymbol{w}_k^{\text{T}} \boldsymbol{\phi}(\boldsymbol{I}) + \log\left(\sum_{c=1}^{K} \exp(\boldsymbol{w}_c^{\text{T}} \boldsymbol{\phi}(\boldsymbol{I}))\right) \tag{10-17}$$

显然，式(10-16)的概率值越大，式(10-17)的结果越小。因此，可将式(10-17)用作多分类问题的损失函数。为训练模型参数 $[\boldsymbol{w}_1, \boldsymbol{w}_2, \cdots, \boldsymbol{w}_K]$，基于该损失函数对参数向量求导以计算梯度，进一步采用梯度下降算法或随机梯度下降算法获得最优参数。测试时，将类别预测为使式(10-16)中概率值最大的 k 值即可。

10.1.6 模型性能评估

机器学习的目标是使所学到的模型在未见测试样本(可能来自未来应用场合)上具有优越的预测性能，称为机器学习模型的泛化性能。假设有一批测试样本，记作 D_{test}，则可在 D_{test} 上进行模型性能评估，常用的评估指标有混淆矩阵、准确率、查准率、查全率以及F1分数。以二分类为例，记TP、TN、FP、FN分别表示预测结果中的真阳样本(分类结果为正类，实

际也为正类)个数、真阴样本(分类结果为负类，实际也为负类)个数、假阳样本(分类结果为正类，实际为负类)个数、假阴样本(分类结果为负类，实际为正类)个数，则该分类器在 D_{test} 上的混淆矩阵如图 10-6 所示。

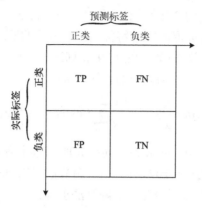

图 10-6　二分类的混淆矩阵示意图

混淆矩阵能够较全面地反映分类器在每一类样本上的判别能力，以及某一类样本为另一类样本带来的识别干扰情况。例如，如果 FN 值偏大，说明很多正类样本被误识别为负类。准确率、查准率和查全率分别定义如下：

$$\text{Accuracy} = \frac{\text{TP} + \text{TN}}{\text{TP} + \text{FN} + \text{FP} + \text{TN}}, \quad \text{Precision} = \frac{\text{TP}}{\text{TP} + \text{FP}}, \quad \text{Recall} = \frac{\text{TP}}{\text{TP} + \text{FN}} \quad (10\text{-}18)$$

由式(10-18)可知，准确率(Accuracy)反映预测正确的样本占所有样本的比率，查准率(Precision)表示预测正确的正类样本占所有预测为正类的样本的比率，而查全率(Recall)则表示预测正确的正类样本占所有正类样本的比率。查准率或查全率仅能反映分类器性能的一个方面，且对正负类样本不平衡数据较为敏感。F1 分数是一个更全面的指标，定义如下：

$$\text{F1} = \frac{2 \cdot \text{Precision} \cdot \text{Recall}}{\text{Precision} + \text{Recall}} \quad (10\text{-}19)$$

在训练机器学习模型时，一个常见的问题是过拟合，即模型在训练集上的性能评估接近完美，然而在测试集上的性能评估很差。过拟合模型的分类或回归效果如图 10-7 所示。

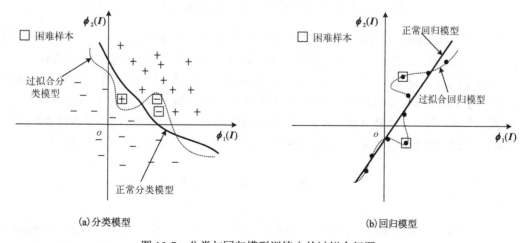

(a)分类模型　　　　　　　　　　　　(b)回归模型

图 10-7　分类与回归模型训练中的过拟合问题

由图 10-7 可以看出，过拟合表现在算法为尽可能正确预测少量的困难样本，不得不训练输出一个复杂的分类或回归模型。这些困难样本通常由数据噪声或其他异常导致，不符合样本空间的整体分布规律，因此这些过于复杂的模型很可能拟合的是噪声而非普通训练数据。为解决过拟合问题，提升模型的泛化性能，可采取三种方法。其一，可对特征进行降维，在保留有效特征的前提下，尽可能滤除冗余特征。这种方法的原理是减小预测器所属函数空间的大小。其二，控制梯度下降算法（如算法 10-1 和算法 10-2）的迭代次数 T，使训练在陷入过拟合之前终止。其三，采用包含正则化项的目标函数：

$$\arg\min_{\boldsymbol{w}} \frac{\lambda}{2}\|\boldsymbol{w}\|_2^2 + \frac{1}{N}\sum_{i=1}^{N}\mathrm{Loss}(\boldsymbol{I}^{(i)}, y^{(i)}, \boldsymbol{w}) \tag{10-20}$$

式中，第一部分为正则化项；第二部分为平均损失项（可为铰链损失或平方误差损失）；$\|\boldsymbol{w}\|_2$ 为参数向量 $\boldsymbol{w}$ 的二范数；λ 为一个超参数，用于调节正则化项和损失项对训练的贡献大小。与式（10-6）相同，式（10-20）也可利用梯度下降算法求解。

10.1.7　模型选择

基于前面讨论可知，为获得强泛化性能的机器学习模型，需要确定合适的超参数，主要包括学习率 η、迭代次数 T 和正则化项权重 λ。值得注意的是，这些超参数并不能基于测试数据集进行调节，否则会违背训练过程不能看到测试样本的原则，也会导致不可靠的性能评估结果。解决这一问题的核心思想是从训练集中划分出一个子集，用作测试集的代理，称为验证集。常用方法包括两种，如图 10-8 所示。

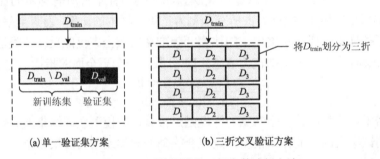

(a) 单一验证集方案　　　　　　　　(b) 三折交叉验证方案

图 10-8　两种机器学习超参数选择方法

第一种方法是从训练集 D_{train} 中划分出一个单独的子集 D_{val}，在剩余数据上（记作 $D_{\text{train}} \backslash D_{\text{val}}$）训练模型，并在 D_{val} 上验证当前超参数的性能。第二种方法是将训练集划分为 k 等份，称为 k 折交叉验证。在此基础上进行 k 次模型训练，每次将其中 1 折数据用于验证，其余 $k-1$ 折数据用于训练。最后，将所训练出的 k 个模型在验证集上的平均性能作为当前参数的综合评价结果。需要注意，无论采用哪种方案，超参数选择完毕后，需采用所选的最优超参数在 D_{train} 上训练一个最终模型，并在测试集 D_{test} 上进行测试，获得模型性能的最终评估结果。

10.2　BP 神经网络

10.1 节介绍了机器学习中的线性分类及回归模型。在模型训练之前，需采用单独的特征提取算法计算每一幅图像上的特征向量。换而言之，模型参数学习与特征提取是分步进行的。

本节介绍一种前馈型神经网络模型，用于模拟人类神经元之间的信息处理与传递机制，基于反向传播(BP)算法实现特征与预测器的联合学习。本节内容为进一步学习 10.3 节的卷积神经网络模型提供必备基础。

10.2.1　特征与预测器的联合学习

如图 10-9(a)所示，传统机器学习将特征提取和预测模型训练独立开，且特征提取基于非机器学习算法，如第 8 章中介绍的 SIFT、SURF 和 HOG 等。随着海量图像数据的日益积累和硬件计算性能的持续提升，世界前沿研究在基于大规模数据集同时学习图像特征和预测模型(图 10-9(b))、实现特征提取参数和预测参数的联合训练、提升模型的泛化性能等方面已取得突破性进展，有力推进了机器学习算法走向各行业的实际应用。

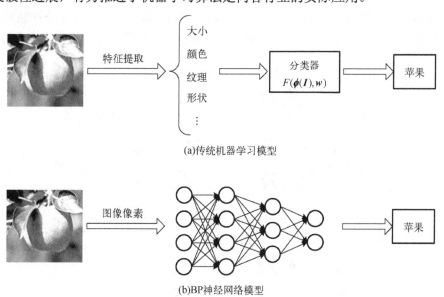

(a)传统机器学习模型

(b)BP神经网络模型

图 10-9　传统机器学习模型和 BP 神经网络模型的预测过程

神经网络模型的发展几经兴衰。它兴起于 1957 年康奈尔大学的实验心理学家理查德•罗森布拉特(Richard Rosenblatt)提出的线性感知机，此后得到一定的改进与发展。但在 1969 年，作为人工智能先驱之一的马文•明斯基(Marvin Minsky)等在《感知机：计算几何导论》一书中证明了单层神经网络模型不能解决简单的"异或"(XOR)分类问题，导致了此后 10 年神经网络研究的式微。1982 年，约翰•霍普菲尔德(John Hopfield)提出一种多层反馈网络模型，较好地解决了包含手写数字识别问题在内的一系列模式识别和组合优化问题，也提振了沉寂多年的神经网络的研究。此后 10 年间，神经网络研究呈现中兴态势，涌现了一批影响深远的神经网络科学家，如大卫•鲁梅尔哈特(David Rumelhart)、詹姆斯•麦克莱兰德(James McLelland)、杰弗里•辛顿(Geoffrey Hinton)等。然而，在 1995～2006 年，支持向量机、随机森林、集成学习等方法涌现。这些方法的性能和可解释性比当时的神经网络模型都要好，因此神经网络模型的发展又进入一个相对停滞期。2006 年以后，随着计算能力的极大提高(高性能计算显卡)、大数据的普及、网络模型的改进以及梯度消失等问题的解决，神经网络模型发展为深度学习模型(如 CNN 网络、RNN 网络、图网络等)，在围棋(AlphaGo)、大规模图像分类(ImageNet)、人脸识别、语音识别等问题上取得突破性进展，相关技术已在很多行业中落地应用。至今，此方面的理论和技术仍在不断发展与完善中。

10.2.2 BP 神经网络架构

如图 10-10 所示，一般的 BP 神经网络由输入层(第 1 层)、输出层(最后一层，即第 m 层)、隐含层构成。其中，输入层包含 n_l (表示第 l 层的神经元数量)个神经元，每一个神经元可看作图像的一个像素(若采用三通道彩色图像，则对应该像素的一个通道值)。从第二层到倒数第二层为网络的隐含层，不同隐含层所含的神经元的数量可能不同，用于从输入数据中学习和提取特征。这些层作为一个整体，可以看作从输入数据到输出特征的一个复杂非线性变换，且该变换难以用数学公式明确描述，因此称为隐含层。最后一层的神经元数量与实际任务密切相关。例如，对于图 10-1 所示的"鸢尾花识别"问题，输出层需包含 3 个神经元，分别对应 3 类鸢尾花；而对于图 10-2 所示的"果实成熟度预测"问题，输出层仅需 1 个神经元。

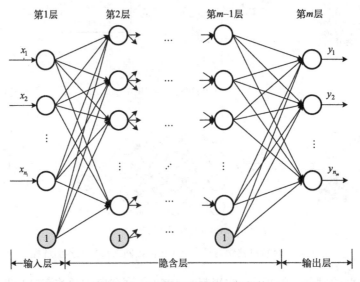

图 10-10 BP 神经网络的一般架构

可为 BP 神经网络的输入层和各个隐含层添加一个特殊的神经元，称为偏置神经元(见图 10-10 中带阴影的圆)。该神经元对应的输入恒为 1，用于为下一层的线性映射函数添加偏置参数(原理同式(10-2))。

可以看出，隐含层和输出层的某一个神经元和上一层的每一个神经元均有一条有向边相连，因此 BP 神经网络又称为全连接神经网络。每个神经元均对应一个"线性映射-非线性激活"计算，且所采用的线性和非线性函数不与其他神经元共享。为第 k 层的第 j 个神经元和第 $k+1$ 层的第 i 个神经元之间的边设置一个可学习的权重，记为 w_{ij}^k，记第 k 层偏置神经元和第 $k+1$ 层的第 i 个神经元之间的权重为 b_i^k，则 $k+1$ 层的神经元 i 上的线性映射定义为

$$z_i^{k+1} = \sum_{j=1}^{n_k} w_{ij}^k x_j^k + b_i^k \tag{10-21}$$

式中，x_j^k 表示第 k 层的第 j 个神经元提供的输入量；z_i^{k+1} 表示线性映射的结果。为使 BP 神经

网络能够学习非线性特征及预测函数，接下来对 z_i^{k+1} 进行非线性映射，定义如下：

$$a_i^{k+1} = f(z_i^{k+1}) \tag{10-22}$$

这里，$f(\cdot)$ 表示一个非线性函数，也称作激活函数。常用的激活函数包括线性函数、ReLU 函数、S 形函数以及双曲正切函数，这些函数的形状如图 10-11 所示。

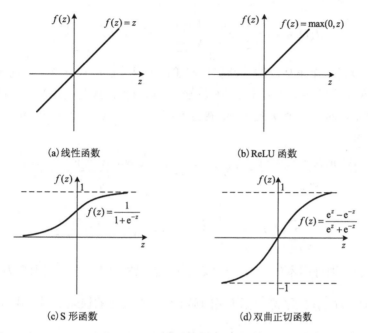

图 10-11　四种常用激活函数曲线

接下来举例说明 BP 神经网络的计算过程，首先定义如图 10-12 所示的三层 BP 神经网络。

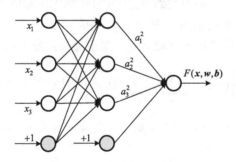

图 10-12　三层 BP 神经网络示例

根据式 (10-21) 和式 (10-22) 可得

$$a_1^2 = f(w_{11}^1 x_1 + w_{12}^1 x_2 + w_{13}^1 x_3 + b_1^1), \quad a_2^2 = f(w_{21}^1 x_1 + w_{22}^1 x_2 + w_{23}^1 x_3 + b_2^1)$$

$$a_3^2 = f(w_{31}^1 x_1 + w_{32}^1 x_2 + w_{33}^1 x_3 + b_3^1), \quad F(\boldsymbol{x}, \boldsymbol{w}, \boldsymbol{b}) = a_1^3 = f(w_{11}^2 a_1^2 + w_{12}^2 a_2^2 + w_{13}^2 a_3^2 + b_1^2)$$

10.2.3　反向传播算法

接下来讨论如何训练网络模型参数。给定 N 个训练样本 $D = \{(\boldsymbol{x}^{(i)}, \boldsymbol{y}^{(i)})\}_{i=1}^{N}$，$\boldsymbol{x}^{(i)} \in \mathbb{R}^{n_1}$，

$\boldsymbol{y}^{(i)} \in \mathbb{R}^{n_m}$，BP 神经网络训练逐渐修改网络权重，使得网络在所有训练样本上的输出和目标输出 y 尽可能一致。网络训练完成后，可在验证集或测试集上为任一输入数据计算预测结果，从而对所学参数 $\boldsymbol{w}$、$\boldsymbol{b}$ 的性能进行评估，相关方法可参考 10.1.6 节。

从统计机器学习的角度出发，以回归问题为例，BP 神经网络的训练对应于最小化如下带正则化项的均方误差：

$$J(D, \boldsymbol{w}, \boldsymbol{b}) = \frac{\lambda}{2} \|\boldsymbol{w}\|_2^2 + \frac{1}{N} \sum_{n=1}^{N} \left\| F(\boldsymbol{x}^{(n)}, \boldsymbol{w}, \boldsymbol{b}) - \boldsymbol{y}^{(n)} \right\|_2^2 \tag{10-23}$$

然而，该问题是一个 NP 难的非凸优化问题，需寻找近似求解该问题的高效算法。鲁梅尔哈特在 1986 年基于链导法则导出了 BP 算法，之后该算法成为使用最广泛的神经网络训练算法之一。具体地，对于一个 m 层的 BP 神经网络，基于式(10-23)对 $\boldsymbol{w}$ 和 $\boldsymbol{b}$ 分别进行链式求导，可得以下结果：

$$\frac{\partial J(\boldsymbol{w}, \boldsymbol{b}, \boldsymbol{x}^{(n)}, \boldsymbol{y}^{(n)})}{\partial w_{ij}^l} = a_j^l \delta_i^{l+1} + \lambda w_{ij}^l, \qquad \frac{\partial J(\boldsymbol{w}, \boldsymbol{b}, \boldsymbol{x}^{(n)}, \boldsymbol{y}^{(n)})}{\partial b_i^l} = \delta_i^{l+1} \tag{10-24}$$

$$\delta_i^l = \left(\sum_{j=1}^{n_{l+1}} w_{ji}^l \delta_j^{l+1} \right) \cdot \frac{\partial f(z_i^l)}{z_i^l}, \qquad \delta_i^m = -(y_i - a_i^m) \cdot \frac{\partial f(z_i^m)}{\partial z_i^m} \tag{10-25}$$

式中，上标 n 表示训练样本的 ID；$f(\cdot)$ 表示激活函数。例如，当该函数为 S 形函数时，$\frac{\partial f(z_i^l)}{\partial z_i^l} = f(z_i^l) \cdot (1 - f(z_i^l))$。称 δ_i^l 为第 l 层的第 i 个神经元上的误差信号，由式(10-25)可知，计算 δ_i^l 需使用第 $l+1$ 层的所有神经元上的误差，因此式(10-24)中的梯度计算可以看作误差信号从输出层向前逐层传播的过程，这也是 BP 算法名字的由来。另外，梯度计算也需要提前算出各层神经元上的激活值，而后层激活值的计算依赖于前层的激活值，因此称 BP 神经网络的推理过程(即计算各层激活值的过程)为前向传播。

式(10-23)中的损失函数常用于回归问题。对于分类问题，常用如下交叉熵损失函数：

$$J(D, \boldsymbol{w}, \boldsymbol{b}) = \frac{\lambda}{2} \|\boldsymbol{w}\|_2^2 + \frac{1}{N} \sum_{n=1}^{N} -\left\{ \sum_{k=1}^{K} \delta(k = y^{(n)}) \log P(y = k \mid \boldsymbol{x}^{(n)}, \boldsymbol{w}, \boldsymbol{b}) \right\} \tag{10-26}$$

式中，K 表示类别的个数；$P(y = k \mid \boldsymbol{x}^{(n)}, \boldsymbol{w}, \boldsymbol{b})$ 表示把第 n 个样本预测为 k 类(即 $y = k$)的概率，其定义如下：

$$P(y = k \mid \boldsymbol{x}^{(n)}, \boldsymbol{w}, \boldsymbol{b}) = \frac{\exp(z_k^m)}{\sum_{c=1}^{K} \exp(z_c^m)} \tag{10-27}$$

式中，z_c^m 表示最后一层的第 c 个神经元上的线性映射结果。注意，该网络的最后一层没有采用激活函数。对于该网络模型参数的偏导计算，可采用与式(10-24)和式(10-25)相似的算法，唯一区别在于最后一层误差计算：

$$\delta_k^m = -\left[\mathbf{1}(y^{(n)} = k) - P(y^{(n)} = k \mid \boldsymbol{x}^{(n)}, \boldsymbol{w}, \boldsymbol{b}) \right] \tag{10-28}$$

10.2.4　BP 神经网络的梯度下降算法

基于 10.2.3 节的前向传播与反向传播计算方法，可采用算法 10-3 优化 BP 神经网络模型参数 w 和 b。该算法与算法 10-2 类似，均在随机选出的单个样本上计算梯度并更新模型参数，从而加速优化求解的收敛速度。

算法 10-3：BP 神经网络的随机梯度下降算法

随机初始化 w、b，初始化超参数 λ、η、T

For $t = 1, 2, \cdots, T$:

　　For $i = \text{RandPermu}(1, 2, \cdots, N)$:

前向传播：在样本 i 上利用式(10-21)、式(10-22)计算各层输出

反向传播：在样本 i 上利用式(10-24)、式(10-25)计算目标函数对 w、b 的梯度

$$\text{更新 } w: \quad w \leftarrow \left\{ w - \eta \frac{\partial J(w, b, x^{(i)}, y^{(i)})}{\partial w} \right\}$$

$$\text{更新 } b: \quad b \leftarrow \left\{ b - \eta \frac{\partial J(w, b, x^{(i)}, y^{(i)})}{\partial b} \right\}$$

因一般的 BP 神经网络的隐函数是一个高维、非线性、非凸目标函数，算法 10-3 仅能实现对优化问题的近似求解。实际训练中，需采用 10.1.7 节中的方法选择合适的超参数 λ、η 和 T，进而训练具有强泛化性能的 BP 神经网络模型。

10.3　卷积神经网络

10.3.1　从全连接到卷积

对于图像分析问题，BP 神经网络的一个显著缺点是神经元数量过于庞大。考虑一幅 224×224 大小的 RGB 图像（包含三个通道），仅输入层的神经元数目就有 15 万左右。神经元数目过于庞大会导致神经网络的参数量过多，造成训练损失下降缓慢、训练容易出现过拟合、超参数调试困难、计算复杂度过高等问题。卷积神经网络为解决 BP 神经网络的这些问题而生，其核心理念是"局部连接"和"参数共享"。

局部连接结构的理念来源于动物视觉的皮层结构，其指的是在动物视觉的神经元感知外界对象的过程中起作用的只有一部分神经元。受此启发，卷积神经网络摒弃了 BP 神经网络的全连接结构，采用局部连接，即后层的神经元仅和其前层的部分神经元相连，这种连接方式大幅减少了可学习参数量，如图 10-13 所示，加快了学习速率，同时也在一定程度上减少了过拟合的可能。

从图 10-13 可以看出，对于大小为 1000×1000 的单通道输入图像和首个隐含层包含 10 万个神经元的全连接结构，总共有 10^{11} 个可学习参数。若采用局部连接结构，使每个隐含层的神经元仅与图像中大小为 10×10 的局部区域对应的神经元相连，则可学习的参数降为 10^6 个。若输入为单通道图像，则上述局部连接区域所对应的参数在空间上排布形成一个大小为 10×10 的矩阵；若输入为三通道彩色图像，则其参数对应一个大小为 10×10×3 的张量。一般地，称这些欧氏空间中的参数阵列为卷积核，记其尺度为 $w \times h \times c$，w、h、c 分别表示卷积核的宽、高以及通道个数。

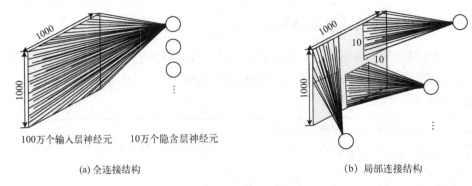

(a) 全连接结构　　　　　　　　　　　　　(b) 局部连接结构

图 10-13　全连接结构与局部连接结构的对比

采用局部连接后,虽然参数量级显著降低,但数量依然过于庞大,在此基础上训练多层神经网络所需的算力仍远远超出了普通计算机所能承受的范围。为进一步解决该问题,引入"参数共享"的理念:使不同位置的卷积操作共享同一个卷积核。基于参数共享策略,图 10-13(b)所示的局部连接结构的参数降为 100 个(此处暂不考虑偏置神经元)。

从以上讨论可以看出,局部连接和参数共享使参数规模大幅降低,但过少的参数(仅 100 个)不足以支撑从图像中提取充分的特征。为解决此问题,需引入"多核卷积"的设计思想,即采用 n 个尺度为 $w \times h \times c$ 的卷积核对输入进行处理,并获得相应的输出。"局部连接"、"参数共享"和"多核卷积"是卷积神经网络的关键技术,使得卷积神经网络的训练与推理能够在显卡上进行并行计算,显著提升图像识别模型的学习与预测效率。

10.3.2　卷积与池化

1. 卷积

首先以 8×8 单通道图像、2 个 3×3 的卷积核为例介绍卷积运算(运算符为"*"),如图 10-14 所示。卷积核从图像的左上角开始,按照从左到右、从上到下的顺序滑动,每滑动

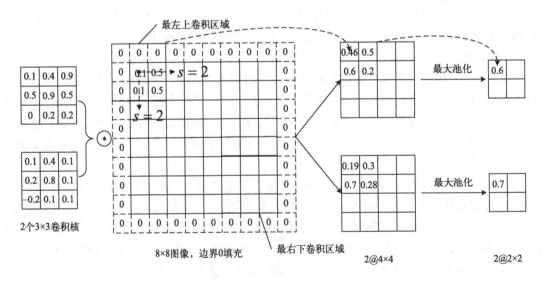

图 10-14　卷积与池化示意图

到一个位置，卷积核与其覆盖的图像区域(窗口)的所有像素执行按点位相乘计算，再将所有位置的乘积相加即得到卷积的计算结果(例如，第一个卷积核在 8×8 图像上的第一次卷积运算的输出为 0.46，第二个卷积核在该图像上的第一次卷积运算的输出为 0.19)。与卷积相关的两个概念是"填充"与"步长"。

卷积核的宽和高一般是大于 1 的，在这种情况下对图像边界像素进行卷积，则卷积核所覆盖的窗口会超出图像边界，导致卷积无法计算。为解决这一问题，可围绕图像边界向外扩展若干个像素的宽度(图 10-14 中扩展了 1 个像素的宽度)，并将填充的像素置为特定值，一般为 0，称作"0 填充"。从一个卷积窗口到下一个卷积窗口的横向或纵向距离称作"步长"。对于图 10-14 中的例子，步长为 2 个像素，记作 $s = 2$ (一般地，纵向与横向步长相同)。需要注意的是，在卷积核按特定步长向右滑动的过程中，一旦卷积窗口超出填充后的图像边界，则本次右向滑动结束，然后卷积核以步长 s 向下滑动，再从最左侧开始新一轮的右向滑动。因此，图 10-14 中的最右下卷积窗口的中心点坐标是(8,8)。另外，用显卡加速卷积运算时，不同窗口上的卷积能够并行执行。

一般地，记输入图像(或某一层所输出的特征图)大小为 $w_{in} \times h_{in} \times c_{in}$，卷积核的大小为 $w \times h \times c$，执行卷积操作后输出的特征图大小为 $w_{out} \times h_{out} \times c_{out}$，则输入和输出大小之间存在以下关系：

$$w_{out} = \left\lfloor \frac{(w_{in} - w + 2 \times p)}{s} + 1 \right\rfloor, \quad h_{out} = \left\lfloor \frac{(h_{in} - h + 2 \times p)}{s} + 1 \right\rfloor \tag{10-29}$$

式中，s、p 分别表示卷积的步长与填充的宽度。例如，图 10-14 中的卷积输出为 2 幅 4×4 的特征图，记作 2@4×4。

2. 池化

池化操作将特征图划分为 $w' \times h'$ 的网格，然后对每个网格单元中的所有像素求最大值(最大池化)或平均值(平均池化)，作为输出特征图的像素值。例如，对于图 10-14 中的特征图，其大小为 4×4，若将其划分为 2×2 的网格进行最大池化，则输出一幅大小为 2×2 的特征图，且其左上角的像素值为 0.6。注意，池化操作仅改变特征图的宽和高，而不改变通道的个数(对于图 10-14 中的例子，池化后仍包含 2 幅特征图)。

池化操作本身并不涉及任何可训练参数。因此，可将池化看作另一种减少参数的办法。另外，池化能够增大输出特征的感受野，并有助于消除特征中的噪声。

10.3.3 典型卷积神经网络架构

典型卷积神经网络的一般架构如图 10-15 所示(激活函数可以在每个卷积层之后，也可以在每个池化层之后，此处省略)，此处假设不采用边界填充，步长为 1，卷积和全连接层均采用偏置连接。网络输入为一幅图像，首先利用一系列的"卷积+池化"单元提取特征，之后采用一系列全连接层将特征降维并铺平形成特征向量，最后网络基于 Softmax 函数输出一个概率向量，该向量的长度为类别的个数，每一维表示将图像识别为相应类别的概率。需要注意的是，这种网络结构仅适用于分类问题，更多图像处理问题的网络结构将在 10.4 节介绍。

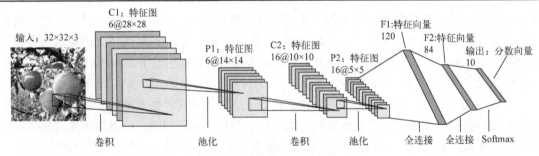

图 10-15　典型卷积神经网络架构示意图

图 10-15 中的卷积神经网络模型包括两个卷积层、两个池化层和两个全连接层。第一个卷积层 C1 的输入为 32×32×3 的 RGB 图像，输出 6 张 28×28 的特征图(简记 6@28×28，对应的神经元个数为 6×28×28=4704)。由此可以推出，卷积核的大小为 5×5×3，卷积核的个数为 6，一共有 5×5×3×6+6=456 个可学习参数(其中包括 6 个偏置参数)。第一个池化层 P1 的输入为第一个卷积层的输出，对应的池化操作将输入特征图划分为 14×14 的网格(即池化区域的大小为 2×2)，池化后输出 6 张 14×14 的特征图。第二个卷积层 C2 的输入为 6@14×14 的特征图，输出 16@10×10 的特征图。由此可以推出，卷积核的大小为 5×5×6，卷积核的个数为 16 个，一共有 5×5×6×16+16=2416 个可学习参数(其中包括 16 个偏置参数)。第二个池化层 P2 的输入为 16@10×10 的特征图，对应的池化操作将输入特征图划分为 5×5 的网格(池化区域的大小也是 2×2)，池化后输出 16 张 5×5 的特征图。随后，该网络利用两个全连接层分别将特征映射为长度为 120 和 84 的向量，对应的可学习参数的个数分别为 5×5×16×120+120=48120、120×84+84=10164。网络最后一层首先采用全连接结构将输入特征向量映射为长度为 10 的分数向量，对应可学习参数的个数为 84×10+10=850，再利用 Softmax 函数将分数转换为概率：

$$\mathrm{Softmax}(s) = [p(s,i)]_{i=1}^{C}, \qquad p(s,i) = \frac{e^{s_i}}{\sum_{k=1}^{C} e^{s_k}} \qquad (10\text{-}30)$$

式中，s 表示分数向量；$p(s,i)$ 表示基于 s 算出的关于类别 i 的概率输出。综合以上分析，图 10-15 所示卷积神经网络共有 62006 个可学习参数，且大部分参数集中在全连接层，而卷积层的参数仅占一小部分。

10.3.4　卷积神经网络的反向传播算法

10.2 节介绍了全连接神经网络的反向传播算法，其核心在于计算各层的误差信号。对于图 10-15 所示的典型卷积神经网络，也可采用同算法 10-3 类似的方式进行网络参数学习，但鉴于卷积神经网络的特殊架构，需分三种情况进行讨论。

1. 全连接层的反向传播

对于卷积神经网络中的全连接层，误差和梯度的计算方法和全连接神经网络相同(每一层均为全连接结构)，因此可采用式(10-24)、式(10-25)进行误差的反向传播。

2. 池化层的反向传播

一般地，池化层没有可学习参数，但其后一层的误差信号仍需穿过该池化层向前传递。在网络前向传播时，池化层（假设是网络的第 l 层）一般采用最大或平均池化，因此池化区域的大小已知。池化层的反向传播首先对误差信号 δ^l（可将 δ^l 想象成一幅多通道误差图像）进行上采样，将误差图像还原成池化前大小：如果采用最大池化，则将池化区域的误差信号置为 0（如果池化未在该位置取得最大值）或者最大值（如果池化在该位置取得最大值）；如果采用平均池化，则将池化区域的误差信号均置为池化所得的平均值。将上述采样后的误差信号记为 $\text{upsample}(\delta^l)$，则第 $l-1$ 层的误差信号计算如下：

$$\delta^{l-1} = \text{upsample}(\delta^l) \odot \frac{\partial f(z^{l-1})}{\partial z^{l-1}} \tag{10-31}$$

式中，$f(\cdot)$ 表示第 $l-1$ 层的激活函数；$\odot$ 表示按位相乘。

3. 卷积层的反向传播

本书仅给出卷积层（假设为网络的第 l 层）的误差信号反向传播与梯度计算方法，其推导过程可参考国内外深度学习相关教材。其中，误差计算如下：

$$\delta^{l-1} = \delta^l * \text{rot180}(w^l) \odot \frac{\partial f(z^{l-1})}{\partial z^{l-1}} \tag{10-32}$$

式中，$\text{rot180}(\cdot)$ 表示将对应的卷积核 w^l 旋转 $180°$（即先进行上下翻转，再进行左右翻转）。

卷积神经网络在第 l 层（为卷积层）关于其卷积核参数和偏置参数的梯度计算如下：

$$\frac{\partial J(w,b)}{\partial w^l} = a^{l-1} * \delta^l, \quad \frac{\partial J(w,b)}{\partial b^l} = \sum_{u,v} \delta^l_{u,v} \tag{10-33}$$

10.4 卷积神经网络应用

10.3 节介绍了卷积神经网络。除了最常见的图像分类任务之外，在智慧农业应用场景中，还包括其他一些典型的图像分析任务，如图像目标检测（家畜、家禽、病虫害等目标）、实例分割（实例级显微图像目标提取）、语义图像分割（果实目标提取、病害区域提取、农作物目标提取）、视觉目标跟踪（动物运动分析）、视频行为识别（动物行为分析）等。本节介绍如何对10.3 节的卷积神经网络进行拓展，从而满足这些农业领域的应用需求。

10.4.1 图像目标检测

一般地，图像目标检测（如牛、羊、行人、苹果、病害）是一个多任务问题。一方面，要预测目标的位置（中心点坐标）和尺度（宽和高）；另一方面，需要判别目标的类别。本节介绍用于图像目标检测的经典卷积神经网络模型——Faster Region-Based CNN，简称 Faster R-CNN。

Faster R-CNN 的整体检测流程如图 10-16 所示。给定一幅输入图像（不需要缩放成统一尺度），网络首先利用一系列卷积层提取特征，并输出特征图。Faster R-CNN 的核心模块是区域候选网络(Region Proposal Network，RPN)。首先，RPN 为特征图上的每个像素引入一系列不同尺度和宽高比的"锚框"，并基于像素的特征对锚框进行分类(仅预测前景或背景)和回归，生成一系列候选框。接下来，对每个候选框进行 RoI 池化(RoI Pooling)，获得统一长度的池化特征向量。最后，融合特征向量和原始特征图对候选框进行分类和回归，输出检测目标类别及精准边界框。下面详细介绍 RPN 和 RoI 池化。

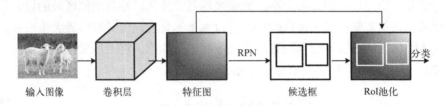

输入图像　　　卷积层　　　特征图　　　　候选框　　　RoI池化

图 10-16　Faster R-CNN 检测流程

1. 区域候选网络

RPN 结构如图 10-17 所示，下面分训练和测试两种情况进行讨论。训练时，RPN 在特征图上滑动一个特征大小的窗口(3×3)，每当滑动到一个新的位置时，就利用中间层提取一个长度为 256 的特征向量。另外，为每个滑动窗口设置 k=9 个锚框(3 种不同尺度×3 种不同宽高比)，并计算滑动窗口区域的真实目标与锚框的交并比(IoU)，当 IoU 超过一定阈值时，认定该锚框负责对应真实目标框的预测(目标分类与目标框回归，注意，一个真实目标框可能由多个锚框负责)。基于所提取的 256 维的特征向量预测目标类别与边界框，其中目标类别预测通过真实目标框的类别标签监督，而目标框预测则通过真实目标框或预测目标框与锚框之间的偏移量监督，计算见式(10-34)：

$$t_x = \frac{x - x_a}{w_a}, \quad t_y = \frac{y - y_a}{h_a}, \quad t_w = \log\frac{w}{w_a}, \quad t_h = \frac{h}{h_a} \tag{10-34}$$

式中，(x_a, y_a)表示锚框的中心点坐标；w_a、h_a 分别表示锚框的宽和高；(x, y)表示真实框或预测框的中心点坐标；w、h 分别表示真实框或预测框的宽和高。

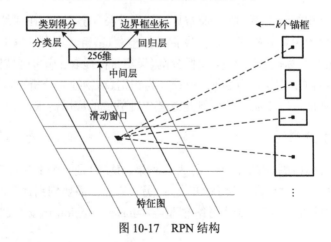

图 10-17　RPN 结构

测试时，RPN 直接输出至多 2000 个类别为前景的候选框的坐标与大小，并交给图 10-16 所示的 RoI 池化单元进行后续处理。

2. RoI 池化

与普通最大池化操作相似, RoI 池化将特征图上的候选框划分为 $m×n$(一般 $m=n$)的网格, 之后为网格中的每个单元求最大值, 作为该网格单元的代表特征。如图 10-18 所示, 不论候选框的尺度如何变化, RoI 池化都能确保生成定长的特征向量, 在很大程度上方便了 Faster R-CNN 框架中分类器与回归器的统一设计。

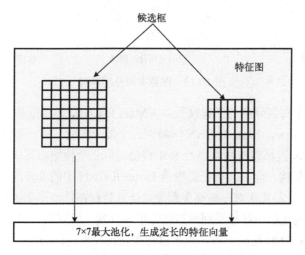

图 10-18　区域候选框生成网络模型

3. Faster R-CNN 与 YOLO

另一种常用的深度目标检测模型是 YOLO, 其从 2016 年的 YOLO-V1 发展到 2022 年 YOLO-V7, 共经历了 7 个版本, 已广泛应用于各项涉及目标检测的研究与应用中。为简单起见, 此处仅就 YOLO-V3 与 Faster R-CNN 进行简要对比。

与 Faster R-CNN 的两阶段检测不同, YOLO-V3 是单阶段检测模型。简而言之, YOLO-V3 能够同步实现目标定位与目标分类, 而 Faster R-CNN 则需要先利用 RPN 生成候选框, 再对候选框进行优化与分类。一般来说, YOLO-V3 检测速度较快, 而准确性稍差, Faster R-CNN 检测速度较慢, 但检测结果更精确。从骨干网络结构层面来讲, YOLO-V3 以 Darknet53 为基础, 利用上采样获得 3 个不同尺度(13×13、26×26、52×52)的特征图。Darknet 是全卷积网络 (FCN), 仅包括卷积层, 没有池化层和全连接层, 前向传播过程中, 卷积核的步长决定输出特征图的尺寸, 共经历 5 次下采样。Faster R-CNN 借鉴 VGG16 的结构, 使用一组基础的"卷积+ReLU 激活+池化层"提取输入图像的特征图, 作为后续 RPN 层的输入。其中, 13 个卷积层不改变输入图像大小(卷积核大小为 3, 步长为 1, 边界填充 1 个像素), 4 个池化层分别使输出缩小为原来的一半。

10.4.2　实例分割

实例分割的任务是获得图像中每个感兴趣目标的像素级分割结果。例如, 对于如图 10-19 所示的输入图像, 实例分割要求精准输出属于每个感兴趣目标(羊)的所有像素。不同于目标检测仅需计算目标的矩形包围框(图 10-19(c)),该任务需要获得目标的精准区域;不同于语义图像分割,实例分割要求区分图像中的各个目标,即便它们属于同一类别。

  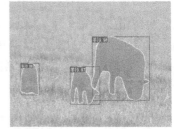

(a)输入图像　　　　　　　　(b)实例分割结果　　　　　(c)带包围框的实例分割结果

图 10-19　图像实例分割示例

本节介绍一种用于实例分割的经典模型——Mask R-CNN,该模型基于 Faster R-CNN 网络构建,其架构如图 10-20 所示。Mask R-CNN 区域由三个部分构成。第一部分包括 Faster R-CNN 骨干网络、Faster R-CNN 区域候选网络以及 RoI 特征提取三个模块。其中,前两个模块均采用和 Faster R-CNN 相同的架构,而 RoI 特征提取将 Faster R-CNN 中的 RoI 池化升级为 RoI 对齐(RoI Align),相较于 RoI 池化,RoI 对齐能够更精准地计算目标在特征图中的位置和大小,所提取特征对于后续的实例掩码生成和目标类别预测任务更为有效。模型第二部分是 Faster R-CNN 预测头,此部分和 Faster R-CNN 结构一致,用于目标类别预测和目标框的回归。

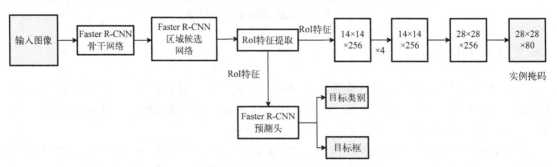

图 10-20　Mask R-CNN 架构

Mask R-CNN 模型第三部分是实例掩码,此部分首先经过一个卷积层,获得大小为 14×14×256 的特征图;此后,经过 4 个连续的卷积层,输出大小同样为 14×14×256 的特征图;接着,利用反卷积得到大小为 28×28×256 的特征图;然后,在特征图上执行 1×1 卷积操作,从而输出当前 RoI 目标的实例掩码;最后,为每个目标预测一个大小为 28×28×80 的掩码图,共包含 80 幅 28×28 的掩码图,每幅掩码图构成一个类别上的实例分割结果。为确定分割结果,根据 Faster R-CNN 预测头所输出的目标类别,从 80 幅掩码图中选择 1 幅作为输出。

Mask R-CNN 网络训练时,需要对目标分类、目标框回归和实例掩码生成三个子任务同时进行监督。因此,其损失是分类损失 L_{cls}、回归损失 L_{box} 以及掩码生成损失 L_{mask} 之和。

10.4.3　语义图像分割

与传统图像分割任务(仅需区分出图像中的前景和背景区域)相比,语义图像分割任务是一个像素级的识别任务,即要求为图像的每一个像素预测一个标签,如图 10-21 所示的"天空"、"树"、"猫"和"草地"等。对于该问题,仅依靠某个像素的局部信息(即其 RGB 值)无法获得准确的分割结果。为实现对任一像素标签的鲁棒预测,通常需要参考图像中的其他像素数据,如与该像素位置邻近(甚至更远)的其他像素,称为"语义信息",鉴于此,该任务称为"语义图像分割"。

(a)输入图像

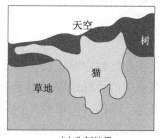
(b)分割结果

图 10-21 语义图像分割

传统方法利用超像素技术(如 SLIC 算法)将图像预分割为不规则的多个块,并基于 SIFT 或 Texton Forest 算子计算每个块的特征,再引入条件随机场对每个超像素块之间的语义关联进行建模和学习,从而获得较好的分割效果。此类方法的缺点是推理复杂度过高,难以在大规模数据集上进行模型参数的训练。深度学习出现后,借助于卷积神经网络的强有效并行数据处理能力和特征学习能力,科研人员提出了多种能够在大规模数据集上进行端到端学习、高精度、实时的语义图像分割网络模型,本节将介绍影响最为广泛的"全卷积网络"(FCN),其架构如图 10-22 所示。

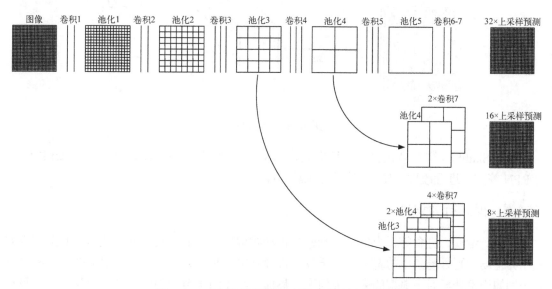

图 10-22 用于语义图像分割的全卷积网络架构

FCN 的输入可以是任意大小的图像,该网络先利用一系列卷积层和池化层提取特征,再对不同层所输出的特征进行特定倍率的上采样(例如,"32×"表示 32 倍率),从而获得与输入图像同尺寸的分割结果。FCN 中的上采样通过双线性插值实现,所需的参数可通过学习获得,又因该操作的效果是输出一幅比输入特征图尺度更大的图像,可视为卷积的逆向操作,所以称为"反卷积"。如图 10-22 所示，可采用不同的放大倍率对不同层的特征图执行反卷积运算，获得统一尺度的分割结果。研究发现，图中最后一行 8 倍率上采样(先将池化 3、池化 4 和卷积 7 的特征图进行一定倍率的反卷积，获得三幅同样大小(如 4×4)的特征图；再将三幅特征图进行相加融合，获得一幅特征图；最后在该特征图上执行 8 倍率反卷积运算)能够获得精度最高的分割结果。

10.4.4　视觉目标跟踪

目标跟踪是在初始帧中给定目标位置的条件下，要求算法能够在后续帧中鲁棒地估计目标位置。现代农业中的目标跟踪多用于畜禽精细化养殖管理，特别是在畜禽行为识别和疾病异常预警方面具有广阔的应用前景。但是，目标在运动过程中会出现模糊、遮挡、丢失、视点移动、光照改变和姿态变化等现象，给跟踪算法带来较多的挑战。

全卷积孪生网络跟踪模型(SiamFC)是一种具有代表性的跟踪框架，它模型简单且易于理解，其如图 10-23 所示。SiamFC 有两个分支：一个是模板分支 Z，用于表示待跟踪的对象；另一个是搜索分支 X，用于表示搜索区域。二者经过一个参数共享的 AlexNet 特征提取网络 φ，得到目标和模板的语义特征表示。最后，通过相关运算将模板分支和搜索区域分支融合并进行局部匹配，输出一个打分图，其中对应最大分值的点表示目标位置。

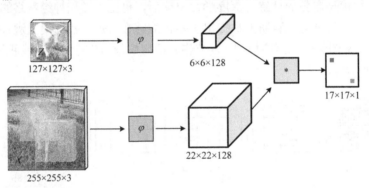

图 10-23　SiamFC

基于 SiamFC，研究者在骨干特征提取、目标和搜索模板的融合方式和利用 Faster R-CNN 的 RPN 等方面进行改进，使得其性能大幅提升。

10.4.5　视频行为识别

躺卧、运动、进食等行为信息是判断分析动物健康状况的重要指标。随着视频监控摄像机在养殖场和野外场景中的普及，基于深度神经网络的视频行为识别成为研究热点。视频行为识别属于机器学习中典型的多分类问题，然而，与 10.4.1 节和 10.4.2 节所讨论的图像目标检测和语义图像分割问题不同，该问题处理的对象是一段视频。处理流程包含三个环节：首先，解码视频片段，生成时间轴上连续多帧的图像序列，将其作为行为识别网络的输入；然后，利用深度神经网络从图像序列中提取与行为识别相关的外观特征及运动特征；最后，对提取的特征进行分类，输出视频对应的行为类别。

得益于深度学习技术的迅猛发展，科研人员提出了一系列用于视频行为识别的卷积神经网络模型，如双流网络模型、TSN 模型、I3D 模型、SlowFast 模型等。这里介绍影响比较深远的双流网络模型。

双流网络包含"空间流"和"时间流"两个并行网络分支，且这两个分支采用相同的卷积神经网络结构，其架构如图 10-24 所示。空间流卷积神经网络基于单帧图像提取目标的外观特征，而时间流卷积神经网络基于多帧光流(采用相关光流提取算法，如 LK 算法)提取目标在时间轴上的运动特征。最后，双流网络将两流所输出的 Softmax 分数进行融合(可采用按位求均值方法)，从而获得视频行为分类的得分。

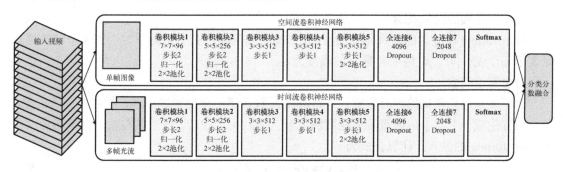

图 10-24 用于视频行为识别的双流网络架构

从架构图中可以看出，空间流卷积神经网络和时间流卷积神经网络结构中都包含 5 个卷积模块、2 个全连接层以及 1 个 Softmax 层。其中，每个卷积模块又包含 1 个卷积层、1 个可选的归一化层和 1 个可选的 2×2 池化层。这里 $w×h×c$ 中的 w、h 和 c 分别表示卷积核的宽、高以及输出特征图的通道数量。2 个全连接层分别将输入特征映射为长度为 4096 和 2048 的特征向量，Softmax 层利用线性函数将长度为 2048 的特征向量映射为长度等于类别个数的分数向量，最后输出归一化之后的分数向量。

10.5 Transformer 及其应用

在卷积神经网络模型中，每个神经元仅和上一层的局部元素关联，因此，CNN 的感受野是局部的，从而限制了其对全局信息的理解。2017 年，在自然语言处理领域，Google 公司提出了一种完全依赖注意力(Attention)的自然语言处理模型——Transformer，它用于处理序列到序列的任务，能建模词元(Token)之间的全局依赖关系，目前已成为自然语言处理的主流模型。在此基础上，一些研究者将图像特征也看作单词序列，利用 Transformer 学习图像特征的全局联系，在数字图像处理与分析领域也取得了突破性进展。本节简要介绍 Transformer 的基本理论及其在图像分析领域的应用。

10.5.1 Transformer 简介

在自然语言处理中，Transformer 模型示例如图 10-25 所示，将包含 4 个向量的中文词组序列"机器学习"经过编码和解码翻译成包含 16 个向量的英文词组序列"machine learning"。Transformer 设计了一个注意力模型，输入向量通过以多头自注意力作为核心模块的编码器，学习输入向量序列中各元素间的内在联系。接着，查询向量通过解码器与编码器的输出执行互注意力运算，对查询向量逐个进行解码，从而得到翻译结果。

图 10-25   Transformer 模型自然语言处理示例

1. Transformer 主要模块

1）输入序列的向量表示

Transformer 将处理的序列用向量表示，例如，将词组序列"机器学习"用 4 个等长的向量表示 $x_i(i=1,\cdots,4)$，设每个向量 x_i 的维度为 d。

2）位置编码器

为了表示序列单词的相对位置，Transformer 设计了一个位置编码器，根据序列的长度，每个位置生成一个与单词向量维度相同的 d 维向量，记为 $\mathbf{PE}_i$。接着其与输入向量相加，作为 Transformer 的输入，计算公式为

$$x_i = x_i + \mathbf{PE}_i, \quad i = 1, \cdots, n \tag{10-35}$$

其中，n 为序列长度。

3）注意力机制

注意力机制是 Transformer 的核心架构，用于学习序列中各元素的全局依赖关系，包括自注意力和互注意力两种机制。自注意力学习的是一个序列内部每个单词的全局依赖关系，而互注意力学习不同序列间的依赖关系。

在自注意力机制中，单词向量 x_i 经过一组 $\boldsymbol{W}^q$、$\boldsymbol{W}^k$ 和 $\boldsymbol{W}^v$ 矩阵变换，得到 3 个变换结果 x_i^q、x_j^k 和 x_j^v，分别称为查询向量、键向量和值向量。接着，计算单词向量 x_i 与序列中所有单词的注意力 $[a_{i,1} \quad a_{i,2} \quad \cdots \quad a_{i,n}]^{\mathrm{T}}$，并得到其对应的规范化结果 $[a'_{i,1}, a'_{i,2}, \cdots, a'_{i,n}]^{\mathrm{T}}$，计算公式如下：

$$a_{i,j} = \frac{(x_i^q)^{\mathrm{T}} x_j^k}{\sqrt{d}}, \quad j = 1, 2, \cdots, n \tag{10-36}$$

$$a'_{i,j} = \exp(\alpha_{i,j}) \bigg/ \sum_{l=1}^{n} \exp(\alpha_{i,l}), \quad j = 1, 2, \cdots, n \tag{10-37}$$

然后，根据所有单词的值向量，得到单词向量 x_i 在整个序列上的注意力输出，计算公式为

$$y_i = \sum_{j=1}^{n} \alpha'_{i,j} x_j^v \tag{10-38}$$

对序列中的每一个单词向量执行同样的计算，即可得到其在整个序列上的注意力。为了更好地学习序列间的全局关系，Transformer 对每个序列同时计算多组变换矩阵的注意力，称为多头自注意力。

互注意力机制与自注意力机制的计算过程类似，区别仅在于查询向量与键向量和值向量来自不同的序列。

2. Transformer 组成

1）编码器

编码器的主要功能是将一个符号序列 $X=\{x_1, x_2, \cdots, x_n\}$ 映射为 $Z=\{z_1, z_2, \cdots, z_n\}$，它由 6 个结构相同的层级联组成，每一个层有 2 个子层，分别是多头自注意力模块和逐元素的全连接前馈神经网络，并且使用了残差结构和层规范化等技术。

2）解码器

解码器的主要功能是生成一个符号输出序列，一次仅输出一个元素。它由 6 个结构相同的层级联组成，每一个层有 3 个子层，分别是掩码多头自注意力机制、多头互注意力机制、逐元素的全连接前馈神经网络。与编码器类似，解码器也使用了残差结构和层规范化等技术。解码器的输出经过线性层和 Softmax 分类层后，将具有最大分类的类别作为解码结果。

10.5.2　Transformer 在视觉领域的应用

在视觉领域，如果将图像的特征图看作单词向量，就可以利用 Transformer 建模特征间的全局依赖关系。下面简要介绍几个 Transformer 在计算机视觉领域的应用案例。

1. 目标检测

端到端的 Transformer 目标检测算法 DETR 首次将 Transformer 应用于目标检测领域，取得了比 CNN 目标检测算法更优的性能。该算法利用 CNN 骨干网络提取的特征作为单词，将其输入到 Transformer 的编码器和解码器中，并设计了一个基于集合的全局损失函数，借助双向匹配去除了 CNN 目标检测模型中非最大负抑制或锚框等手工设计的成分，得到唯一的预测结果，使检测框架更简洁。

2. Swin Transformer 骨干网络

Swin Transformer 是一种用于计算机视觉领域的通用骨干网络，可完成图像识别、目标检测、实例分割和语义分割等基本任务。为了应对 Transformer 所面临的视觉实体特征上的巨大差异和图像高分辨率的挑战，Swin Transformer 通过限制在窗口内使用自注意力来提高效率；通过循环平移时保证相邻两个窗口之间有重叠，使得上下层之间可跨窗口连接，从而实现全局建模；利用层级式结构灵活建模各个尺度信息。

3. 视觉目标跟踪

10.4.4 节所说的孪生网络目标跟踪所采用的相关操作本质上是一个局部匹配的过程，因而难以描述目标模板和搜索区域的全局特征关联关系，易受复杂背景的干扰。利用 Transformer 的全局建模能力，将 CNN 特征作为单词，基于 Transformer 设计适用于目标跟踪的交互机制，甚至在骨干网络上进行融合，已在视觉跟踪领域显示出巨大的优势。当前，基于 Transformer 的跟踪器显著胜出了基于 CNN 的跟踪器。

4. 农业图像处理与分析领域

鉴于 Transformer 良好的全局建模能力，许多研究者也将其应用在农业图像处理与分析领域。例如，将 Transformer 应用到小麦灌浆和成熟期的无人机遥感图像倒伏鉴别、玉米四个生长阶段(苗期、拔节期、小喇叭口期和大喇叭期)的识别、苹果叶片病害(锈病、炭疽病、斑点落叶片和花叶病)的识别、玉米田间杂草分割和仔猪的姿态识别等方面。这些研究成果表明Transformer 在农业图像处理与分析领域有着广阔的应用前景。

习　　题

1．什么是线性预测器？该预测器的预测函数对哪些量是线性的？该预测函数对原始输入图像 I 是线性的吗(请给出具体原因)？

2．简述机器学习中梯度下降算法的原理与流程。

3．在机器学习中，什么是过拟合？解决过拟合问题有哪些常用的手段？

4．在机器学习中，什么是 k 折交叉验证？k 折交叉验证的作用是什么？

5．有 1000 张农田植物照片，其中杂草照片有 600 张，小麦照片有 400 张。输入这 1000 张照片进行二分类识别，输出这 1000 张照片中所有的杂草。识别结果的混淆矩阵如题 5 表所示。

题 5 表　识别结果混淆矩阵

真实数量		预测类别	
		杂草	小麦
真实类型	杂草	500	100
	小麦	50	350

要求：计算识别结果的准确率、查准率、查全率和 F1 分数。

6．假设用卷积神经网络(1 个卷积层、1 个池化层和 1 个全连接层)实现大小为 224×224 的牛/羊图像二分类，其卷积层采用 10 个卷积核(滤波器)，卷积核的大小为 3×3，步长为 1，图像边界 0 填充，填充宽度为 1 个像素，有偏置；池化层采用最大池化，池化单元大小为 2×2，步长为 2，无填充，回答：

(1)卷积层输出为多少个大小为多少的特征图？有多少个训练参数？

(2)池化层输出大小为多少的特征图？共有多少个神经元？

(3)全连接层(有偏置)采用什么激活函数？有多少个神经元？有多少个训练参数？

7．对于大小为 200×200 的灰值图像(仅包含一个通道)，拟采用包含三个卷积层的神经网络提取该图像的特征。依次经过第一层卷积(卷积核大小为 5×5，卷积核个数为 10，边界填充 1 个像素，步长为 2)、第二层卷积(卷积核大小为 3×3，卷积核个数为 20，边界填充 0 个像素，步长为 1)、第三层卷积(卷积核大小为 3×3，卷积核个数为 10，边界填充 1 个像素，步长为 1)之后，输出多少幅大小为多少的特征图？

8．简述深度学习与传统机器学习方法的联系与区别。

9．目标检测的 Faster R-CNN 网络中，RPN 部分的作用和工作原理是什么？假设要检测养殖场中的密集目标(如养猪场、养鸡场等)，应如何调整 RPN 中锚框的设置(请分析原因)？

10．深度学习在农业工程问题上的实践：分别收集若干幅小麦图像和狗尾草图像，然后训练一个 CNN 并测试其性能。要求：

（1）基于开源深度学习框架（如 PaddlePaddle、PyTorch、Tensorflow 等）搭建一个多层 CNN 模型；

（2）按照 3：1：1 的比例划分训练集、验证集和测试集，并在验证集上调节超参数（如正则化系数、训练代数、学习率等）；

（3）基于步骤（2）获得的超参数，在训练集和验证集上（二者合并到一起）训练模型，然后在测试集上评估模型的性能，并给出准确率、查准率、查全率、F1 分数。

参 考 文 献

陈青, 2017. 数字图像处理学习指导与习题解[M]. 北京: 清华大学出版社.

扶兰兰, 黄昊, 王恒, 等, 2022. 基于 Swin Transformer 模型的玉米生长期分类[J]. 农业工程学报, 38(14): 191-200.

GONZALEZ R C, WOODS R E, 2020. 数字图像处理[M]. 4 版. 阮秋琦, 阮宇智, 译. 北京: 电子工业版社.

何东健, 2015. 数字图像处理[M]. 3 版. 西安: 西安电子科技大学出版社.

KOSCHAM A, ABIDEI M, 2010. 彩色数字图像处理[M]. 章毓晋, 译. 北京: 清华大学出版社.

李祥光, 赵伟, 赵雷雷, 2021. 缺株玉米行中心线提取算法研究[J]. 农业工程学报, 37(18): 203-210.

梁喜凤, 金超杞, 倪梅娣, 等, 2018. 番茄果实串采摘点位置信息获取与试验[J]. 农业工程学报, 34(16): 163-169.

MAJUMDER A, GOPI M, 2021. 计算机视觉基础[M]. 赵启军, 涂欢, 梁洁, 译. 北京: 机械工业出版社.

仇瑞承, 张漫, 魏爽, 等, 2017. 基于 RGB-D 相机的玉米茎粗测量方法[J]. 农业工程学报, 33(S1): 170-176.

SNYDER W E, QI H, 2020. 计算机视觉基础[M]. 张岩, 袁汉青, 朱佩浪, 等译. 北京: 机械工业出版社.

SONKA M, HLAVAC V, BOYLE R, 等, 2016. 图像处理、分析与机器视觉[M]. 4 版. 兴军亮, 艾海舟, 译. 北京: 清华大学出版社.

王璨, 武新慧, 张燕青, 等, 2022. 基于移位窗口 Transformer 网络的玉米田间场景下杂草识别[J]. 农业工程学报, 38(15): 133-142.

王莹, 李越, 武婷婷, 等, 2021. 基于密度估计和 VGG-Two 的大豆籽粒快速计数方法[J]. 智慧农业(中英文), 3(4): 111-122.

WANG HAWK, 2019. 颜色知识 2——三原色理论与颜色匹配实验: https://zhuanlan.zhihu.com/p/84897327 [2022-06-15].

许成果, 薛月菊, 郑婵, 等, 2022. 基于自注意力机制与无锚点的仔猪姿态识别[J]. 农业工程学报, 38(14): 166-173.

许录平, 2017. 数字图像处理[M]. 2 版. 北京: 中国科学技术出版社.

杨蜀秦, 宁纪锋, 何东健, 2010. 一种基于主动轮廓模型的连接米粒图像分割算法[J]. 农业工程学报, 26(2): 207-211.

杨蜀秦, 王鹏飞, 王帅, 等, 2022. 基于 MHSA+DeepLab v3+的无人机遥感影像小麦倒伏检测[J]. 农业机械学报, 53(8): 213-219.

张茂军, 2019. 计算摄像技术[M]. 北京: 科学出版社.

张勤, 陈建敏, 李彬, 等, 2021. 基于 RGB-D 信息融合和目标检测的番茄串采摘点识别定位方法[J]. 农业工程学报, 37(18): 143-152.

张羽, 杨涛, 马吉锋, 等, 2022. 数学形态学辅助下基于光谱指数的作物冠层组分分类[J]. 农业工程学报, 38(7): 163-170.

章毓晋, 2020. 图像处理和分析教程[M]. 3 版. 北京: 人民邮电出版社.

章毓晋, 2021. 2D 计算机视觉: 原理、算法及应用[M]. 北京: 电子工业出版社.

赵川源, 何东健, 乔永亮, 2013. 基于多光谱图像和数据挖掘的多特征杂草识别方法[J]. 农业工程学报, 29(2): 192-198.

左飞, 2017. 图像处理中的数学修炼[M]. 2 版. 北京: 清华大学出版社.

BOLELLI F, ALLEGRETTI S, BARALDI L, et al., 2019. Spaghetti labeling: directed acyclic graphs for block-based connected components labeling[J]. IEEE transactions on image processing, 29(1): 1999-2012.

BRIBIESCA E, 2013. A measure of tortuosity based on chain coding[J]. Pattern recognition, 46: 716-724.

FREEMAN H, 1961. On the encoding of arbitrary geometric configurations[J]. IRE transactions on electronic computers, EC-10(2): 260-268.

GONZALEZ R C, WOODS R E, 2018. Digital image processing[M]. 4th ed. New York: Pearson Education Limited.

HARALICK R, SHANMUGAM K, DINSTEIN I, 1973. Textural features for image classification[J]. IEEE transactions on systems, man and cybernetics, 3(6): 610-621.

HE K, GKIOXARI G, DOLLÁR P, et al., 2017. Mask R-CNN[C]. IEEE international conference on computer vision. Venice.

HU M K, 1962. Visual pattern recognition by moment invariants[J]. IRE transactions on information theory, 8(2): 179-187.

HUANG C T, MITCHELL O R, 1994. A Euclidean distance transform using grayscale morphology decomposition[J]. IEEE transactions on pattern analysis and machine intelligence, 16(4): 443-448.

LIM B, SON S, KIM H, et al., 2017. Enhanced deep residual networks for single image super-resolution [C]. IEEE conference on computer vision and pattern recognition workshops. Honolulu.

LONG J, SHELHAMER E, DARRELL T, 2015. Fully convolutional networks for semantic segmentation[C]. IEEE conference on computer vision and pattern recognition. Boston.

MORAVEC H P, 1977. Towards automatic visual obstacle avoidance[C]. Proceedings of the 5th international joint conference on artificial intelligence. San Francisco.

OJALA T, PIETIKÄINEN M, HARWOOD D, 1996. A comparative study of texture measures with classification based on feature distributions[J]. Pattern recognition, 19(3): 51-59.

OJALA T, PIETIKÄINEN M, MAENPAA T, 2002. Multiresolution gray-scale and rotation invariant texture classification with local binary patterns[J]. IEEE transactions on pattern analysis and machine intelligence, 24(7): 971-987.

REN S, HE K, GIRSHICK R, et al., 2015. Faster R-CNN: towards real-time object detection with region proposal networks[C]. Advances in neural information processing systems. Montreal.

SERRA J, 1982. Image analysis and mathematical morphology[M]. New York : Academic Press .

SIMONYAN K, ZISSERMAN A, 2014. Two-stream convolutional networks for action recognition in videos[C]. Advances in neural information processing systems. Montreal.

TAMURA H, MORI S, YAMAWAKI T, 1978. Textural features corresponding to visual perception[J]. IEEE transactions on systems, man, and cybernetics, 8(6): 460-473.

TISSEYRE B, MCBRATNEY A B, 2008. A technical opportunity index based on mathematical morphology for site-specific management: an application to viticulture[J]. Precision agriculture, 9: 101-113.

VASWANI A, SHAZEER N, PARMAR N, et al., 2017 Attention is all you need[C]. Advances in neural information processing systems. Long Beach.

Yan B, Peng H, Fu J, et al., 2021. Learning spatio-temporal transformer for visual tracking[C]. IEEE/CVF international conference on computer vision.

附录 名词术语

4 邻域	4-neighborhood	边界长度	boundary length
8 邻域	8-neighborhood	边界细化	edge thinning
BMP	bitmap image	编码效率	encoding efficiency
Canny 算子	Canny operator	波长	wave length
CMY	cyan magenta yellow	步长	stride
CMYK	cyan magenta yellow black	采样	sampling
F1 分数	F1 score	彩色图像	color image
Gamma 变换	Gamma transform	参数共享	parameter sharing
GIF	graphic interchange format	测试集	test set
Haar 小波	Haar wavelet	超分辨率重建	super-resolution reconstruction
Harris 角点检测	Harris corner detection	超红植被指数	excess red vegetation index
HSI	hue saturation intensity	超绿植被指数	excess green vegetation index
JPEG	joint photographic expertsgroup	超像素分割	superpixel segmentation
k 均值聚类	k-means clustering	乘性噪声	multiplicative noise
k 折交叉验证	k-folds cross validation	池化	pooling
Lab 颜色空间	Lab color space	尺度不变特征变换	scale-invariant feature transform
LMS	long medium short	尺度函数	scaling function
MPEG	moving picture experts group	冲击噪声	impulsive noise
Otsu 阈值法	Otsu threshold	导向滤波	guided filtering
Otsu 阈值分割	Otsu threshold segmentation	低频成分	low frequency component
PNG	portable network graphic	低通滤波	low-pass filtering
RGB 颜色空间	RGB color space	狄利克雷条件	Dirichlet condition
SLIC	simple linear iterative clustering	底帽变换	bottom-hat transform
S-T 图	S-T graph	点处理	point processing
Tamura 纹理	Tamura texture	电磁波	electromagnetic wave
TIFF/TIF	tagged image file format	电荷耦合器件	charge coupled device
暗视觉	scotopic vision	迭代阈值法	iterative threshold algorithm
饱和度	saturation	顶帽变换	top-hat transform
比例变换	scaling transformation	端到端学习	end-to-end learning
比值植被指数	ratio vegetation index	对偶性	duality
闭运算	closing operation	对数变换	logarithmic transformation
边界检测	edge detection	钝化掩模	unsharp masking
边界连接	edge link	多分类	multi-classification
边界提取	boundary extraction	多光谱图像	multispectral image

多头自注意力	multi-head self attention	灰度共生矩阵	grey level co-occurrence matrices
二分类	binary classification	灰值图像	grey image
二阶差分	second order difference	灰度直方图	grey histogram
二值图像	binary image	灰值闭运算	grayscale closing operation
二值形态学	binary morphology	灰值腐蚀	grayscale erosion
反卷积	deconvolution	灰值开运算	grayscale opening operation
反射	reflection	灰值膨胀	grayscale dilation
反向传播	backward propagation	灰值形态学	grayscale morphology
泛化性能	generalization ability	混淆矩阵	confusion matrix
方向梯度直方图	histograms of oriented gradient	霍夫变换	Hough transformation
仿射变换	affine transformation	霍夫曼编码	Huffman encoding
非凸优化	non-convex optimization	击中/击不中变换	hit-or-miss transform
非线性变换	non-linear transform	机器学习	machine learning
分类器	classifier	积分图像	integral image
分水岭分割	watershed segmentation	激活函数	activation function
弗里曼链码	Freeman chain code	几何变换	geometric transformation
幅值谱	amplitude spectrum	几何插值	geometric interpolation
腐蚀	erosion	计算机视觉	computer vision
傅里叶变换	Fourier transformation	加速稳健特征	speeded-up robust feature
傅里叶级数	Fourier series	加性噪声	additive noise
傅里叶描述子	Fourier descriptor	剪切变换	shear transformation
傅里叶谱	Fourier spectrum	交并比	intersection over union
概率密度函数	probability density function	交叉验证	cross validation
杆细胞	rod cell	椒盐噪声	pepper and salt noise
高光谱图像	hyperspectral image	焦距	focal length
高频成分	high frequency component	角点特征	corner feature
高斯差分	difference of Gaussian	铰链损失	hinge loss
高通滤波	high-pass filtering	阶跃型边界	step edge
骨架提取	skeleton extraction	街区距离	cityblock distance
光栅图像	raster image	结构元素	structure element
归一化链码	normalized chain code	截断频率	cut-off frequency
归一化差值植被指数	normalized difference vegetation index	紧密度	compactness
		近红外光谱图像	near infrared spectral image
过拟合	over fitting	晶状体	crystalline lens
哈达玛积	Hadamard product	镜像变换	mirror transformation
海森矩阵	Hessian matrix	局部二值模式	local binary pattern
核函数	kernel function	局部感知	local perception
灰度变换	gray transform	局部特征	local feature
灰度反转	grayscale inversion	矩不变量	invariant moment

矢量图像	vector image	图像滤波	image filtering
视觉感知	visual perception	图像配准	image registration
视频行为识别	video action recognition	图像去噪	image denoising
视神经	optic nerve	图像锐化	image sharpening
视网膜	retina	图像识别	image recognition
数学形态学	mathematical morphology	图像数据冗余	image data redundancy
数字图像	digital image	图像梯度	image gradient
双边滤波	bilateral filtering	图像文件格式	image file format
双流网络	two-stream network	图像形态学	image morphology
双三次插值	bicubic interpolation	图像压缩	image compression
双线性插值	bilinear interpolation	图像噪声	image noise
水果图像	fruit image	图像增强	image enhancement
算术编码	arithmetic coding	图像坐标系	image coordinate system
随机梯度下降	stochastic gradient descent	拓扑描述子	topological descriptor
损失函数	loss function	外积	outer product
特征检测	feature detection	外力	external force
特征描述	feature description	伪彩色增强	pseudo-color enhancement
特征描述子	feature descriptors	纹理特征	texture feature
特征提取	feature extraction	屋顶型边界	roof edge
特征图	feature map	无损压缩	lossless compression
特征向量(第8章)	eigenvector	下采样	down-sampling
特征向量(第10章)	feature vector	线性变换	linear transform
特征值	eigen value	线性算子	linear operator
梯度下降	gradient descent	线性预测器	linear predictor
通道	channel	线状型边界	line edge
同态滤波	homomorphic filtering	相位谱	phase spectrum
图割	graph cut	香农-范诺编码	Shannon–Fano coding
图像编码	image encoding	像素级分割	pixel-level segmentation
图像变换	image transformation	小波变换	wavelet transform
图像变形	image warping	斜坡型边界	ramp edge
图像采集卡	image capture card	形态学滤波	morphological filtering
图像插值	image interpolation	形态学梯度	morphological gradient
图像处理系统	image processing system	形状特征	shape feature
图像分辨率	image resolution	序列展开	series expansion
图像分割	image segmentation	旋转变换	rotation transformation
图像分类	image classification	学习率	learning rate
图像复原	image restoration	训练集	training set
图像解码	image decoding	压缩比	compression ratio
图像矩	image moment	颜色矩	color moment

颜色聚合向量	color coherence vector	正则化	regularization
颜色模型	color model	直方图规定化	histogram specification
颜色匹配	color matchingss	直方图均衡化	histogram equalization
颜色特征	color feature	直方图增强	histogram enhancement
颜色直方图	color histogram	直线检测	line detection
验证集	validation set	值域模板	range domain template
一阶差分	first order difference	植被指数	vegetation index
阴影校正	shading correction	指示函数	indicator function
隐含层	hidden layer	智慧农业	smart agriculture
硬约束	hard constraint	智能农机	Intelligent agricultural machinery
有监督学习	supervised learning	中心矩	central moment
有损压缩	lossy compression	中值滤波	median filtering
语义分割	semantic segmentation	主动轮廓模型	active contour model
阈值分割	threshold segmentation	锥细胞	cone cell
圆度	circularity	自适应滤波器	adaptive filter
运动补偿编码	motion compensated coding	最大流/最小切	max flow/min cut
增强型植被指数	enhanced vegetation index	最近邻插值	nearest neighbor interpolation
帧间编码	inter-frame coding	作物表型	crop phenotype
帧内编码	intra-frame coding	作物病害	crop disease
真彩色图像	true color image	作物虫害	crop pest
正交变换	orthogonal transformation